Schriftenreihe der

Karl Popper Foundation

Klagenfurt

Herausgegeben von Reinhard Neck

Band 8

PETER LANG
EDITION

Reinhard Neck (Hrsg.)

Evolution – Natur, Mensch, Gesellschaft

PETER LANG
EDITION

Bibliografische Information der Deutschen Nationalbibliothek
Die Deutsche Nationalbibliothek verzeichnet diese Publikation in der Deutschen Nationalbibliografie; detaillierte bibliografische Daten sind im Internet über http://dnb.d-nb.de abrufbar.

Veröffentlicht mit Unterstützung des Forschungsrates der Alpen-Adria-Universität Klagenfurt aus den Förderungsmitteln der Stadt Klagenfurt.

ISSN 1610-479X
ISBN 978-3-631-61037-4 (Print)
E-ISBN 978-3-653-06368-4 (E-Book)
DOI 10.3726/978-3-653-06368-4

Peter Lang Edition ist ein Imprint der Peter Lang GmbH.

Peter Lang – Frankfurt am Main · Bern · Bruxelles · New York · Oxford · Warszawa · Wien

Diese Publikation wurde begutachtet.

www.peterlang.com

Vorwort

Das Jahr 2009 ist sowohl das 150. Jahr nach Erscheinen des Hauptwerks der Evolutionstheorie, des *Origin of Species* von Charles Darwin, wie das 200. Jahr nach der Geburt des Autors. Es ist bekannt, dass Karl Popper, der Begründer des Kritischen Rationalismus, sich vielfach mit der Evolutionstheorie und dem Werk Darwins auseinandergesetzt hat und dass seine Philosophie Parallelen zu Konzepten und Ideen der Evolution aufweist. Für die Karl Popper Foundation Klagenfurt liegt es daher nahe, sich mit diesem Thema intensiver zu beschäftigen. Dazu wurde in Klagenfurt vom 25. bis 27. Juni 2009 ein Symposium zu Fragen der Evolution veranstaltet, wobei entsprechend der Tradition und den Zielsetzungen dieser Organisation inter- und transdisziplinäre Aspekte eine wichtige Rolle spielten. Verbunden damit war ein „Klagenfurter Stadtgespräch“ zum gleichen Thema, bei dem eine breitere Öffentlichkeit angesprochen wurde. Der vorliegende Sammelband beinhaltet die überarbeiteten Referate des Symposiums und eines Beitrags zum Stadtgespräch sowie (im letzten Kapitel) eines Vortrags anlässlich des 20. Todestages von Sir Karl Popper.

Für materielle und ideelle Unterstützung ist wieder zahlreichen Personen und Institutionen zu danken, insbesondere den Förderern der Karl Popper Foundation Klagenfurt: der Kärntner Landesregierung, der Stadt Klagenfurt und der Alpen-Adria-Universität Klagenfurt. Die Drucklegung des vorliegenden Bandes wurde durch den Forschungsrat der Alpen-Adria-Universität Klagenfurt finanziell unterstützt. Den Referent/inn/en und Autor/inn/en der einzelnen Beiträge gebührt Dank für die verständnisvolle Zusammenarbeit. Besonderer Dank ist jenen Autor/inn/en für ihre Geduld auszusprechen, die ihre schriftlichen Beiträge termingerecht einem nicht immer hinreichend schnellen und energischen Herausgeber übermittelt haben. Frau Gudrun Dichtl, Frau Christina Kopetzky und Frau Anita Wachter danke ich für die Unterstützung bei der Organisation der Veranstaltung und bei der Textverarbeitung, den Mitarbeiter/inne/n des Verlags Peter Lang für die geduldige Kooperation bei der Herausgabe dieses Buchs.

Klagenfurt, im Sommer 2015 Reinhard Neck

Inhaltsverzeichnis

Kapitel 1

Evolution – Natur, Mensch, Gesellschaft: Einleitung und Übersicht

Reinhard Neck

1.1 Zur Themenstellung

Das hundertfünfzigjährige Jubiläum des wichtigsten Werks zur Evolutionstheorie[1] und der zweihundertste Geburtstag seines Autors Charles Darwin hat verstärktes Interesse an dieser Theorie hervorgerufen, und in der Folge erschienen zahlreiche Bücher und Aufsätze zum Thema Evolution. Dabei steht meist der Aspekt der Wirkung der Evolutionstheorie auf die Entwicklung der Biologie im Vordergrund; teilweise drehen sich die Diskussionen um die – in manchen Weltgegenden heftig umstrittene – Frage Kreationismus versus Evolution (in ihrer primitivsten Form als „Schöpfungsgeschichte der Bibel oder Evolution?" oder „Ist die Erde wirklich schon älter als 10.000 Jahre?"). Die Tatsache, dass derart krause Ideen noch immer (und nicht nur in Entwicklungsländern mit niedrigen Bildungsstandards) ernsthaft vertreten werden, zeigt die Notwendigkeit eines umfassenden Diskurses über den Inhalt und die Implikationen der Evolutionstheorie und ihre Gültigkeit. Ein wenig zu kurz ist in der Fülle der in den letzten Jahren erschienenen Publikationen die Tatsache gekommen, dass der Begriff und das Konzept der Evolution nicht nur die Biologie und verwandte Wissenschaften betrifft, sondern dass es sich um ein sehr umfassendes Konzept handelt, das sich für eine interdisziplinären Behandlung gut eignet.

In diesem Buch wird der Versuch unternommen, diesem interdisziplinären Charakter des Evolutionsbegriffs dadurch Rechnung zu tragen, dass aus der Sicht verschiedener wissenschaftlicher Disziplinen Aspekte der Evolution dargestellt werden. Dabei wird – entsprechend dem Charakter dieser Schriftenreihe – im Allgemeinen von der Wissenschaftsauffassung des Kritischen Rationalismus ausgegangen, nicht nur, was die Beurteilung theoretischer Ansätze in den verschiedenen Wissenschaften betrifft, sondern auch in Hinblick auf allfällige philosophische Bezüge und insbesondere auf die Rolle Karl Poppers als Theoretiker der Evolutionären Erkenntnis- und/oder Wissenschaftstheorie (und sogar als Evolutionsbiologe). Es zeigt sich, dass Evolutionstheorien eine durchaus weite Anwendbarkeit haben und in vielfacher Weise zur Philosophie des Kritischen Rationalismus kongenial sind. Wenn das verstärkte Interesse an der Evolutionstheorie auch zu neuerlicher Beschäftigung mit

---

[1] Darwin (1859).

den Ideen Poppers und anderer Kritischer Rationalisten führt, wäre ein Ziel dieses Sammelbandes erfüllt.

1.2 Übersicht über die Beiträge dieses Buchs

Im *Kapitel 2* widmet sich Bernulf Kanitscheider kosmologischen Aspekten der Evolution. Er kontrastiert das anthropozentrische Weltbild mit dem Menschen als Mittelpunkt des physischen Universums, das für das mittelalterliche Denken und für die monotheistischen Religionen charakteristisch war bzw. ist, mit jenem der heutigen physikalischen Kosmologie, das sich allmählich seit der Renaissance herausgebildet hat. Die Tatsache, dass es lange Zeit gebraucht hat, um die Vorstellung von der Sonderstellung des Menschen im Universum als Illusion aufzuzeigen, die auch heute noch von vielen Menschen aufrechterhalten wird, hängt zweifellos mit dem Ausmaß der „Kränkung" zusammen, die die kopernikanische Wende – und mehr noch die folgenden Falsifikationen wörtlicher Bibelauslegungen durch die moderne Astrophysik und Kosmologie – für das Selbstverständnis der Menschen bedeuteten. Kanitscheider erläutert das heute vertretene Weltbild der Kosmologie, das so genannte Standardmodell der Kosmologie (das Standard-FLRW-Modell) das von Homogenität und Isotropie des Raums ausgeht, in dem weder eine Sonderstellung unserer Galaxie noch des Organischen und a fortiori schon gar nicht des Menschen einen Platz haben können. Die Erde stellt sich in diesem kosmischen System als ein kleiner Fleck unbedeutender baryonischer Materie dar. Die lebende Materie spielt darin größenordnungsmäßig eine völlig unbedeutende Rolle; organische Systeme sind Durchgangsphänomene der Entwicklung des Universums, die zu späten Zeiten spurlos verschwinden. Vorstellungen des Kreationismus und des „Intelligent Design", die von Vertreter/inne/n eines anthropozentrischen und monotheistischen Weltbilds auch heute vielfach vertreten werden, erscheinen aufgrund der Ergebnisse der Astrophysik äußerst fragwürdig.

Problematisch ist dabei eine teleologische Interpretation der Einsicht in die – oft missverständlich so bezeichnete – Feinabstimmung der physikalischen Konstanten, die das Erfordernis von numerisch genau bestimmten Größen dieser Konstanten als Voraussetzung für die Entstehung von Leben aufweist. Die säkulare, naturalistische Erklärung dieser erstaunlichen Koinzidenzen erfolgt heute unter Einsatz eines Ensembles von Welten, die auch unter dem Namen Multiversum firmiert. Dabei wird davon ausgegangen, dass wir nur in einem Element der erkennbaren Untermenge aller Welten leben können und einem verborgenem Selektionseffekt ausgesetzt sind. Die scheinbare Auszeichnung unserer Welt entsteht, weil wir keinen empirischen, sondern nur einen theoretischen Zugang zum gesamten Ensemble haben. Das Postulieren von mehr als einer Welt soll bestimmte Rätsel in unserer Welt auflösen, die sonst nicht entwirrbar erscheinen. Dabei muss die Multiversum-Hypothese von dem philosophischen Konzept möglicher Welten und insbesondere von metaphysischen Spekulationen unterschieden werden. Endlichkeit ist weder bezüglich der einzelnen Universen noch bezüglich der Zahl von Universen im Multiversum erforderlich und auch physikalisch eher unplausibel. Auch die Multiversum-Hypothese ist – wie alle theoretischen Hypothesen – nicht unumstritten und als vorläufig zu sehen; insbesondere wird ihre Erklärungskraft öfters bestritten, da sie nicht direkt empirisch prüfbar ist. Man kann jedoch argumentieren, dass sie einige Charakteristika unserer Welt besser verständlich macht als alle verfügbaren Konkurrenten und in Verbindung mit bestimmten Eingrenzungen möglicher Ensembles, wie sie im Szenario der chaotischen Inflation erfolgen, auch prognostische Kraft haben kann. Die damit entwickelte Theorie der kosmischen Evolution kommt ohne Teleologie aus und ist mit den derzeit bekannten Tatsachen im Einklang. Ein Rückgriff auf metaphysische Konzepte ist dabei weder erforderlich noch wünschenswert.

In *Kapitel 3* stellt Peter Schuster das Grundprinzip des Biologen Darwin in den Kontext einer mathematischen Theorie der Optimierung, der lange Zeit hindurch für die Physik, aber nicht für die Biologie charakteristisch war. Darwins Prinzip erklärt, wie Selektion funktioniert und Varianten anhand ihrer Auswirkung auf die Nachkommenschaft wählt: Die fittere (besser angepasste) Variante kann mehr Nachkommenschaft produzieren und wird die weniger effizienten Varianten in den künftigen Generationen verdrängen. Schuster erläutert die Bildung von Mustern und veranschaulicht die besondere Rolle genetischer Informationen mittels eines Vergleichs der Bildung von Mustern in der Physik und in der Biologie. Anschließend wird die natürliche Selektion besprochen und als theoretisches und mathematisches Konzept und in dessen Implementierung in Molekularsystemen analysiert. Die molekulare Evolution wird als Beispiel von chemischer Kinetik modelliert, und eine kurze Darstellung von Evolutionsexperimenten unter kontrollierten Bedingungen wird gegeben. Die Auffaltung von biopolymeren Sequenzen in Strukturen wird als einfaches Beispiel für eine genetisch kodierte Bildung von Mustern betrachtet. Neutralität bezüglich Selektion wird als integraler Bestandteil der Evolution in realen Systemen aufgewiesen. Ferner wird die Rolle der Stochastik, des Zufalls, mit der stochastischen Simulation eines Computermodells der RNA-Strukturoptimierung veranschaulicht. In der modernen Molekularbiologie werden theoretische Modelle, die auf den Prinzipien der Evolution und Entwicklung beruhen, entwickelt, die bereits eine Vielfalt von empirischen Beobachtungen über Molekularevolution erklären, und damit wird den methodischen Standards der Naturwissenschaften besser entsprochen, als es Darwin aufgrund der Kenntnisse seiner Zeit konnte.

Mit der Erklärung des Sozialverhaltens von Tieren (und in einem gewissen Ausmaß auch implizit von Menschen) durch Evolution aus der Sicht der Verhaltensbiologie beschäftigt sich Isabella B. R. Scheiber in *Kapitel 4*. Sie identifiziert die Kernaussagen Darwins mit den Prinzipien der Reproduktion, Variation und Selektion und stellt fest, dass die von Darwin begründete und seitdem ständig weiterentwickelte

Evolutionstheorie nach wie vor für die Biologie das grundlegende Paradigma darstellt, im Sinne des bekannten Zitats von Dobzhansky: „Nichts in der Biologie hat einen Sinn, außer im Licht der Evolution." Die Soziobiologie als evolutionsbiologisch orientierter Zweig der Verhaltensbiologie beruht auf diesen Prinzipien, wobei die Selektion nicht an Arten oder Gruppen ansetzt, sondern an den Genen und damit am Individuum – eine Analogie zum methodologischen Individualismus in den Wirtschafts- und Sozialwissenschaften. Sie mündet nicht, wie dies in Verkennung auch der Intentionen Darwins politisch missbräuchlich postuliert wurde, im Sozialdarwinismus, sondern ist auch in der Lage und interessiert daran, altruistisches Verhalten zu erklären. Erklärungsansätze dafür sind unter anderem Verwandten-Selektion und reziproker Altruismus. Allgemein geht es ihr um die Erklärung von Sozialverhalten im weiteren Sinne, also aller Verhaltensweisen von Menschen und Tieren, die auf Reaktionen oder Aktionen anderer Gruppenmitglieder zielen. Sozialverhalten umfasst damit Formen des einträchtigen Zusammenlebens (Kooperation) genauso wie konflikthaftes Verhalten. Dabei werden Erklärungen diverser sozialer Systeme geliefert, von einfachen Paarbeziehungen bis zu komplexen sozialen Organisationen. Eine Voraussetzung für die Entwicklung von Sozialverhalten ist die Fähigkeit zu bestimmten kognitiven Leistungen. Deren Ausmaß wird in der Verhaltensbiologie anhand von Menschenaffen, aber auch anderen Spezies untersucht. Scheiber zeigt am Beispiel des Graupapageis Alex, dass auch von Vögeln erstaunliche derartige Leistungen erbracht werden können, wie Wortgebrauch und (begrenztes) Zahlenverständnis.

Der Frage nach der Entstehung derartiger kognitiver Fähigkeiten widmet sich die „Theory of Mind", die teilweise an die Stelle der älteren Philosophie des Geistes getreten ist. Volker Gadenne zeigt in *Kapitel 5*, dass aus der Sicht der so genannten Evolutionären Erkenntnistheorie kognitive Fähigkeiten des Menschen wie Wahrnehmung, mentale Repräsentation, Gedächtnis und Denken bis hin zur Sprache als Produkte der Evolution, also von Mutation und Selektion, erklärt werden. Dabei wird die Entwicklung des „Geistes" auf die Entwicklung des Gehirns zurückgeführt. Dem Einwand, dass der Mensch bestimmte, qualitativ von jenen von Tieren verschiedene Eigenschaften und Fähigkeiten hat, der von Vertreter/inn/en eines Substanzdualismus von „Leib" und „Seele" vorgebracht wird, entgegnet die Evolutionäre Erkenntnistheorie mit dem Konzept der emergenten Eigenschaften, das sind Eigenschaften, die einem System als Ganzem zukommen, während die Teile des Systems sie nicht haben. Solche Eigenschaften sind sowohl in der belebten wie in der unbelebten Natur nachweisbar. Aus evolutionstheoretischer Perspektive kann man die Zugehörigkeit des Menschen zu den Primaten konstatieren und zugleich seine besonderen oder besonders ausgeprägten geistigen Eigenschaften anerkennen, ohne auf einen metaphysischen Dualismus zurückgreifen zu müssen, der schwer lösbare Probleme aufwirft. Gadenne verweist allerdings auch auf Schwierigkeiten, die dem materialistischen Weltbild durch das Phänomen der Subjektivität und des Bewusstseins erwachsen, die – sofern sie kausal irrelevant sind – nicht gut evolutionstheoretisch erklärt werden können.

Aus der Sicht der Kognitionsbiologie erörtert Ludwig Huber in *Kapitel 6* die Frage der Entstehung von Erkenntnis. Kognitionsbiologie oder „Kognitive Ethologie" beruht auf der Evolutionären Erkenntnistheorie, geht aber über sie hinaus, indem sie Lernmechanismen und die Entstehung und Veränderung von wissenschaftlichen Theorien im Sinne von Selektionsprozessen deutet und Beziehungen zwischen biologischer und kultureller Evolution untersucht. Anhand zahlreicher experimenteller Evidenz mit verschiedenen Tierarten zeigt Huber, dass auch nicht-menschliche Tiere zu großer Flexibilität im Verhalten im Stande sind, die durch eine Vielzahl von kognitiven Mechanismen zur Verbesserung und Effizienzsteigerung verhilft, sodass es plausibel ist, dass sich auch der menschliche Geist allmählich und aus nicht-menschlichen Vorformen modifizierend entwickelt hat.

Karl Popper gilt oft als ein Vater der Evolutionären Erkenntnistheorie. Inwieweit das der Fall ist und wie Poppers Erkenntnis- und Wissenschaftstheorie zu den entsprechenden Theorien der Biologen steht, erörtert Gerhard Vollmer in *Kapitel 7*. Er weist dabei auf Unterschiede zwischen den Theorien von Konrad Lorenz und anderen Biologen, die Erklärungscharakter haben und als „Evolutionäre Erkenntnistheorie" bezeichnet werden, und jenen von Popper hin, der eine (primär präskriptive) methodologische Theorie entwickelt hat, die man besser als „Evolutionäre Wissenschaftstheorie" bezeichnen sollte. Beide Theorien stehen mit dem „Kritischen Rationalismus" Poppers in engem Zusammenhang, können aber in Hinblick auf ihren Gegenstand durchaus unterschieden werden. Poppers Theorie sollte auch nicht als darwinistisch bezeichnet werden, da ihr Fortschritt für wissenschaftliche Theorien nicht am Selektionskriterium der Fitness, sondern an der regulativen Idee der Wahrheit orientiert sein muss; auch können sich Theorien nach Vollmer nicht fortpflanzen, was für Darwins Theorie konstitutiv ist.

Die Beziehungen zwischen Poppers Theorien und der Evolutionsbiologie sind Gegenstand des Beitrags von Peter Markl (*Kapitel 8*), der auch umfangreiche historische Angaben zur Entwicklung der Evolutionsidee sowohl in der Biologie wie in der Popper'schen Wissenschaftstheorie enthält. Dabei wird insbesondere die Integration der molekularen Biologie, Zellbiologie und molekularen Genetik in der Mitte des 20. Jahrhunderts ausführlich behandelt und für eine erweiterte Synthetische Evolutionstheorie plädiert, die auch die Erkenntnisse der Epigenetik einbezieht und sich weitgehend mit den Intentionen Poppers trifft.

Die in der Ethik zentrale Frage nach dem Sinn des Lebens erörtert Thomas Junker in *Kapitel 9* aus der Sicht der Evolutionsbiologie. Junker weist die weit verbreitete Auffassung zurück, dass die Wissenschaften im Allgemeinen und die Biologie im Besonderen keine Aussagen zu diesem Thema machen könnten. Gerade die Biologie sollte wohl als Wissenschaft vom Leben auch etwas zum Sinn des Lebens zu sagen haben; der Sinn des Lebens ist für Menschen emotional von großer Bedeutung, und Emotionen sind nach der Evolutionstheorie Ergebnisse der Evolution; und wissenschaftliche Erkenntnisse sind rein emotiven Äußerungen stets überlegen. Junker zeigt, dass die Evolutionsbiologie erklären kann, warum Menschen bestimmte Lebensentwürfe als sinnvoll erleben, andere dagegen nicht, indem sie zeigt, auf welchen biologischen Strategien diese beruhen. Ferner gibt sie gute Hinweise darauf, welcher Strategie Menschen folgen sollten, wenn sie im Diesseits glücklich werden wollen. Auch die Antworten der Philosophen und Theologen auf die Sinnfrage sind letztlich durch biologische Imperative mitgeprägt. Nicht zuletzt kann die Evolutionsbiologie auch die anthropozentrische Sicht der Sinnfrage relativieren.

Die folgenden beiden Kapitel beinhalten Anwendungen von Ideen und Konzepten der Evolutionstheorie auf ökonomische Fragen, allerdings mit sehr unterschiedlichem Fokus. Während der Beitrag von Oded Stark und Doris Behrens (*Kapitel 10*) eine modelltheoretische Untersuchung der Entstehung von Kooperation unter sehr genau spezifizierten Bedingungen beinhaltet, hat der Beitrag von Hanusch (*Kapitel 11*) den sehr breit konzipierten evolutionsökonomischen Ansatz des Neo-Schumpeterianismus zum Gegenstand. Behrens und Stark fragen in ihrer Arbeit, wie sich Kooperation in Abhängigkeit von der Anzahl der kooperierenden Teilnehmer an einer kleinen Gesellschaft entwickelt, in der die Individuen Verhaltensweisen anderer nachahmen, und wie sich dies auf die soziale Wohlfahrt auswirkt. Ein wirtschaftspolitisch relevantes Resultat dieser Studie ist die Erkenntnis, dass die Ausweitung der Anzahl der Tauschpartner (bzw. im Fall von Ländern: der Handelspartner) nicht notwendigerweise zu einer Steigerung der sozialen Wohlfahrt führt. Hanusch folgt in seinem Aufsatz den vom österreichischen Ökonomen Joseph Alois Schumpeter stammenden Ideen zum Wettbewerb zwischen großen Unternehmungen, der durch Innovation und „kreative Zerstörung“ bestehender Technologien und Produkte einem Darwin'schen Selektionsprozess ähnelt, und seinen Weiterentwicklungen in dem evolutorischen Neo-Schumpeterianismus. Er argumentiert, dass dieser „heterodoxe“ (von der Mainstream-Wirtschaftstheorie deutlich abweichende) Theorieansatz zur Analyse und Therapie von Wirtschaftskrisen besser geeignet ist als die überwiegend statischen Theorien, die vielfach die herkömmliche Volkswirtschaftslehre (insbesondere die so genannte Neoklassik) charakterisieren. An der Konjunkturtheorie Schumpeters ist nicht zuletzt der Aspekt beachtenswert, dass sie die kurzfristigen Konjunkturschwankungen nicht getrennt von der langfristigen Wachstumsentwicklung einer kapitalistischen Volkswirtschaft betrachtet, sondern als mit dieser integriert und in gewissem Sinn als Voraussetzung für diese ansieht.

Der abschließende Beitrag von Hans-Joachim Niemann (*Kapitel 12*) behandelt die Evolutionsbiologie von Karl Popper als sein drittes Hauptwerk, neben seiner Wissenschafts- und Erkenntnistheorie und seiner politischen Philosophie. Während die

Zusammenhänge zwischen Evolutionstheorie und Evolutionärer Erkenntnis- und Wissenschaftstheorie und Poppers Beitrag zu diesen in der Literatur vielfach – wenn auch nicht unumstritten (vgl. dazu auch den Beitrag von Vollmer zu diesem Band) – diskutiert wurden, scheint die Zuweisung einer eigenen evolutionsbiologischen Theorie zu Popper als Autor überraschend. Niemann zeigt jedoch anhand detaillierter Untersuchungen der Arbeiten Poppers, dass dieser bereits in seinen frühen Arbeiten diese Theorie im Kern konzipiert hat und sie später insbesondere in seinem Konzept des „aktiven Darwinismus" (der Theorie, dass Kreativität nicht durch Selektion, sondern durch Problemlösungsverhalten entsteht) und in seiner Theorie der „Welt 3" ausgearbeitet hat. Daraus ergeben sich teilweise unerwartete Einsichten, etwa jene, dass auch Pflanzen eine Art von „Willen" haben.

1.3 Literatur

Darwin, Ch. (1859), *On the Origin of Species by Natural Selection, or: The Preservation of Favoured Races in the Struggle for Life*. London: John Murray.

Kapitel 2

Kosmische Evolution, Teleologie und das Multiversum

Bernulf Kanitscheider

2.1 Die Stellung des Menschen im Kosmos

Es ist wohl kaum bestreitbar, dass alle drei monotheistischen Religionen anthropozentrisch ausgerichtet sind. Die den Religionen zu Grunde liegenden metaphysischen Kosmologien sind keine an einer objektiven Beschreibung orientierten Konzeptionen, sondern stellen den Rahmen und den Leitfaden für das menschliche Handeln dar.

Beispielhaft kann hier das für das Mittelalter charakteristische Welttheater des Dante Alighieri genannt werden, bei dem der Mensch in einer mittleren Position zwischen der im Erdzentrum befindlichen Hölle und den stellaren Sphären, deren äußerste das Empyreum darstellt, angesiedelt ist. Die Beziehung des menschlichen Wohnortes zu den himmlischen Sphären drückt aus, dass es keine Gleichgültigkeit der Gottheit gegenüber seinem Geschöpf gibt, dass der Mensch keinesfalls ein lebendiges Wesen unter vielen ist, die alle die gleiche mehr oder weniger geringe Bedeutung besitzen, sondern dass er selbst noch als Sünder wichtig ist, insofern die eschatologischen Aktivitäten der Gottheit auf ihn ausgerichtet sind. Man kann so weit gehen zu behaupten, dass die drei monotheistischen Götter überhaupt keine interessierte Beziehung zur Welt der Materie besaßen. Der stoffliche Kosmos war nur die Arena, in der sich das Weltdrama zwischen Schöpfung und endzeitlichem Gericht abspielte.

Die Renaissance-Astronomie zerstörte nun genau dieses Bild von der naturwissenschaftlichen Seite her und stellte die Rangordnung der Dinge gewissermaßen auf den Kopf. Die Dezentralisierung kam allerdings in kleinen Schritten. Noch im Spätmittelalter konstatiert Nikolaus von Kues die Geometrische Relativität der Naturgesetze. Diese können nicht von der Lagerung der Objekte im Raum abhängen, eine Verschiebung und Drehung der Gegenstände darf die Form der Gesetze nicht ändern. In moderner Sprache bedeutet dies die Translations- und Drehinvarianz des Raumes. Auch die Ränder des Universums besitzen eine gewisse Unschärfe. Nikolaus Kopernikus reaktiviert dann die antike Einsicht des Aristarch von Samos in die Relativität der Wahl des kosmischen Bezugssystems, und Galilei konstatiert das erste Invarianzprinzip der Bewegung, wonach die Einführung eines gleichförmig bewegten Bezugssystems die Beschreibung eines physikalischen Vorganges nicht ändert. Speziell die Möglichkeit eines heliozentrischen Bezugssystems und die damit verbundene Öffnung des Raumes in die Unendlichkeit durch den Wegfall der kristallinen Sphären zerstörte die mittelalterliche Geborgenheit im endlichen hierarchischen System. Zwar hatte schon in der Antike Archytas von Tarent darauf hingewiesen, dass der Rand eines Universums eine paradoxe Vorstellung bildet, weil man annehmen musste, dass ein dagegen geschleuderter Speer halb im Raum und halb im Nichts stecken musste.[1]

Die logische Folge der kopernikanischen Randlosigkeit war dann Giordano Brunos Entwurf eines infiniten Kosmos, in dem unser Sonnensystem eine Welt unter vielen darstellt. Die Grausamkeit, mit der die Religionsvertreter gegen ihn vorgingen, war zwar in erster Linie die Antwort auf seine Kritik am Sohn Gottes; sie spiegelt aber auch das Bewusstsein wider, dass mit der Wiedererweckung der atomistischen Kosmologie etwas theologisch Wichtiges, nämlich die auf den Menschen ausgerichtete Zentralität des monotheistischen Weltbildes verloren gegangen war.

In Isaac Newtons klassischer Kosmologie figurieren zwei denkbare Anordnungen: Entweder ist die sichtbare Welt eine Materie-Insel im unendlichen Raum oder der homogene Raum ist bis in beliebige Entfernung mit Sternen besetzt. Newton erwägt beide Möglichkeiten, ohne sich definitiv zu entscheiden. Dennoch besteht kein Zweifel, dass in einem solchen Weltenbau keine Mitte, kein Rand und auch kein zielstrebiges Element mehr zu finden ist. Newton muss das Planungselement aus seinen religiösen Überzeugungen in das kosmologische Modell einspeisen, indem er etwa die Transversalkomponente des Umschwunges der Planeten als von übernatürlichem Ursprung deutet. Aber Immanuel Kant überschreitet nicht nur dieses theologische Residuum, indem er den Ursprung der Bewegung in die Entstehung des gesamten Systems integriert, er deutet auch die Milchstraße als eine Galaxis von vielen „Nebeln“ und raubt somit diesem Sternsystem seine privilegierte Position.[2] Im Laufe des 19. Jh. erarbeiteten Astronomen wie J.C. Kapteyn den räumlichen Aufbau unserer Milchstraße. Er setzte aber immer noch die Sonne in das Zentrum dieses Sternsystems, und erst H. Shapley konnte unter Einsatz der Cepheiden-Methode in der Entfernungsbestimmung die korrekte exzentrische Stellung der Sonne in unser Galaxis feststellen. Den letzten Rest einer galaktischen Sonderstellung eliminierte Walter Baade erst 1952, als er erkannte, dass es zwei Typen von Cepheiden mit unterschiedlicher Periode-Leuchtkraft-Beziehung gibt und man deshalb die Größe unserer Galaxis weit überschätzt hatte.

2.2 Das kosmische Standardmodell

Im heutigen kosmologischen Standardmodell ist die Homogenität und Isotropie gleich von Anfang als Randbedingung eingebaut. Sie ist die einfachste kosmische Struktur, die mit allen Beobachtungen vereinbar ist. Deshalb spricht man auch vom

---

[1] Lukrez (1986), I, 970.

[2] Kant (1910).

Konkordanzmodell, zu dem allerdings auch noch eine frühe inflationäre Phase gerechnet wird.

In diesem Modell stellt sich unsere Milchstraße als ein Materiesystem unter 10^{11} Galaxien innerhalb des Hubble-Volumens dar, ohne signifikante Besonderheiten. Am stärksten wird das Fehlen aller besonderen Orte in der Gleichförmigkeit der Hintergrundstrahlung (CBR) sichtbar. Dieser Nachhall der heißen Vergangenheit unseres Universums bedeutet die explizite Negation aller Zentralität, denn die Einförmigkeit der Strahlung, die einmal mit der Materie im Gleichgewicht gestanden ist, besagt, dass es auch in der Materieverteilung keine besonderen Orte geben kann.

Die Erde selber stellt sich in diesem kosmischen System als ein kleiner Fleck unbedeutender baryonischer Materie dar. Sie ist das Ergebnis einer gestuften kosmischen Entwicklung, deren Dynamik eine Richtung hat, aber kein Ziel, die unteleologisch, wenngleich gesetzesartig erfolgt ist. Sie hebt sich in keiner Weise von der biologischen Evolution ab, die ebenso durch Gesetze und den Zufall gerichtet ist, aber nicht gesteuert wurde. Dieser nahtlose Anschluss der physikalischen und biologischen Evolution war längst bekannt, als sich im letzten Drittel des vorigen Jahrhunderts eine emotionale Frustration breit machte, die eine Art Gegenbewegung wach rief.

Die Unzufriedenheit mit der offenkundigen unbedeutenden Lage der Menschen erzeugte wie so oft in der Geschichte ein Wunschdenken: Man überlegte, ob es nicht doch einen bisher unbemerkten kosmischen Plan hinter dem Universum geben könnte, der es erlaubt, eine neue Zentralität, vielleicht sogar eine besondere Art von Spiritualität innerhalb der reinen Materie zu finden. Typisch für diese Bestrebungen war das Werk von Teilhard de Chardin, der versuchte, die traditionelle statische Auffassung des Universums mit einer intrinsischen Strebung zu einem geistigen Omega-Punkt zu verbinden. Frank Tipler unter den Physikern und Wolfhart Pannenberg von der evangelischen Theologie unterstützen bis heute diese Deutung der kosmischen Entwicklung.[3]

Die Vertreter der Idee einer intelligenten Planung schlossen sich an, und es entstand eine Art Neo-Teleologismus, der sich in spezifischer Weise an eine anthropische Erklärung der Feinabstimmung des Universums anlehnte.

Weist die Besonderheit der Welt nun wirklich auf einen Planer?

Erst einmal sollte man zur Kenntnis nehmen, dass die lebende Materie größenordnungsmäßig eine völlig unbedeutende Rolle spielt. Wenn man überhaupt einen Vergleich bei den Klassen verschiedener Systeme ziehen will, wird man zu dem

[3] Tipler (2007).

Ergebnis geführt, dass der Kosmos hauptsächlich die Entstehung von Galaxienhaufen und Staubwolken, vielleicht auch Schwarzen Löchern begünstigt, die organischen Substanzen aber einen Nebenschauplatz der kosmischen Evolution bilden. Dies folgt schon daraus, dass die primordiale Zusammensetzung des Universums durch H und He gegeben ist, die chemischen Hauptkomponenten des Lebens aber aus C, H, O, N bestehen, die erst im Lauf der kosmischen Entwicklung erzeugt werden mussten.[4]

Die Herstellung dieser sog. „Metalle“ (alle Elemente außer H und He) setzt ein langlebiges Universum voraus, in dem durch Supernova-Explosionen die chemische Evolution die lebensnotwendigen Elemente hervorbringt. Die randständige Stellung von CHON-Leben wird auch dadurch bekräftigt, dass diese Materiekonfiguration, wie sie komplexe Systeme bilden, nur im mittleren kosmischen Intervall möglich ist, wo die Temperaturen auf Planetenoberflächen für einige Zeit im ökologischen Intervall liegen. Organische Systeme sind somit Durchgangsphänomene der Entwicklung des Universums, die zu späten Zeiten spurlos verschwinden. Nach dem Ausbrennen der letzten Sterne wird die lebendige Phase des Universums sehr schnell in Vergessenheit geraten. Man musste sich schon einen sehr seltsamen kosmischen Ordner vorstellen, der ein Universum plant, das ein paar Jahre belebt ist, dann aber die unendlich lange Zukunft seiner Existenz als tote Materie verbringt.

2.3 Das Standard-FLRW-Modell der Kosmologie

Das Standard-FLRW-Modell, nach ihren Entdeckern Friedmann, Lemaitre, Robertson und Walker benannt, ist räumlich homogen und isotrop, es gibt darin keine ausgezeichneten Orten oder Richtungen.

Die Isotropie bedeutet, dass der Raum die Rotations-Symmetriegruppe [O(3)] erfüllt, und die Homogenität besagt, dass das Universum in jedem Punkt allzeit gleich aussieht, d.h., dass es eine Symmetriegruppe gibt, die transitiv auf den raumartigen 3-Flächen ist.

Die Isotropie ist empirisch gestützt durch die großräumige Verteilung der Materie und die Hintergrundstrahlung (CBR) von 2.7 K.

Die Homogenität wird allerdings nicht direkt beobachtet, doch lässt sie sich gut begründen: Wenn das Universum *nicht* homogen wäre, könnte es nur von *speziellen* Orten isotrop aussehen. Wenn spezielle Orte aber unwahrscheinlich sind, wird der Raum vermutlich *überall* isotrop sein, dann aber ist er auch homogen. Natürlich gibt es lokale Irregularitäten, Galaxien, Galaxiengruppen, Superhaufen, den Großen

[4] Weinberg (2008, S. 149).

Attraktor und andere gigantische Gebilde. Aber je weiter man in die Tiefen des Raumes schaut, desto gleichförmiger präsentiert sich das Universum.

Zwar gibt es feine Temperaturkontraste in der CBR (die durch die Satelliten COBE, WMAP gemessen wurden), welche bei 10^{-5} liegen und welche eine hohe Bedeutung für die Galaxienbildung besitzen. Diese Temperaturunterschiede können nicht davon ablenken, dass es keine ausgezeichneten Richtungen im Universum gibt.

Es liegt nahe zu vermuten, dass die kosmischen Parameter nicht beliebige Werte haben können, wenn komplexes Leben auch nur in einer Durchgangsepoche des Universums existieren soll. Auf einen überraschenden Zusammenhang stieß man, als die Frage auftauchte: Warum ist das Universum so isotrop? Es ging also nicht darum, die Richtungsunabhängigkeit möglich genau zu bestimmen, sondern herauszufinden, *warum* unter all den relativistischen Raumzeiten die vorliegende bevorzugt erscheint. C. Collins und St. Hawking (1973) gingen diese Frage mit einer Untersuchung über die Stabilität homogener relativistischer Raumzeiten gegenüber Anisotropie-Störungen an: Wie entwickeln sich kleine Anisotropie-Störungen, die man in der Frühzeit in eine homogene Raumzeit einfügt? Das Ergebnis war überraschend: Die Mehrzahl aller homogenen Raumzeiten isotropisieren sich nämlich nicht. Zu späten Zeiten treten richtungsabhängige Materieflüsse und Strahlungsverteilungen auf, die eine Welt erzeugen, die in keiner Weise der unseren gleicht. Nur die in der Menge aller homogenen Welten sehr seltenen *flachen* Welten werden isotrop. Offenbar hat die Existenz von Leben etwas damit zu tun, dass unsere Raumzeit 3-flach ist.

Galaxien, Sterne, Planeten, Leben scheinen daher nur in flachen Welten möglich zu sein. Dies kann man auch intuitiv einsichtig machen, denn in materiearmen, stark hyperbolischen, also heftig expandierenden Welten sind Kondensationen der Materie schwierig, und in sehr dichten, sphärischen Welten ist die Laufdauer des Universums zu kurz, um Spielraum für die Evolution der Organismen zu gestatten. Die an der Grenze zwischen beiden angesiedelte Welt mit verschwindender räumlicher Krümmung besitzt die optimalen Bedingungen für die Galaxienentstehung und die weitere Entstehung von Systemen organischer Komplexität.[5]

Nun fragt es sich, wo überhaupt Leben entstehen kann. Diese Frage kann man nicht angehen, ohne irgendeine Vorgabe zu machen; wenn man alle logisch möglichen Raumzeiten und Gesetzesstrukturen zugleich betrachtet, wird die Frage unübersichtlich bis unbeantwortbar.

Wenn man einmal für das Argument unsere Gesetze der Physik und die aktuale Raumzeitstruktur vorgibt, lautet die simple Antwort, dass Lebewesen nur in einer Ecke des Universums angetroffen werden, in der sich sanfte Temperaturen, Wasser,

[5] Weinberg (2008, S. 403).

Mineralien und eine stabile Atmosphäre finden. Diese Argumentation kann man auch auf ein Ensemble von Welten übertragen. Dort kann Leben nur in jener Untermenge von Welten existieren, wo die Naturkonstanten und die kosmischen Parameter die passenden Werte haben und selbstredend auch dort nur in einer lebensfreundlichen Ecke mit den passenden Temperaturen. Aus dieser Sicht werden unbelebte Welten nicht a priori ausgeschlossen, im Gegenteil: Fast alle Mitglieder des Ensembles von Raumzeiten werden rein materielle, aber organisch tote Gebilde sein, weil die Bedingungen zu feindlich für das Anwachsen komplexer Strukturen sind. Nur in wenigen Welten wird etwa die Masse des Neutrons genau zwei Elektronenmassen größer sein als die des Protons, eine ganz wichtige Voraussetzung für die Existenz einer Klasse von stabilen Kernen, auf denen die organische Chemie beruht.

Roger Penrose hat die Auffassung verteidigt, dass in einem räumlich unendlichen homogenen Universum Leben immer zufällig entstehen wird, selbst wenn die Wahrscheinlichkeit dafür sehr klein ist.[6] Es ist ein kombinatorisches Argument, das sich darauf stützt, dass in einer Welt, in der Leben nicht definitiv durch Naturgesetze ausgeschlossen ist, also noch eine positive Chance besitzt, es in den Tiefen des Raumes irgendwo vorkommen muss, da alle Verbindungen von materiellen Bestandteilen mit der Zeit durchlaufen werden.[7] Eine noch seltsamere Folgerung ergibt sich, wenn man berücksichtigt, dass es in einem Hubble-Volumen nur endlich viele Quantenzustände geben kann. Dann ergibt sich, dass in einem unendlichen ergodischen[8] Universum, in dem durch statistische Schwankungen während der inflationären Epoche alle möglichen Hubble-Volumina mit allen Anfangsbedingungen erzeugt worden sind, auch von jedem Menschen eine exakte Kopie in einer Entfernung von $10^{10^{29}}$ Lichtjahren existiert, der sich in diesem Moment den Kopf über das Unendliche zerbricht.[9] Es ist vermutlich Mentalitätssache, ob man sich durch die Existenz seines kosmischen Zwillings gestört fühlt oder nicht.

2.4 Feinabstimmung physikalischer Parameter?

Problematisch in diesem Zusammenhang ist der häufig verwendete Begriff der *Feinabstimmung*, da er vorschnell teleologische oder theologische Konnotationen mitschleppt. Soviel ist erst einmal ohne Schwierigkeit zu konstatieren: Numerische

---

[6] Penrose (2005, S. 760).

[7] Es ist allerdings darauf hinzuweisen, dass die unendliche Zahl von Elementen einer Welt nicht eo ipso impliziert, dass alle möglichen Konfigurationen auftauchen und sich unendlich oft wiederholen. Für ein Gegenbeispiel vgl. Mosterín (2002, S. 229).

[8] Bei einem ergodischen Vielteilchensystem liegen dessen Zustandsänderungen stets auf der konstanten Energie-Hyperfläche des Phasenraumes und kommen im Laufe der Zeit jedem Punkt dieser Hyperfläche beliebig nahe.

[9] Tegmark (2003).

Relationen zwischen physikalischen Größen müssen gelten, um unser CHON-Leben zu ermöglichen. Dies ist keine tiefe Einsicht, sondern eine logische Selbstverständlichkeit, da in einer Welt, die abweisend gegenüber bestimmten Systemen gebaut ist, diese nicht auftauchen werden. Dies Feinabstimmung zu nennen verführt jedoch leicht dazu, die akkurat eingestellte Koinzidenz gleich mit einem kosmischen Ordner zu verbinden, ein Konzept, das in einer säkularen Wissenschaft keinen Sinn ergibt. Rein logisch gesehen muss Teleologie nicht automatisch mit transzendenter Steuerung verbunden werden. Man kann auch an eine immanente Teleologie, wie John Leslie sie vorgeschlagen hat, denken, bei der der Materie ein intrinsisches Streben innewohnt, Wertstrukturen zu aktivieren, die eben nur auf komplexen Trägern sitzen können.[10] Aber abgesehen von der ontologischen Bizarrerie einer solchen Konstruktion, müsste dann auch noch das Geflecht von kausalen und teleologischen Wirkfaktoren geklärt werden; wo verhält sich das Universum kausal und wann schalten sich die zielgerichteten Strebungen ein?[11] Dies ist eine Grundschwierigkeit für ein kausal-teleologisches Kombinationsmodell, da immer begründet werden muss, warum genau an dieser Stelle die zielgerichteten Kräfte greifen.

Wie dem auch sei, viele Konstanten $(\alpha, c, \eta, \lambda, G, e, m_p, m_e)$ müssen exakt ihren Wert besitzen, wenn intelligentes Leben existieren soll. Keiner dieser Werte dieses Oktupels von Naturkonstanten ist mit der heutigen Physik aus ersten Prinzipien ableitbar. Jedoch nicht jede Koinzidenz in der Natur beinhaltet auch gleich ein tiefes Rätsel.

Nicht jeder Zusammenfall von Zahlen weist auf einen verborgenen kosmischen Code, bei dem wieder die Frage auftaucht, wer für die Codierung verantwortlich war. So gibt es im Hubble-Volumen 10^{11} Galaxien. Von der gleichen Anzahl sind die Neuronen im menschlichen Gehirn. Niemand wird hier auf einen verborgenen Zusammenhang tippen. Ebenso decken sich die scheinbaren Durchmesser von Sonne und Mond, was das schöne Schauspiel der Sonnenfinsternisse ermöglicht, aber nur ein fanatischer Teleologe wird hier eine verborgene Weisheit der Natur vermuten. Es lassen sich beliebige Parallelen von Naturphänomenen finden, bei denen sicher kein ursächlicher Zusammenhang existiert; es gibt eben das nichtkausale Zusammentreffen von Größen, bei denen tieferes Forschen in eine Sackgasse führt.

Die obigen acht Konstanten $\alpha, c, \eta, \lambda, G, e, m_p, m_e$ kann man auch unter einer anderen Perspektive sehen, nämlich als Werte kontinuierlicher Parameter, die einen achtdimensionalen Raum aufspannen.

---

[10] Leslie (1989, S. 167).

[11] Vgl. Smart (1989).

Unser Universum ist dann ein Punkt in diesem 8-Raum. Feinabstimmung beinhaltet dann nur die unverfängliche, metaphysisch neutrale Aussage, dass es in fast allen Punkten des 8-dimensionalen Darstellungsraumes keine Galaxien und Beobachter gibt, und dass nur in einer winzigen erkennbaren Untermenge des 8-Raumes Leben entstehen kann.

2.5 Multiversum

Die säkulare, naturalistische Erklärung der erstaunlichen Koinzidenzen erfolgt heute unter Einsatz eines Ensembles von Welten, auch unter dem Namen *Multiversum* registriert.

Zuerst muss man sich einmal darüber klar werden, dass dieser Begriff ein nicht unerhebliches Bedeutungsspektrum besitzt: Einmal ist darauf hinzuweisen, dass auch das heute aktuelle FLRW-Modell durch seine Horizontstruktur unendlich viele kausal entkoppelte Bereiche umfasst, die rechtens auch als Welten angesprochen werden können, da ein Informationsaustausch über den Rand, bei dem sich die Expansion der Lichtgeschwindigkeit nähert, nicht möglich ist. Daneben haben Physiker bei verschiedenen kniffligen Problemen auf Vielwelten-Lösungen zurückgegriffen.

Im Rahmen der Quantengeometrodynamik (QGMD), die auf J. A. Wheeler zurückgeht, hat dieser, um das Singularitätenproblem zu lösen, ein Neustart-Modell konzipiert, bei dem das Universum an der Endsingularität – damals dachte man noch ein materiedichtes Universum mit kompakter Raumzeit – eine Streuung im Superraum der 3-Geometrien erfährt, die zu einem Ensemble von Welten führt, mit jeweils unterschiedlichen Naturkonstanten und Werten der kosmischen Parameter.[12]

Beim Messprozess der Quantenmechanik (QM) griff Hugh Everett, um einem akausalen, diskontinuierlichen, nicht durch die Schrödingergleichung beschriebenen Messvorgang auszuweichen, zu einem Konzept ohne Kollaps der Wellenfunktion, aber mit einer Vielwelten-Deutung des Zustandsvektors nach der Messwechselwirkung. Diese Vielwelten-Interpretation der Superposition des Zustandsvektors spielt eine wichtige Rolle in der Quantenkosmologie, da dort nicht auf einen externen Beobachter zurückgegriffen werden kann, der einen Zerfall der Wellenfunktion auslösen könnte.[13]

Im Rahmen des Ansatzes der chaotischen Inflation von Andrej Linde wird unsere Urknall-Singularität zu einem lokalen Phänomen, zu einer kosmischen Blase in einem Hyperuniversum, das permanent weitere Blasen als Welten erzeugt, wo neue

[12] Wheeler (1968).

[13] Tegmark (2007b).

inflationäre Prozesse bis in alle Ewigkeit Welten aller Anfangsbedingungen mit allen Werten von Konstanten entstehen lassen.

So gesehen ist die Idee eines Multiversums weder eigentlich exotisch noch völlig neu. Der Begründungsgang ist dann immer ähnlich: Da wir nur in einem Element der erkennbaren Untermenge aller Welten leben können, sind wir einem verborgenem Selektionseffekt ausgesetzt. Die scheinbare Auszeichnung unserer Welt entsteht, weil wir keinen empirischen, sondern eben nur einen theoretischen Zugang zum gesamten Ensemble haben. Das Postulieren von mehr als einer Welt soll bestimmte Rätsel in unserer Welt auflösen, die sonst nicht entwirrbar erscheinen. Dabei ist die direkte empirische Unzugänglichkeit und Unbeobachtbarkeit kein tragfähiger Einwand gegen eine solche Erweiterung des physikalisch Existierenden, solange eine Erklärungsleistung für unsere Welt dabei herausschaut.[14]

2.6 Mögliche Welten

Wichtig ist bei einem solchen Multiversum-Ansatz, dass man ihn vom philosophischen Begriff der möglichen Welten abgrenzt.

Die These von der Existenz *aller möglichen Welten* ist erst einmal vieldeutig. Wenn es sich um die *logische* Möglichkeit handelt, so ist dieser Begriff viel zu weit für eine physikalische Anwendung, denn er bedeutet letztendlich nur die Konsistenz und schließt nur widersprüchliche Gebilde aus.

Die *physikalische* Möglichkeit auf der anderen Seite hängt am Theoriebegriff; die Einstein'schen Gleichungen des Gravitationsfeldes bestimmen durch ihre Lösungen, welche Welten möglich sind. Die Gesetze der Thermodynamik schließen Welten, in denen Temperaturdifferenzen sich nicht ausgleichen, als unvereinbar mit dem Entropiegesetz aus. Aber nicht alle Größen der Theorie wie etwa die Kopplungskonstanten werden durch die Theorie selber fixiert. Die QM lässt die Plancksche Konstante h unfixiert, die spezielle Relativitätstheorie die Lichtgeschwindigkeit c und die allgemeine Relativitätstheorie die Stärke der Gravitationswechselwirkung G. Die Konstanten kann man nun als freie Parameter der Theorie betrachten und sie alle zulässigen Werte durchlaufen lassen. Diese physikalischen Welten kann man sich anschaulich ausmalen. Wenn etwa c so langsam wie der Schall wäre, könnte man die Ausbreitung des Lichtes direkt verfolgen.

Dem gegenüber ist die Klasse *aller* widerspruchsfreien formalen Systeme nur logisch eingeschränkt, sie enthält alle jene Gebilde, die nur gerade Inkonsistenzen vermeiden.

---

[14] Sciama (1993).

Ein Modalitätenrealismus, wonach alles logisch Mögliche existiert, gilt gemeiniglich als ontologisch verschwenderischer supernaturalistischer Platonismus und wird eher selten verteidigt.[15] Wohl aber wird die Klasse der wirklichen Welten eingesetzt, um kontingente Züge der Welt, in der wir leben, erklären zu können. Aber welchen Umfang sollte diese physikalische Teilklasse aller logisch möglichen Welten besitzen? Wie groß ist das Ensemble? Darf es im Prinzip auch unendlich sein oder gelangt man damit auf die schiefe Bahn einer nicht mehr handhabbaren Ontologie? Zweifelsohne hat die Beschränkung auf eine endliche Klasse von Parallelwelten erkenntnistheoretische Vorteile. Im Kontext der „String Landscape" Theorie werden Zahlen von der Größenordnung von 10^{500} Welten gehandelt. Auch wenn diese Zahl alle Vorstellungen sprengt, so besitzt sie doch den Vorteil der Endlichkeit. Sie geht auf Abschätzungen der Zahl der Vakua mit positiver Energiedichte im Rahmen der Stringtheorie zurück, wobei der Ausdruck „Landschaft" an die Vielfalt von Molekülbindungen in der Biochemie erinnern soll. Die Zahl selber ist dabei von epistemischer Bedeutung, denn je größer sie ist, desto eher ist die Ensemble-Erklärung gerechtfertigt. Wie Steven Weinberg bemerkt:

> „Any scientists who study nature must live in a part of the landscape where physical parameters take values suitable for the appearance of life and its evolution into scientists."[16]

Zur besseren Orientierung kann man einen Moment an die Erklärung der Besonderheit unseres Planeten denken. Der natürliche Prozess der Sternentstehung in unserer Galaxis bringt Sonnensysteme und Planeten hervor. Einige wenige davon sind lebensfreundlich. Niemand hat die Ökosphäre der Erde fein abgestimmt, sondern unter den Milliarden Sternen der Galaxis mit ihren vielen Planeten war einer darunter, der die passende Atmosphäre mit der geeigneten biologischen Temperatur besaß. Um also die erstaunlich lebensfreundliche Beschaffenheit unserer Planetenoberfläche zu verstehen, brauchen wir nur eine endliche Zahl von Sonnensystemen. Analog kann das Argument in der Kosmologie geführt werden, zwar durch mehrere Welten, aber doch durch die kleinste Zahl, die gerade noch ausreicht, das Erklärungsziel zu erreichen. Die meisten Autoren, die den Begriff Multiversum verwenden, sind nicht so weit vorgedrungen, das Ensemble und seine Eigenschaften explizit anzugeben. Erst Stoeger, Ellis und Kirchner haben die Notwendigkeit betont, eine Verteilungsfunktion und ein Maß im Raum aller möglichen Universen zu definieren, um Wahrscheinlichkeiten für das Auftreten bestimmter realer Welten zu berechnen.[17] In diesem realen Ensemble muss eine lebensfreundliche Untermenge M_{FLRW} vorhanden sein, und zumindest in einem Element davon darf die FLRW-

[15] Vgl. Tegmark (2007a).

[16] Weinberg (2005).

[17] Stoeger et al (2004).

Symmetrie nicht völlig exakt sein, weil sonst die Entstehung von inhomogenen Materieagglomerationen nicht hätte beginnen können. In einer perfekten, von Anfang an absolut symmetrischen Raumzeit kann sich keine lokale Zusammenballung von Materie bilden; nur wenn geringe Dichtekontraste vorhanden sind und die Expansion nicht zu heftig ist, kann ein selbstverstärkender Prozess der Abkoppelung eigengravitierender Systeme einsetzen, der zu Galaxien, Sternen und Planeten führt.

Die Crux der Multiversum-Argumentation liegt jedoch in der Schwierigkeit der Begrenzung des Ensembles, speziell wenn die Menge der Welten unendlich zu werden droht. In dem weithin akzeptierten Modell der *chaotischen Inflation* entstehen immer wieder lebensfreundliche friedmannartige Raumzeit-Bereiche, während in anderen Teilen die heftige exponentielle Expansion weiterläuft. Die sich aufblähenden Blasen bringen weitere ähnliche hervor, es läuft eine Kettenreaktion von sich vervielfältigenden, jede für sich unendlich großen dynamischen Raumzeiten ab, und dieses ewige exponentielle Wachstum der Zahl der Blasen führt sogar zu einer überabzählbaren Unendlichkeit von Paralleluniversen.[18] Diese Flut von Nebenwelten hat Versuche nach kritischer Begrenzung auf den Plan gerufen.

Stoeger, Ellis und Kirchner (SEK) halten aktual unendliche Ensembles von Welten für unmöglich, allerdings mit zweifelhaften Argumenten. Sie berufen sich dabei auf David Hilberts Ablehnung des Unendlichen.[19] In der Tat hat sich Hilbert gegen das Physikalisch-Unendlich Große gewandt, allerdings unter Berufung auf die damals (1925!) gerade für richtig gehaltene physikalische Geometrie. Die Astronomen befürworteten seinerzeit die elliptische Geometrie als das natürliche Modell einer endlichen Welt. Hilbert betrachtete demgemäß nur die kompakten Lösungen der Einstein'schen Feldgleichungen, denn das Einstein-de Sitter-Modell war damals noch nicht entdeckt. Im heutigen Standardmodell sind die Schnitte der Raumzeit zum Zeitpunkt $t = t_0$ aber unendliche euklidische 3-Räume, die man nur durch Einführung künstlicher Zusammenhangsformen kompaktifizieren könnte, wofür aber von der Empirie her nichts spricht.

Mit heute in der Wissenschaftstheorie etwas anachronistisch klingenden empiristischen Argumenten der „Unerreichbarkeit“, der „Unrealisierbarkeit“ oder der „Unkonstruierbarkeit“ wollen SEK sichern, dass physikalische Unendlichkeiten nie auftreten.

Jedoch: Wenn Cantors transfinite Arithmetik, etwa in der Axiomatisierung ZFC (Zermelo-Fraenkel-Mengenlehre mit Auswahlaxiom), konsistent ist, kann eine semantisch erfüllende Interpretation der Theorie nicht widersprüchlich sein. Prakti-

[18] Tegmark (2004).

[19] Hilbert (1925).

sche Momente, wie die Erreichbarkeit, die Realisierbarkeit oder die Konstruierbarkeit sind erkenntnistheoretisch sekundär, die Natur ist nicht für unsere Handhabbarkeit gemacht. Wenn sie unendlich sein sollte und wir sie deshalb nicht durchmessen können, liegt dies an uns endlichen Vernunftwesen, nicht an der Natur.

Überdies sollte man auch bei physikalisch unendlichen Mengen die intensionale und die extensionale Redeweise unterscheiden. So wie wir auch die Menge aller Primzahlen mit einem Begriff bezeichnen können, ohne sie je einzeln aufgereiht durchgehen zu müssen, lässt sich auch die Zahl der Galaxien in einem Euklidischen Universum mit einer Kardinalzahl kennzeichnen. Somit kann es auch physikalische Alephs geben. Danach ist die Menge der Galaxien in einem Einstein-de Sitter-Raum schlicht und ergreifend $= \aleph_0$.

Vom Grundsätzlichen her ist also die Zahl der Welten nicht so leicht zu begrenzen, und doch möchte man die Beliebigkeit einschränken.

2.7 Zur Kritik am Multiversumkonzept

Die Hauptgefahr, die die meisten Kritiker bei dem Vielweltenkonzept sehen, ist das Zerfließen der Ontologie. Wie kann man verhindern, dass sich die Menge alles Existierenden über jede kontrollierbare Schranke vermehrt und man damit in die Kritik gegen die traditionelle Metaphysik hineinläuft? Wie lässt sich eine Mehrweltenontologie noch mit dem Sparsamkeitsprinzip verbinden?

Erst einmal sollte man sicher zwei Fälle unterscheiden: Wenn in einer physikalischen Theorie Parameter gegen unendlich gehen, wird diese Divergenz als irreal betrachtet, weil unbestimmte Parameterwerte untestbar sind. So wird etwa die Aussage, dass in der Nähe der Anfangssingularität Druck, Dichte, Temperatur und Gravitationsgezeitenkräfte gegen unendlich gehen, als unrealistische Extrapolation einer Gravitationstheorie angesehen, die in diesem Extrembereich ungültig wird.

Anders liegt der Fall, wenn es um die raumzeitliche Ausdehnung des Universums geht. Weder für eine einzelne Welt noch für das Ensemble von Raumzeiten kann man apriorisch Endlichkeit fordern. Lange Zeit dachte man, vermutlich im Gefolge der von Kant behaupteten Antinomien, dass *ein* unendliches Universum kognitiv nicht handhabbar sei. Nachdem das heutige gut bestätigte Standard-Konkordanzmodell ganz klar 3-flach und damit offen und unendlich ist, lässt sich eine apriorische Ablehnung nicht mehr aufrecht halten. Trotz aller Ockham'schen Genügsamkeit lässt sich das Modell nicht sparsamer deuten. Dehnt man diese Strategie auch auf das Ensemble aus, wird man fordern, es so klein wie möglich und am besten endlich zu halten, aber dies auch nicht wider besseres Wissen.

Erkenntnistheoretisch befriedigender wäre es, wenn die Elemente des Multiversums irgendwelche Gemeinsamkeiten besäßen, von denen sich zeigen ließe, dass diese Regularitäten auf den Entstehungsprozess zurückgehen. Auch wenn die Welten keinen raumzeitlichen und kausalen Zusammenhang besäßen, wären sie dann durch einen primordialen Zusammenhang verbunden. Bei dem früher erwähnten Szenarium der chaotischen Inflation ist genau dieser Zusammenhang gegeben, und er sorgt auch dafür, dass das trotz aller Unendlichkeit die Ontologie sich nicht bis ins Unbestimmte ausweitet. Der dynamische Zusammenhang ist durch die Spezifikation des Erzeugungsvorganges der Welten gesichert, und damit ist der logische Spielraum im Begriff des Ensembles nicht mehr völlig beliebig. Allerdings wird auch bei einer solchen Konstruktion klar, dass immer mit einer Restkontingenz der Erklärung zu rechnen ist, was die alte wissenschaftstheoretische Weisheit bestätigt, dass es keine vollständigen und abgeschlossenen Erklärungen geben kann.

2.8 Was erklärt die Multiversum-Hypothese?

Empiristisch orientierte Philosophen wollten zumeist von einer Vielwelten-Hypothese nichts wissen, weil sie zu stark in die Nähe metaphysischer Konstruktionen, in die Region eines transzendenten Supernaturalismus führt, in dem alle Kontrollierbarkeit aufgehoben erscheint. In der Tat muss sich ein Verteidiger eines Weltensembles mit dem Vorwurf des Metaphysikverdachtes auseinandersetzen, da ja bei vielen Ensembles keine raumzeitliche und kausale Verbindung besteht, somit kein direkter Informationsfluss zwischen den Welten übertragen werden kann. Die Frage ist also, ob und wie die Multiversum-Hypothese prüfbar ist. Auf den ersten Blick erscheint, ohne kausale oder raumzeitliche Verbindung der Welten oder zumindest einen gemeinsamen Entstehungsvorgang, die Prüfbarkeit nicht gesichert. Allerdings sollte man hier differenzieren. Das Verhältnis von Test und Bedeutung hat sich allerdings seit den Tagen, da man die Verifikationsdoktrin der Bedeutung verteidigte, wesentlich liberalisiert. Die Forderung nach einer direkten Überprüfung jeder deduktiven Folgerung einer Theorie hat dem Postulat Platz gemacht, dass irgendeine der Konsequenzen Kontakt mit der Erfahrungswelt haben muss.

Demgemäß kann man das Argument von der *erklärenden Kraft* formulieren: Wenn die Hypothese der *vielen* Welten einige Charakteristika *unserer* Welt besser verständlich macht als alle verfügbaren Konkurrenten, dann kann man von einer *indirekten* Stützung sprechen.

Im anderen Fall handelt es sich um ein metaphysisches Konstrukt, das vielleicht unseren Wunsch nach Kontingenzreduktion befriedigt, aber kognitiv gehaltlos ist. Wenn also die von uns kausal getrennten Mitglieder des Multiversums wesentliche Größen unserer Welt – wie etwa die Kleinheit der kosmologischen Konstante – verstehbar machen und keine innerweltliche Alternative in Sicht ist, kann man dies als eine indirekte Stützung für direkt unzugängliche Welten des Multiversums ansehen.

Hat die Vielwelten-Hypothese auch *prognostische Kraft*? Ein stärkeres Kriterium für die ontologische Plausibilität der anderen Welten wäre gegeben, wenn damit ein neuer unbekannter Zug unserer Welt vorausgesagt werden könnte. Am ehesten ist dies wohl dann der Fall, wenn das Ensemble einen gemeinsamen Ursprung besitzt, der sich auch auf die spätere Phase der Entwicklung der einzelnen Mitglieder auswirkt, wenn sie kausal nicht mehr verbunden sind.

Jedenfalls verlangt auch eine liberale Methodologie den Ausschluss von beliebigen Vielwelten-Postulaten. Nur wenn das Ensemble nicht ausschließlich durch Erklärungsdefizite, unverständliche Kontingenzen unserer Welt, konstituiert wird, lässt sich seine Existenz verteidigen. Sonst könnte man die Klasse von Welten so um die zufälligen Züge unseres Universums herumschneidern, bis das jeweilige Erklärungsdefizit abgedeckt ist. Dann aber rückt die Vielwelten-Hypothese in die Nähe der Trivialität des theistischen Kreationismus, bei dem man, wenn man irgendeine Besonderheit unserer Welt nicht versteht, beliebige fliegende Spaghettimonster einführt, die genau diese Eigentümlichkeit verständlich machen. Die explanatorische Schwäche des Theismus besteht ja gerade darin, dass es – worauf schon David Hume hingewiesen hat – nicht möglich ist, die Klasse der Gottheiten in irgendeiner Weise zu begrenzen, weil niemand je eine Idee hatte, welche Götter es nicht geben kann. In diese logische Falle darf eine Vielwelten-Erklärung nicht tappen. Es ist in der Tat nicht leicht, eine gerade noch verantwortbare Liberalität in den Kontrollbedingungen für wissenschaftliche Hypothesen so zu formulieren, dass die kognitiv leeren metaphysischen Spekulationen außen vor bleiben. Der beste Garant für eine solche Abgrenzung wäre sicher, wenn man das Ensemble von Welten so mit unserer Welt nomologisch verschränken könnte, dass *ein* Satz von Gesetzen das gesamte Multiversum hervorbringt und dass die unbeobachtbaren Elemente zu der unverzichtbaren Überschussbedeutung der Theorie gehören. Diese Methodologie ist momentan am besten im Szenarium der chaotischen Inflation dargetan, wo das Inflationspotential wesentliche Züge unserer Welt erklärt, aber unweigerlich zur Existenz anderer Welten führt.

Es nimmt nicht Wunder, dass an den Grenzen der kosmologischen Erkenntnis auch die Kriterien der Erkenntnisgewinnung zur Debatte gestellt werden, denn schließlich gibt es nirgends Sicherheit, wie Karl Popper nicht müde wurde zu betonen. Und gerade die schwierigsten und unsichersten Erkenntnissituationen sind am ehesten geeignet, unsere Methodologie immer wieder auf die Probe zu stellen.

2.9 Literatur

Collins, C. B. und Hawking, S. W. (1973), Why is the Universe Isotropic? *Astrophysical Journal* 180, 317–334.

Hilbert, D. (1925), Über das Unendliche. *Mathematische Annalen* 95, 161–190.

Kant, I. (1910), *Allgemeine Naturgeschichte und Theorie des Himmels*. In: Gesammelte Werke, Bd.1, Berlin: Akademie der Wissenschaften, 215–368.

Leslie, J. (1989), *Universes*. London: Routledge.

Lukrez (1986), *De rerum natura*. Stuttgart: Reclam.

Mosterín, J. (2002), Examen del principio antrópico en cosmología. *Diálogos, Revista del Departamento de Filosofía, Universidad de Puerto Rico* 37(79), 203–236.

Penrose, R. (2005), *The Road to Reality*. London: Vintage.

Sciama, D. W. (1993), The Anthropic Principle and the Non-Uniqueness of the Universe. In: Bertola, F. und Curi, U. (Hrsg.), *The Anthropic Principle*, Cambridge: Cambridge University Press, 107–109.

Smart, J. J. C. (1989), *Our Place in the Universe*. Oxford: Blackwell.

Stoeger, W. R. et al. (2004), *Multiverses and Cosmology: Philosophical Issues*. ArXiv:astro-ph/0407329 v1 6. Jul 2004.

Tegmark, M. (2003), *Parallel Universes*. ArXiv:astro-ph/0302131 v1 7 Feb 2003.

Tegmark, M. (2004), *Parallel Universes*. ArXiv:astro-ph/0407329 v1 16 Jul 2004.

Tegmark, M. (2007a), *The Mathematical Universe*. ArXiv:0704.0646v1 [gr-qc] 5 Apr 2007.

Tegmark, M. (2007b), *Many lives in many worlds*. ArXiv: 0707.2593v1 [quant-ph] 18 Jul 2007.

Tipler, F. (2007), *The Physics of Christianity*. New York, NY: Doubleday.

Weinberg, St. (2005), *Living in the Multiverse*. ArXiv:hep-th/0511037 v1 3 Nov 2005.

Weinberg, St. (2008), *Cosmology*. Oxford: Oxford University Press.

Wheeler, J. A. (1968), *Einsteins Vision*. Berlin: Springer.

Kapitel 3

Darwins Optimierung im Spiegel der Physik und der Chemie

Peter Schuster[1]
Ins Deutsche übersetzt von Christina Kopetzky

3.1 Einleitung

Die Traditionen wissenschaftlicher Forschung in der Physik und der Biologie sind eher verschieden. Theorien und mathematische Formeln sind das Rückgrat des physikalischen Denkens. Simple Datensammlungen ohne vereinheitlichendes oder generalisierendes Konzept gelten als geringwertig und verfügen über wenig Ansehen. In der Biologie werden Beobachtungen und Ergebnisse von Experimenten ohne dazugehörige Interpretation durch eine Theorie sehr oft auf eine Stufe mit grundlegenden Einsichten über die Mechanismen, durch die die lebende Welt funktioniert, gestellt. Die mathematische und die theoretische Biologie wurden für „echte" Biologen als entbehrlich betrachtet, bis die jüngste Datenexplosion in der Molekulargenetik neue Strategien für das Herausfiltern relevanter Informationen erforderlich machte. Charles Darwins hundertjährige Theorie der biologischen Evolution ist eine Ausnahme: Ein klar definiertes formelles Konzept, die natürliche Selektion, wird der Beweisführung nicht durch Mathematik, aber durch umfangreiche empirische Beobachtungen mit sorgfältigen Interpretationen unterworfen. Der große Erfolg der Darwin'schen Erklärung der Antriebskraft der Optimierung und Anpassung in der Natur basiert auf der radikalen Abstrahierung von Fitness. Was in der Evolution zählt, ist ausschließlich die Fertilität über Generationen hinweg, der Bestand an fruchtbarer Nachkommenschaft. Es spielen weder die Details der Fortpflanzung noch der Variabilität erzeugende Mechanismus eine Rolle. Ansonsten hätte Darwin schwer versagt, weil er vollkommen falsche Vorstellungen über Vererbung und Variation hatte.[2]

Die verschiedenen Ansichten von Physikern und Biologen sind auf die Anfänge der modernen Wissenschaft, auf die berühmte Äußerung Galileo Galileis zurückzuführen:[3]

---

[1] Schuster (2011).

[2] Es ist eine Ironie der Geschichte, dass Gregor Mendel die richtige Lösung für Vererbung und Genetik hatte, seine Arbeiten von den Evolutionsbiologen aber komplett ignoriert wurden.

[3] Galilei (1623, S. 232).

„Die Philosophie [Wissenschaft] ist geschrieben in jenem großen Buche, dem Universum […] Es ist geschrieben in der Sprache der Mathematik, und deren Zeichen sind Dreiecke, Kreise und andere geometrische Figuren; […]".

Am Anfang der Wissenschaft steht die Vermählung von Physik und Mathematik, die sich bis heute als unglaublich stabile Beziehung erwiesen hat. Die Mathematik lieferte den Rahmen für quantitatives Denken und die Physik hat die Mathematik befruchtet. Damit mathematische Modellierung machbar wird, muss die Komplexität der Beobachtungen auf das Wesentliche reduziert werden. Dies wird in folgender Feststellung ausgedrückt: „Man sollte alles so einfach machen wie möglich, aber nicht einfacher."[4] Das Reduzieren ist ein unerlässlicher Teil der Methoden der Physik. Es erwies sich auch in der Biologie als äußerst fruchtbar, wie das bekannte Beispiel der Mendel'schen Genetik zeigt. Gregor Mendel traf eine enorm reduktionistische Annahme, indem er Atome der Vererbung postulierte und es schaffte, Belege für sein Konzept zu liefern, indem er große Mengen an experimentellen Daten mittels mathematischer Statistik analysierte.[5]

Die meisten Biologen hingegen waren und sind in erster Linie mit Beobachtungen beschäftigt, sammeln Daten aus der Natur und ordnen sie nach makroskopischen Merkmalen. Der Großteil der Biologen bevorzugt daher holistische Beschreibungen von Phänomenen, Theorie wird mit Skepsis betrachtet, und die meisten großen Bücher der Biologie enthalten überhaupt keine Mathematik. Beispiele dafür sind Charles Darwins wegweisendes Buch *„Die Entstehung der Arten"*[6] oder Ernst Mayrs bemerkenswerte historische Abhandlung *„Die Entwicklung der biologischen Gedankenwelt"*.[7] Die Entwicklung der Molekularbiologie und der Molekulargenetik in der zweiten Hälfte des zwanzigsten Jahrhunderts veränderte die Situation vollständig: Die aktuelle Biologie ist überflutet mit Daten, die nicht ohne einen soliden theoretischen und mathematischen Hintergrund analysiert werden können, und die massive Unterstützung durch Berechnungen auf Computern ist unerlässlich. Die moderne Molekularbiologie schließt die Lücke zwischen Chemie und Biologie, und in der neuen Disziplin der Systembiologie strebt der Bottom-up-Ansatz der Reduktionisten danach, das Beschreibungsniveau ganzer Zellen und Organismen zu erreichen.[8]

Der vorliegende Beitrag beschäftigt sich mit Darwins Prinzip der Optimierung, nicht aus der traditionellen Sicht, sondern eher aus dem Blickwinkel eines Mathematikers oder eines Physikers. Wir werden versuchen, die Frage zu beantworten,

---

[4] Diese Äußerung wird oft Einsteins Rasiermesser in Analogie zur Occams Rasiermesser genannt, die exakte Referenz auf Albert Einstein ist jedoch unbekannt.

[5] Mendel (1866, S. 3-47).

[6] Darwin (1859).

[7] Mayr (1982).

[8] Schuster (2006b, S. 10–13).

wie Darwin seine Theorie vielleicht formuliert hätte, wenn er Mathematiker gewesen wäre. Darwins Prinzip sagt uns, wie Selektion funktioniert und Varianten anhand ihrer Auswirkung auf die Nachkommenschaft wählt: Die fittere (besser angepasste) Variante kann mehr Nachkommenschaft produzieren und wird den weniger effizienten Varianten in den künftigen Generationen über den Kopf wachsen. Darwins Prinzip sagt uns, wie Selektion funktioniert, sagt aber nichts über die Bandbreite an Varianten, die zur Wahl stehen, aus. Das heutige Wissen über mögliche Formen von Organismen ist nach wie vor rudimentär, aber es gibt schon einige Grundinformationen über Formen und Muster. Dementsprechend wird zuerst die Bildung von Mustern besprochen. Die besondere Rolle genetischer Informationen wird mittels eines Vergleichs der Bildung von Mustern in der Physik und in der Biologie veranschaulicht. Anschließend wird die natürliche Selektion besprochen sowie als bloßes Konzept und als Implementierung in Molekularsystemen analysiert. Die molekulare Evolution wird als Beispiel von chemischer Kinetik modelliert, und eine kurze Darstellung von Evolutionsexperimenten unter kontrollierten Bedingungen wird gegeben. Die Auffaltung von biopolymeren Sequenzen in Strukturen wird als einfaches Beispiel für eine genetisch kodierte Bildung von Mustern betrachtet. Neutralität bezüglich Selektion wird als integraler Bestandteil der Evolution in realen Systemen aufgewiesen. Schließlich veranschaulichen wir die Rolle der Stochastik mittels eines über Computersimulation zugänglichen Modellsystems.

3.2 Die Bildung von Mustern in der Physik und der Biologie

In den vergangenen Jahrhunderten wurde die Bildung von Mustern als ein ausschließlich in der Biologie auftretendes Phänomen betrachtet. Fast alle Menschen sind z.B. durch die faszinierende Schönheit von Blumen und Tierfellen beeindruckt. Die Metamorphose bei Insekten von Raupen zu Schmetterlingen oder die Mimikry von Insekten durch Orchideen veranschaulichen dies gut. Die scheinbare Zweckmäßigkeit biologischer Muster hat schon lange das Interesse der Biologen geweckt. Einige biologische Muster werden als Ergebnisse von Optimierungsprozessen, die der Tarnung dienen, interpretiert – z.B. Streifen und Flecken ähnlich den Schatten im Wald oder weiße Fellfarben im Winter. Bei der Mimikry hingegen ähneln Muster dem Aussehen anderer Musterträger, die gefährlich sind und andere vorteilhafte Eigenschaften für das Überleben aufweisen. Die in zahlreichen natürlichen Beispielen gefundene Mimikry ist ein klarer Beweis für Optimierung. Harmlose Spezies ähneln z.B. giftigen Spezies, um nicht von Raubtieren gefressen zu werden. Zwei Eigenschaften der Musterbildung sind erforderlich für eine erfolgreiche Mimikry: (i) Das Muster muss vererbt, d.h. bei der Nachkommenschaft reproduzierbar sein; und (ii) die Muster müssen leicht veränderbar sein, um ausreichend Variabilität zu liefern, damit sie den Mustern anderer Spezies ähneln. Muster bestimmen nicht nur die äußerlich sichtbaren Merkmale von Organismen, sondern sind gleichermaßen verantwortlich für Körperbauten: Somiten – Rippen und in der weiteren Entwicklung Wirbelknochen – oder andere periodische und nicht-periodische Körpersegmente, die durch den strukturgebenden Entwicklungsprozess gebildet werden.

Muster existieren wohl auch in der unbelebten Welt, das Fehlen eines augenscheinlichen Nutzens hat jedoch die Aufmerksamkeit der Wissenschafter verzögert. Muster in Felsbildungen wurden oft als *Witze der Natur* bzw. *ludus naturae* bezeichnet. Obwohl die spontane Bildung regelmäßiger Muster in der Kristallisierung[9] und oszillierende Konzentrationen in heterogenen chemischen Reaktionen[10] bereits im späten neunzehnten Jahrhundert bekannt waren, begann die systematische Forschung über die Bildung von Mustern erst in den 1950er Jahren. Alan Turings wegweisende Arbeit über die spontane Bildung von räumlichen Strukturen in einem isothermalen homogenen chemischen Reaktionssystem[11] lieferte ein chemisches Modell, das auf notwendige Erfordernisse für die Bildung von Mustern wies: (i) thermodynamische Bedingungen fern vom Gleichgewicht, (ii) Autokatalyse oder Selbstverstärkung infolge eines chemischen Reaktionsnetzwerks, und (iii) verschiedene räumliche Migrationsraten, ausgedrückt durch verschiedene Diffusionskoeffizienten[12] der molekularen Spezies. Das Turing-Modell kann in einem einfachen Zweikomponentensystem mit zwei molekularen Spezies U und V, deren Konzentrationen Variablen in Raum und Zeit sind und als $u(x,y,z,t)$ bzw. $v(x,y,z,t)$ bezeichnet werden, dargestellt werden. Die räumliche Verteilung der beiden Komponenten wird beschrieben durch eine partielle Differentialgleichung des Reaktions-Diffusions-Typs:

$$\frac{\partial u}{\partial t} = D_u \, \nabla^2 u + f(u,v) ,$$

$$\frac{\partial v}{\partial t} = D_v \, \nabla^2 v + g(u,v) .$$

Die partiellen Ableitungen nach der Zeit, $\partial/\partial t$, auf der linken Seite der Gleichungen beschreiben die lokale Veränderung der Konzentration von u bzw. v. Diese Veränderungen bestehen aus zwei Beiträgen: (i) die Veränderung aufgrund der räumlichen Diffusion, ausgedrückt durch die Summe der zweiten Ableitungen nach den räumlichen Koordinaten, $\nabla^2 = \partial^2/\partial x^2 + \partial^2/\partial y^2 + \partial^2/\partial z^2$, multipliziert mit den Diffusionskoeffizienten der beiden molekularen Spezies, D_u bzw. D_v, und (ii) die Veränderung aufgrund der chemischen Reaktionen, die in den beiden Funktionen

---

[9] Ostwald (1897, S. 365).

[10] Ostwald (1899, S. 87–88), (1900, S. 33–76; S. 204–256).

[11] Turing (1952, S. 37–72).

[12] Der Diffusionskoeffizient ist ein Maß für die Verteilung einer Konzentrationsspitze im Raum. Je höher der Diffusionskoeffizient, desto schneller nähert sich die Substanz der einheitlichen Verteilung, die das thermodynamische Gleichgewicht in einem ungestörten System darstellt.

f(*u*,*v*) und *g*(*u*,*v*) beinhaltet ist. Vorausgesetzt, die Diffusionskoeffizienten, D_u und D_v, sind hinreichend verschieden und die zwei Funktionen sind nichtlinear und autokatalytisch,[13] tritt ein spontaner Bruch der räumlichen Symmetrie bei bestimmten Konzentrationswerten auf, es entsteht ein Muster aus Streifen, ein Schachbrettmuster oder aus anderen Verteilungen.

Spontane Musterbildung wurde zu einer zentralen Frage in der Physik der zweiten Hälfte des zwanzigsten Jahrhunderts. Zwei Ansätze erwiesen sich als allgemein anwendbar: (i) die Theorie der Ungleichgewichts- bzw. dissipativen Strukturen, die bei Bedingungen fern vom Gleichgewicht auftreten, eingeführt von Ilya Prigogine und seinen Mitarbeitern in Brüssel[14], und (ii) die Theorie der Synergetik in nichtlinearen dynamischen Systemen, entwickelt von Hermann Haken und seiner Arbeitsgruppe in Stuttgart.[15] Die Musterbildung stieß auf verbreitetes Interesse, nachdem die erste oszillatorische chemische Reaktion in einer homogenen Lösung von Boris Belousov[16] entdeckt worden war, und wurde fünf Jahre später von Anatol Zhabotinsky[17] wieder aufgegriffen. Eine große Vielfalt an detaillierten Untersuchungen erklärte die kinetischen Mechanismen mehrerer Reaktionen, die einige Merkmale gemeinsam haben.[18] Autokatalyse wird üblicherweise von einem Mehrschrittmechanismus unter Einfluss eines chemischen Elements wie Chlor, Brom oder Jod in multiplen Valenzzuständen hervorgebracht. Obwohl Oszillationen in chemischen Reaktionen sowie raumzeitliche Strukturen wie konzentrische oder Zielwellen und gekoppelte Spiralen[19] gut verstanden wurden, waren bis zu den eleganten Arbeiten der Arbeitsgruppe für nichtlineare Chemie in Bordeaux[20,21] keine echt stationären Turing-Muster bekannt. Der zur Stabilisierung des Turing-Musters angewandte Trick besteht darin, ein Akrylamidgel zu verwenden, um unerwünschte konvektive Bewegungen zu vermeiden, die die reine Diffusion verdecken. Muster in der

---

[13] Autokatalyse impliziert, dass entweder *f*(*u*,*v*) oder *g*(*u*,*v*) oder beide als Reaktion auf eine Erhöhung von *u* oder *y* zunehmen, zumindest in bestimmten Konzentrationsbereichen. Die Zunahme in den Funktionen führt zu einer größeren positiven Ableitung der Konzentration nach der Zeit, die wieder eine Erhöhung der Variable verursacht. Die Selbstverstärkung in der positiven Rückkopplungsschleife setzt sich fort, bis eine externe Konzentrationsgrenze oder -beschränkung eine weitere Steigerung verhindert.

[14] Nicolis (1977).

[15] Haken (2004).

[16] Belousov (1959, S.145).

[17] Zhabotinsky (1964, S. 306–311).

[18] Sagués et al. (2003, S. 1201–1217).

[19] Ein Paar gekoppelter Spiralen in einer Ebene besteht aus zwei Spiralen, die sich spiegeln und in gegenläufiger Richtung rotieren.

[20] Castets et al. (1996, S. 2953–2956).

[21] Rudovics et al. (1999, S. 1790–1800).

unbelebten Welt sind durch beschränkte Vorhersehbarkeit charakterisiert. Die Wellenlänge von raumzeitlichen Mustern oder die Periode von Oszillationen sind reproduzierbar und können ziemlich genau berechnet werden. Die Positionierung von Mustern hängt jedoch von mikroskopischen Fluktuationen ab, die sogar den präzisesten Messungen entgehen – zumindest bis jetzt – und daher nicht vorhergesagt werden können. Dasselbe gilt für atmosphärische Muster: Die Theorie der Wirbelstürme ist gut entwickelt und Mindestbedingungen wie die Mindestoberflächentemperatur des Ozeans können angegeben werden, es ist jedoch unmöglich vorherzusagen, wann und wo sich ein Wirbelsturm bilden wird.

Muster auf den Häuten genetisch identischer oder sehr eng miteinander verwandter Tiere sind oft bemerkenswert konstant (siehe z.B. Abb. 3.1): Die genetische Steuerung der Entwicklung ermöglicht eine sehr präzise Positionierung von Mustern,[22] was besonders bemerkenswert ist, da Organismen stark unterschiedlicher Größe bestimmte Merkmale an exakt derselben relativen Position aufweisen.

Abbildung 3.1: Fellmuster von Katzen bei Inzucht. Die Abbildung zeigt eine Katzenfamilie bei Inzucht. Mutter und Kind sind mit Sicherheit einander zugeordnet. Der Kater ist der vermutete Vater. Er war vor und während der Trächtigkeit anwesend. Die Ähnlichkeit des Musters auf der Stirn ist beachtlich und bei allen drei Tieren fast identisch (Photographien von Dr. Inge Schuster).

[22] Entwicklungsbiologie und Entwicklungsgenetik sind sehr breit angelegte Disziplinen. Dem interessierten Leser werden ein aktualisiertes Lehrbuch und ein Sammelband empfohlen: Wolpert (2006) und Moody (2007).

Die embryonische Entwicklung wird schon seit über 150 Jahren studiert, und diese Untersuchungen haben eine wahre Fülle an interessanten Details zutage gefördert. Die Molekularbiologie hat neue Wege für die Untersuchung von Zelldifferenzierung und -entwicklung eröffnet, dennoch warten noch viele wichtige Besonderheiten darauf, entdeckt zu werden. Vor etwa vierzig Jahren bekam dieses Fach neue Anstöße durch die Anwendung von Methoden der Molekulargenetik.[23,24] Zuerst wird ein *Vormuster* gebildet, gefolgt von der Zelldifferenzierung, die letztendlich zum erwachsenen Organismus führt. Lewis Wolpert postulierte, dass die Zelle in einem Organismus die Information über ihre Position von Nachbarzellen oder von Signalen in der Interzellularsubstanz erhält.[25] Ein Vormuster aus einem Gradienten einer *Morphogen* genannten Substanz löst die Entwicklung aus. Schwellenwerte der Morphogenkonzentration trennt Zellen, die sich in verschiedene Zelllinien mit verschiedenen Eigenschaften ausdifferenzieren, da verschiedene chemische Reaktionen innerhalb der Zellen, die über oder unter dem Schwellenwert liegen, dominieren (siehe das Flaggenmodell in Abb. 3.2). Die Genauigkeit der relativen Positionierung wird durch die Schärfe der Reaktion auf die Morphogenkonzentrationen bestimmt.

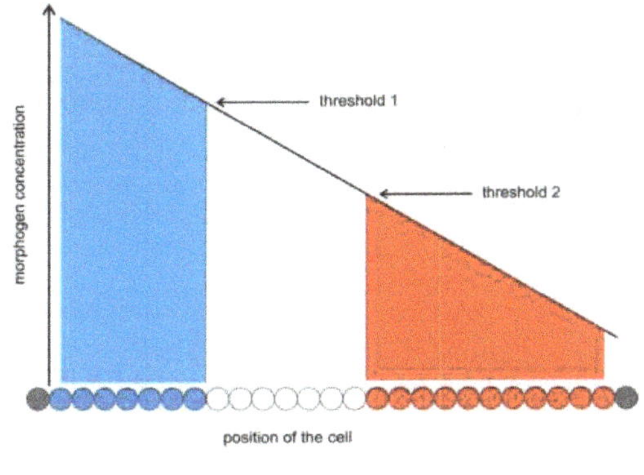

Abbildung 3.2: Flaggenmodell der Gradientenanalyse in biologischen Vormustern. Gradienten in der Morphogenkonzentration werden mittels Schwellenwerten bewertet. Jede Zelle, die eine Morphogenkonzentration unter Schwellenwert 2 aufweist, entwickelt sich zu einer roten Zelle, ein Wert zwischen den Schwellenwerten 1 und 2 löst die Bildung einer weißen Zelle aus, und eine Morphogenkonzentration über dem Schwellenwert 1 führt zur Entwicklung einer blauen Zelle. Dieses Modell, das einen konstanten Konzentrationsgradienten in ein diskretes Entwicklungsfeld umwandelt, wird *Flaggenmodell* genannt.

---

[23] Wolpert (2006).

[24] Moody (2007).

[25] Wolpert (1969, S. 1–47).

Weiterführende Untersuchungen haben gezeigt, dass die Gradienten und Schwellenwerte anfangs ziemlich unscharf sind, zu einem späteren Zeitpunkt aber schärfer werden.[26] Direkte Einblicke in die frühe embryonische Entwicklung wurden durch molekulargenetische Untersuchungen der Larvenentwicklung bei der Fruchtfliege *drosophila* gewonnen. Aus Genen der Mutter und Genen des Individuums selbst gewonnene Proteine bilden Gradienten in den frühen Stadien der embryonischen Entwicklung, und die Gradienten werden in ein Vormuster der weiteren Genaktivitäten, die das Schicksal der Zellen bestimmen, übersetzt.[27,28] Arbeiten in den folgenden Jahrzehnten wiesen eine ganze Kaskade von Entscheidungen in Genaktivitäten nach, die das Proteinausdrucksmuster festlegen und die letztendlichen Eigenschaften der voll ausdifferenzierten Zellen bestimmen.

Das Turing-Modell wurde für die Beschreibung biologischer Musterbildung von Alfred Gierer und Hans Meinhardt adaptiert.[29,30] Die grundlegende Idee besteht darin, zwei Morphogene, einen Aktivator und einen Deaktivator (Inhibitor) zu postulieren, die ein Vormuster des Turing-Typs bilden und Zelldifferenzierung auslösen. Man erhält stabile Primärmuster unter der Annahme langsamerer Aktivator- und schneller Inhibitordiffusion, die zu Aktivierung im Nahbereich und Inhibition im Fernbereich führt. Im Turing-Modell, wo A der Aktivator bzw. H der Inhibitor sind, werden diese Eigenschaften in den Diffusionskoeffizienten, $D_A < D_H$, und in den die chemische Kinetik darstellenden Funktionen kodiert:[31]

$$F(a,h) = \rho\left(\rho_0 + \frac{a^2}{h}\right) - \mu\, a$$
$$G(a,h) = \eta\left(\eta_0 + a^2\right) - \upsilon\, h$$

Beide Morphogene, Aktivator und Inhibitor, werden bei niedrigen konstanten Raten, $\rho\rho_0$ und $\eta\eta_0$, produziert und durch Reaktionen ersten Grades, $-\mu\, a$ und $-\nu\, h$, degradiert. Nichtkatalysierte Produktion und Degradation allein würden zu einem homogenen stationären Zustand führen. Die Musterbildung wird durch die nichtlinearen autokatalytischen Terme mit dem Faktor a^2 eingeführt.[32] Die Produktion beider Morphogene wird durch den Aktivator A stark katalysiert, die Zunahme der

[26] Jaeger et al. (2009).

[27] Driever et al. (1988a, S. 83–93).

[28] Driever et al. (1988b, S. 95–104).

[29] Gierer et al. (1972, S. 30–39).

[30] Meinhardt (1992, S. 797–849).

[31] Meinhardt (1982).

[32] Systematische Modellierung und experimentelle Studien haben gezeigt, dass eine einfache lineare Autokatalyse der Form $dx/dt = kx$ für eine komplexe Dynamik aus Oszillationen oder deterministischem Chaos sowie für räumliche Musterbildung nicht reicht. Es ist jedoch die Grundlage der Darwin'schen Selektion.

Aktivatorkonzentration a wird durch den Inhibitor H reduziert, wie der Faktor $1/h$ zeigt. Das Modell reproduziert viele Merkmale der Musterbildung in der Biologie gut. Trotz der augenscheinlichen Schönheit des Formalismus leidet das Modell an der Tatsache, dass die einzelnen Terme ad hoc ohne Bezug auf einen definierten kinetischen Mechanismus eingeführt wurden. Nichtsdestoweniger liefert das Turing-Gierer-Meinhardt-Modell ein ausgezeichnetes Fallbeispiel, das beschreibt, wie Musterbildung die Voraussetzungen für die bevorstehende Darwin'sche Evolution schafft (siehe z.B. Abb. 3.3).

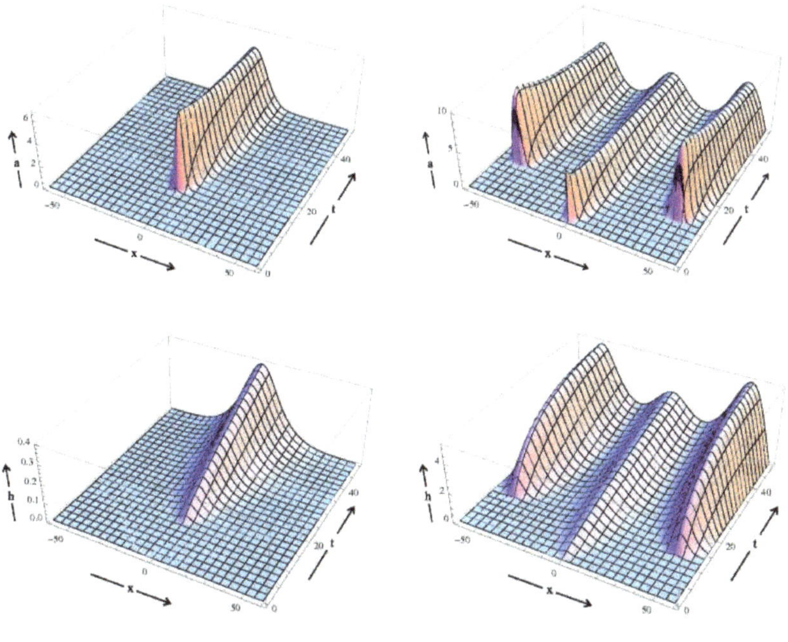

Abbildung 3.3: Turing-Muster im Gierer-Meinhardt-Modell. Die vier 3D-Grafiken zeigen spezifische Integrationen der partiellen Differentialgleichung für das Turing-Modell in der Gierer-Mainhardt-Umsetzung. Es wird die Raum-Zeit-Entwicklung für den Aktivator A (obere Reihe) und den Inhibitor H (untere Reihe) gezeigt. Der Inhibitor folgt dem Aktivator in der Spitzenbildung, erreicht aber einen breiteren Bereich aufgrund der schnelleren Diffusion. Drei der vier Modellparameter waren in allen Simulationen gleich: $\alpha = 0{,}01$, $\beta = 0{,}5$, und $\vartheta = 5$. Zwei Werte wurden für den vierten Parameter gewählt: $\gamma = 0{,}001$ führt zur Bildung einer einzelnen Spitze (linke Grafiken) und $\gamma = 0{,}01$ wurde für die Bildung einer dreigipfeligen Lösung in den rechten Grafiken verwendet. Die Veränderung eines einzigen Parameters verursacht ein komplett anderes Muster (ein Band vs. drei Bänder). Wenn sich die Diffusion verlangsamt, halten sich stärker getrennte Aktivator-Inhibitor-Spitzen innerhalb des morphogenetischen Felds.

In der Literatur finden sich zahlreiche andere Modelle, die auf dem Turing-Mechanismus beruhen und ähnliche räumliche Muster produzieren (für eine ausgezeichnete Übersicht siehe z.B. die entsprechenden Kapitel in der zweibändigen Abhandlung zur mathematischen Biologie von Jim Murray[33]).

Das Gierer-Meinhardt-Modell in seiner ursprünglichen Form hat einen Satz von Parametern mit sechs Parameterwerten $P(\rho, \rho_0, \mu, \eta, \eta_0, \nu)$, der einen Punkt in einem abstrakten sechsdimensionalen Parameterraum darstellt. Die Menge aller Punkte P im Parameterraum ist die Menge aller Muster, die von der sechsparametrischen Version des Modells erreichbar sind. Es lohnt sich, mittels des Gierer-Meinhardt-Modells aufzuzeigen, dass die Dimension des Parameterraums oft ohne Verlust der Allgemeinheit reduziert werden kann. Die Transformation zu dimensionslosen Variablen ergibt in diesem Fall:[34]

$$\frac{\partial u}{\partial t} = \gamma\, f(u,v) + \nabla^2 u \quad \text{und} \quad \frac{\partial v}{\partial t} = \gamma\, g(u,v) + \vartheta \nabla^2 u \quad \text{mit}$$

$$f(u,v) = \alpha - \beta u + \frac{u^2}{v} \quad \text{und} \quad g(u,v) = u^2 - v\,,$$

und reduziert die Dimension des Parameterraums um zwei: $P(\alpha, \beta, \gamma, \vartheta)$. Die Modellparameter sind Funktionen oder Eigenschaften biologischer Makromoleküle und deren Interaktionen. In einfachen Fällen können diese Funktionen direkt von Molekularstrukturen abgeleitet werden, die Entwicklung ist jedoch ein äußerst komplexer Prozess und wir sind meilenweit von einem vollen Verständnis entfernt. Vorhersagen, wie Veränderungen der molekularen Eigenschaften in Veränderungen der Phänotypen von Organismen transformiert werden, sind derzeit daher nicht möglich. Nichtsdestoweniger schafft Entwicklung die Voraussetzungen für Evolution, da sie die Variationen in den genetischen Molekülen in unterschiedliche Muster und letztendlich unterschiedliche erwachsene Organismen übersetzt.

Wie spielt hier die Evolution herein? Wenn wir jetzt noch nicht phänotypische Veränderungen von Organismen aufgrund molekularer Variationen vorhersagen können, wie können wir dann den Mechanismus evolutionärer Optimierung und Anpassung untersuchen? Zwei Strategien sind möglich: (i) Der molekulare Mechanismus der phänotypischen Entwicklung wird als *Blackbox* behandelt, und der Einblick in Details des Mechanismus wird durch eine große Menge von Beobachtungen ersetzt, die einen empirischen Ansatz stützen; oder (ii) das System wird so weit reduziert, dass das vereinfachte System eine Untersuchung des molekularen Mechanismus ermöglicht. Hier wählen wir den zweiten Ansatz, welcher dem herkömmlichen Blickwinkel von Physikern und Chemikern entspricht. Die Evolution

---

33 Murray (2002 und 2003).

34 Murray (2003).

wird auf den Kern von Darwins Prinzip von Reproduktion, Variation und Selektion reduziert.

3.3 Darwins Prinzip aus der Sicht eines Mathematikers

Darwins Prinzip der Evolution sagt Veränderungen der Verteilung von Varianten in einer Population voraus. Varianten mit mehr Nachkommenschaft – dies sind *fittere* Varianten bzw. Varianten mit höheren *Fitnesswerten* f_i – werden in künftigen Generationen in höheren Frequenzen, $x_i(t)$, zu Lasten der weniger fitten Varianten vorhanden sein, deren Frequenzen abnehmen, bis sie schließlich aussterben. Zugleich steigt die mittlere Fitness der Population, ausgedrückt als

$$\phi(t) = \overline{f}(t) = \sum_{i=1}^{n} x_i(t)\, f_i \quad \text{mit} \quad \sum_{i=1}^{n} x_i(t) = 1\,,$$

bis die Population homogen wird und nur mehr die fitteste Variante enthält. Die Variablen $x_i(t)$ beschreiben die Population als Bündel von Varianten. Normalisierung der Summe der Frequenzen auf eins erleichtert die Beschreibung. Die Reduzierung von Darwins Prinzip auf das einfachste aussagekräftige Modell führt zu drei unerlässlichen Voraussetzungen: (i) *Multiplikation* mit Vererbung – Nachkommen ähneln den Eltern, (ii) *Variation* als notwendiges Nebenprodukt korrekter Reproduktion, und (iii) *Selektion* als Folge einer endlichen Populationsgröße.

Zuerst betrachten wir das Wachstum einer Population ohne Einschränkung. Die Anzahl der Individuen ist $N(t)$ und die Zunahme der Populationsgröße infolge Multiplikation zum Zeitpunkt t, dN/dt, wird als proportional zu $N(t)$ angenommen. Einfache Berechnung ergibt

$$\frac{dN}{dt} = r\,N \quad \text{und} \quad N(t) = N(0)\,e^{rt}\,,$$

wobei r der sogenannte malthusianische Parameter, benannt nach dem berühmten englischen Volkswirt Robert Malthus,[35] und $N(0)$ die Anzahl der Individuen zum Zeitpunkt $t = 0$ ist. Die Gleichung veranschaulicht eine einfache Art der Autokatalyse: Eine Steigerung von N führt zu einer Steigerung von dN/dt, und diese Steigerung führt zu einer weiteren Steigerung von N und vervollständigt so die positive Rückkopplung. Die Populationsgröße $N(t)$ weist exponentielles Wachstum auf, und dieses Wachstumsverhalten stellte sich als wesentlich für die Darwin'sche Selektion heraus.[36]

---

[35] Malthus (1798).

[36] Subexponentielles Wachstum kann zur Koexistenz von Varianten verschiedener Fitness führen, und hyperexponentielles oder hyperbolisches Wachstum wird als *Überleben des Ersten* eher als das *Überleben des Fittesten* charakterisiert. Mit anderen Worten, jene Variante, die zuerst in der Population erscheint, wird mit höchster Wahrscheinlichkeit die selektierte Variante sein.

Die Berücksichtigung endlicher Ressourcen ist einfach und wurde bereits von Pierre-François Verhulst,[37] einem Mathematiker und Zeitgenossen von Charles Darwin vorgeschlagen: Ein Ökosystem hat eine beschränkte Aufnahmefähigkeit und kann nur eine Population aus C Individuen erhalten. Dies führt zu einem negativen quadratischen Term in der Differentialgleichung, die das Wachstum der Population beschreibt:

$$\frac{dN}{dt} = rN\left(1 - \frac{N}{C}\right) \quad \text{und} \quad N(t) = \frac{N(0)\,C}{N(0) + \big(C - N(0)\big)e^{-rt}} \,.$$

Wie in Abb. 3.4 gezeigt, pendelt sich das anfänglich exponentielle Wachstum bei Sättigung ein und die Populationsgröße konvergiert für hinreichend lange Zeit zur Aufnahmekapazität, $\lim_{t\to\infty} N(t) = C$.[38]

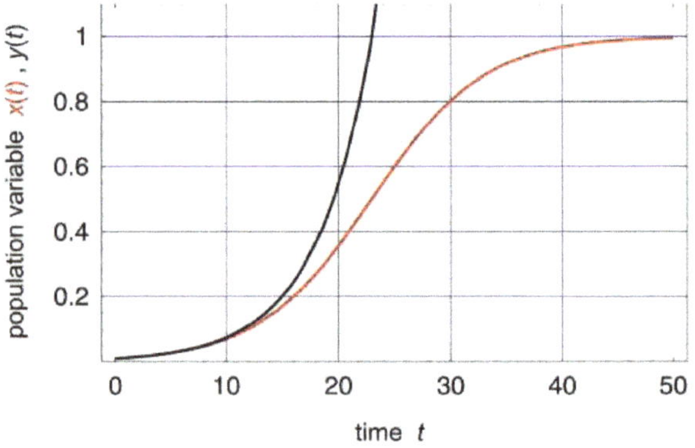

Abbildung 3.4: Exponentielles Wachstum und die Verhulst-Gleichung. Die Lösung der Differentialgleichung $dy/dt = rt$ ist die Exponentialfunktion $y(t) = y(0)\ e^{rt}$ (schwarz). Sie wird mit der Lösungskurve der Verhulst-Gleichung verglichen, $x(t) = x(0)/(x(0)+(1\text{-}x(0))\ e^{-rt})$ (rot). Kurzfristig verhält sich die Lösung der Verhulst-Gleichung wie die exponentielle Wachstumskurve, pendelt sich später jedoch ein und erreicht schließlich die Sättigung, wenn die Aufnahmefähigkeit des Ökosystems (hier $x = 1$) erreicht ist.

Die nächsten Schritte, die Einführung von n verschiedenen Varianten X_i in die Population und die oben angeführte Normalisierung der Variablen, führen direkt zu einer Gleichung, die Selektion in einer Population darstellt, wie sie durch Darwins Prinzip beschrieben wird:

[37] Verhulst (1838, S. 113–121).

[38] Die Verhulst-Gleichung ist mit der oft verwendeten logistischen Gleichung, $dx/dt = r\,x\,(1\text{-}x)$, die man durch die Substitution $N(t) = x(t)\,C$ bzw. $x(t) = N(t)\,/\,C$ erhält, identisch.

$$\frac{dx_i}{dt} = x_i \left(f_i - \sum_{j=1}^{n} x_j\, f_j\right) = x_i\,(f_i - \overline{f}) = x_i\,(f_i - \phi(t))$$

$$\text{mit} \quad x_i(t) = \frac{x_i(0)\, e^{f_i t}}{\sum_{j=1}^{n} x_j(0)\, e^{f_j t}}$$

Die Interpretation der Lösungskurve ist einfach: Der Term mit dem größten Fitnesswert, $f_m = \max\{f_1, f_2, \ldots, f_n\}$, dominiert die Summe im Nenner, und nach hinreichend langer Zeit wird die Population homogen und enthält nur mehr die fitteste Variante:

$$\sum_{j=1}^{n} x_j(0) e^{f_j t} \to x_m(0) e^{f_m t} \quad \text{für großes } t \quad \text{und} \quad x_m(t) \to 1,$$

und die Selektion des Fittesten ist erfolgt. Es findet eine Optimierung der mittleren Fitness in der Population statt und die fitteste Variante, X_m, wird selektiert. Die Selektion kann auch ohne Bezug auf die explizite Lösung verifiziert werden. Zu diesem Zweck betrachten wir die mittlere Fitness der Population, $\phi(t)$, und ihre Ableitung nach der Zeit:

$$\frac{d\phi}{dt} = \sum_{i=1}^{n} f_i \frac{dx_i}{dt} = \sum_{i=1}^{n} f_i \left(f_i x_i - x_i \sum_{j=1}^{n} f_j x_j\right) = \sum_{i=1}^{n} f_i^2 x_i - \left(\sum_{i=1}^{n} f_i x_i\right)^2 =$$

$$= \overline{f^2} - \left(\overline{f}\right)^2 = \text{var}\{f\} \geq 0\,.$$

Die Veränderung der mittleren Fitness in der Zeit ist die Varianz der Verteilung der Fitnesswerte und somit immer nicht-negativ. Mit anderen Worten: ϕ(t) ist nicht-abnehmend, steigt so lange, als die Population mehr als eine Variante enthält, und wird konstant, nachdem die fitteste Variante selektiert wurde.

Eine direkte Anwendung von Darwins Prinzip, in dem Sinn, dass die Parameter der kinetischen Gleichungen, die Fitnesswerte f_i, unabhängig vom Selektionsexperiment bestimmt werden, wurde durchgeführt für eine In-vitro-RNA-Replikation, katalysiert durch ein einfaches Enzym, das aus mit dem Bakteriophagen Qβ infizierten *Escherichia-coli*-Bakterien isoliert wurde. RNA-Replikation durch dieses Enzym, Qβ-Replikase, ist ein mehrstufiger Mechanismus basierend auf komplementärer Synthese:[39] Der Plus-Strang ist die Vorlage für die Synthese des Minus-Strangs und umgekehrt, individuelle Reaktionsschritte beinhalten u.a. Prozesse wie die Bindung der Vorlage und aktivierter Nukleotidmonomere an das Enzym, die Kernbildung und Verbreitung der RNA-Synthese sowie die Trennung des neu synthetisierten Strangs und der Vorlage vom Enzym. Trotz verschiedener Komplikationen im Detail folgt die Gesamtreproduktion des RNA-Plus-Minus-Ensembles einem perfekten exponentiellen Wachstumsgesetz, solange aktivierte Monomere und Enzyme in der Überzahl vorhanden sind bzw., anders formuliert, bei ausreichend niedriger RNA-Konzentration. Es wurden Fitnesswerte berechnet und der Wettbewerb zwischen RNA-Spezies, die zu Selektion führten, wurde mittels

---

[39] Biebricher et al. (1983, S. 2544–2559).

Experimenten untersucht.[40] Darwins in zellfreien Systemen untersuchte natürliche Selektion ist ein Naturgesetz im gleichen Rang wie Gesetze der Physik wie die Schwerkraft, Maxwells Gleichungen der Elektrodynamik oder andere. Sie weist eine klare mathematische Formulierung auf, der Bereich richtiger Anwendung kann mittels chemischer Kinetik vorhergesagt und durch Experimente geprüft werden.

Die mathematische Ableitung von Darwins Prinzip wurde hier gewählt, um zu zeigen, dass elementare Mathematik reicht, um die universelle Prognosefähigkeit der natürlichen Selektion zu demonstrieren. Es ist zu beachten, dass weder der Mechanismus der Vererbung noch die detaillierten Eigenschaften von Phänotypen in der formellen Beschreibung der Selektion aufscheinen. Sonst wäre Darwins Ansatz zum Scheitern verurteilt gewesen. Darwins Konzept der Vererbung war komplett falsch – der österreichische Mönch Gregor Mendel hatte die richtige Lösung, diese wurde aber von den Evolutionsbiologen leider vollständig ignoriert, bis Mendels Arbeit um die Jahrhundertwende wiederentdeckt wurde. Darüber hinaus wurde bis dahin nichts über den Ursprung der Variation gesagt und Darwin hatte auch keinen Mechanismus für die Änderung der phänotypischen Eigenschaften zur Verfügung. Was für die erfolgreiche Anwendung von Darwins Konzept benötigt wird, ist nur die Anzahl fruchtbarer Nachkommen, die Fitness, und die Tatsache, dass ab und zu Varianten hervorkommen, egal ob sie das Ergebnis eines gut verstandenen Mechanismus oder das Produkt eines *Deus-ex-machina*-Prozesses sind. Die Einfachheit oder Komplexität der Evolution ist nicht das Ergebnis ihrer Dynamik, sie ist zur Gänze im den Phänotyp entfaltenden Prozess enthalten. Dieser Prozess kann so komplex wie die Entwicklung eines erwachsenen Organismus einer mehrzelligen Spezies oder so „einfach" wie das Falten eines biologischen Makromoleküls sein.

3.4 Mutationen, Fehlerschwellen und *In-vitro*-Evolution

Die Entdeckung der Desoxyribonukleinsäure (DNA) und deren Identifikation als Träger genetischer Informationen öffnete die Tür für ein mechanistisches Verständnis von Multiplikation und Variation.[41] Multiplikation wird immer durch Kopieren der genetischen Informationen der Zelle initiiert. Die DNA besteht aus einem Rückgrat und daran befestigten Basen (**A**, **T**, **G**, **C**)[42]. Die Molekularstruktur der DNA – zwei in einer Doppelhelix durch Basenpaare **A** = **T** und **G** ≡ **C** verbundene komplementäre Stränge – liefert die Grundlage für digitale Replikation, die an einem Ende beginnt und von Base zu Base fortgesetzt wird, bis das andere Ende erreicht ist. Stereochemie und Thermodynamik der Basenpaarung garantiert eine hohe Kopiertreue, die in der Natur durch Enzymkatalyse und Korrekturlesen noch weiter erhöht

[40] Biebricher et al. (1985, S. 6550–6560).

[41] Judson (1979).

[42] In der Ribonukleinsäure (RNA) wird das Nukleotid **T** durch das nahe verwandte Nukleotid **U** ersetzt.

wird. In der Natur treten zwei Hauptformen der Variation auf: Mutationen und Rekombination. Mutationen wurden als Kopierfehler identifiziert und reichen von Fehlern bei einzelnen Basen über Löschungen von DNA-Strecken und Einfügungen durch doppeltes oder mehrfaches Kopieren von Sequenzteilen bis hin zu Verdoppelungen von Genen oder ganzen Genomen.[43] Rekombination tritt bei sexueller Reproduktion höherer Organismen auf: Die zwei Elterngenome werden geteilt und neu rekombiniert, wobei die genetischen Informationen von Mutter und Vater gemischt werden. Um es nicht zu kompliziert zu machen, befassen wir uns hier nur mit dem einfachsten Fall von Variationen, nämlich punktuellen Mutationen.

Die chemische Kinetik der Evolution durch Reproduktion, Mutation und Selektion liefert einen Rahmen, um korrekte Replikation und Mutation als parallele Reaktionskanäle zu behandeln (Abb. 3.5).[44]

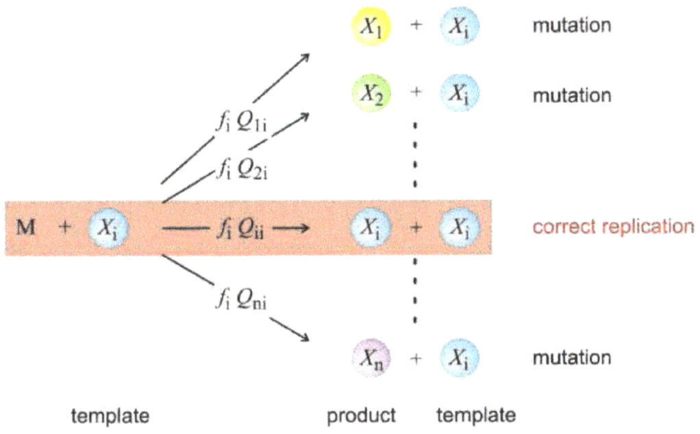

Abbildung 3.5: Chemische Kinetik von Replikation und Mutation als parallele Reaktionskanäle. Korrekte Replikation und Mutation werden als parallele chemische Reaktionen betrachtet. Replikation wird durch die Bindung der RNA-Vorlage an ein freies Replikasemolekül initiiert, dann wird das Polymermolekül Nukleotid für Nukleotid synthetisiert, bis die Kopie fertiggestellt ist. Mutationen sind Kopierfehler, die zu von der Vorlage abweichenden Sequenzen führen.

Die Fitnesswerte f_i sind ein Maß der Anzahl der Kopien, die aus den Vorlagemolekülen der Klasse X_i synthetisiert wurden. Ausgedrückt als Anzahl der Ereignisse pro Zeit- und Konzentrationseinheit ist f_i die übliche in der Reaktionskinetik

[43] Ein Gen ist eine DNA-Strecke, die in RNA transkribiert und in ein Protein übersetzt wird. Die vollständige genetische Information eines Organismus wird *Genom* bzw. *Genotyp* genannt. Wir verwenden hier außerdem das Wort *Sequenz* als Abkürzung für DNA- oder RNA-Sequenz.

[44] Eigen (1971, S. 465–523).

verwendete Replikationsratenkonstante. Der Mutation wird durch die Wahrscheinlichkeit Q_{ji}, X_j als Fehlerkopie von X_i zu erhalten, Rechnung getragen. Demnach ist $Q_{ji} f_i$ die Anzahl der Replikationen, die vom Vorlagenmolekül X_i zu X_j führen, und Q_{ji} ist die normalisierte Rate für den Mutationskanal $X_i \rightarrow X_j$. Die Summe aller Raten der von X_i ausgehenden Kanäle erfüllt $\sum_{j=1}^{n} Q_{ji} = 1$, da Replikationen entweder korrekt oder inkorrekt sind. Die kinetischen Gleichungen für das Mutations-Selektions-System haben dann die Form:

$$\frac{dx_j}{dt} = \sum_{i=1}^{n} Q_{ji} \, f_i \, x_i - x_j \, \phi(t) \quad \text{mit} \quad \phi(t) = \sum_{i=1}^{n} x_i(t) \, f_i \, .$$

Erwartungsgemäß ist die mittlere Produktionsrate $\phi(t)$ unabhängig von den Mutationstermen. Die Mutations-Selektions-Gleichung kann als Eigenwertproblem[45] exakt gelöst werden; wir verzichten hier aber auf alle Details und erwähnen nur die relevantesten allgemeinen Ergebnisse: (i) Vorausgesetzt, jede Variante kann von jeder Variante mittels einer endlichen Anzahl aufeinanderfolgender Mutationen erreicht werden, nähert sich die Population einem asymptotisch stabilen stationären Zustand; diese langfristige Lösung ist eindeutig und wird als größter Eigenvektor der Matrix $W=\{W_{ji}=Q_{ji}f_i\}$ erhalten; und (ii) die stationären Konzentrationen der Varianten sind durch die Komponenten dieses Eigenvektors gegeben, und sie sind strikt positiv: $\lim_{t\to\infty} x_i(t) = \bar{x}_i > 0$. Biologisch betrachtet impliziert dieses Ergebnis, dass keine Variante verschwindet. Die langfristige Lösung der Mutations-Selektions-Gleichung wurde als *Quasispezies*[46] bezeichnet, weil sie das genetische Reservoir einer sich asexuell fortpflanzenden Spezies darstellt, so wie eine Spezies das genetische Reservoir im Fall sexueller Fortpflanzung ist. Eine Quasispezies besteht aus dem fittesten Genotyp, der *Master-Sequenz* X_m und deren Mutanten.

Punktuelle Mutationen – wie hier zur Veranschaulichung angenommen – treten unabhängig voneinander und mit derselben Rate pro Ort und Replikationsereignis mit einer Wahrscheinlichkeit p auf, die als *lokale Mutationsrate* bezeichnet wird. Unter dieser Annahme hängt die gesamte Mutationsrate von einer Sequenz X_i zu X_j nur von der Anzahl der Positionen, in denen die zwei Sequenzen sich unterscheiden, ab. Diese Zahl ist die sogenannte Hamming-Distanz der zwei Sequenzen, $d_H(X_i, X_j)$. Für zwei Sequenzen mit einer Kettenlänge λ erhalten wir (Abb. 3.6)

$$Q_{ji} = (1-p)^{\lambda - d_H(X_i,X_j)} \, p^{d_H(X_i,X_j)} = (1-p)^{\lambda} \left(\frac{p}{1-p} \right)^{d_H(X_i,X_j)} .$$

[45] Thompson et al. (1974, S. 15–28) und Jones et al. (1976, S. 15–28).

[46] Eigen et al. (1977, S. 541–565).

Hamming distance: $d_H(X_j,X_i) = 4$

```
Xj: A G G C T A T A T T C G C G A A G A C A T G G C C A
Xi: A G G C G A T A T T C G T G A G G A C A T G A C C A
```

$Q_{ji} = q\cdot q\cdot q\cdot q\cdot p\cdot q\cdot q\cdot q\cdot q\cdot q\cdot q\cdot q\cdot p\cdot q\cdot q\cdot p\cdot q\cdot q\cdot q\cdot q\cdot q\cdot q\cdot p\cdot q\cdot q\cdot q = q^{22}\cdot p^4$

$q = 1-3p$

Abbildung 3.6: Mutationsraten und lokale Replikationsgenauigkeiten. Zwei Sequenzen mit Kettenlänge $\lambda=26$, X_i und X_j, sind untereinander angeordnet dargestellt. Sie unterscheiden sich an vier Stellen und somit beträgt ihre Hamming-Distanz $d_H(X_i,X_j) = 4$. Die Mutationsrate für die (fehleranfällige) Replikation $X_i \rightarrow X_j$, $Q_{ji} = q^{22}\, p^4$, wird in der dritten Reihe berechnet: Jede korrekte Einbindung einer Stelle trägt einen Faktor $q = 1-3p$ bei, jede lokale oder punktuelle Mutation einen Faktor p. Die lokale Replikationsgenauigkeit q plus alle lokalen Mutationsraten p ergeben $q+3p = 1$.

Die diagonalen Elemente der Mutationsmatrix Q, $Q_{ii} = (1-p)^\lambda$, beschreiben die Genauigkeit der Replikation in Form der Wahrscheinlichkeit, eine korrekte Kopie X_i von der Vorlage X_i zu erhalten. Die stationäre Frequenz der Master-Sequenz wird als Funktion der lokalen Mutationsrate $\overline{x}_m(p)$ visualisiert. Die exakte Berechnung ist durch Lösung des entsprechenden Eigenwertproblems möglich (Abb. 3.7). Um die wichtigste Eigenschaft von Quasispezies bei hohen Fehlerraten zu veranschaulichen, reicht eine einfache analytische Approximation aus, die Mutationsrückflüsse vernachlässigt. Mutationsrückfluss zieht die Produktion des Master-Genotyps mittels Mutation von Mutanten in Betracht, das sind die Mutationen $X_k \rightarrow X_m$ für alle $k \neq m$. In anderen Worten, die Vernachlässigung des Mutationsrückflusses betrachtet nur die Mutationen $X_m \rightarrow X_k$, und die stationäre Konzentration der Master-Sequenz erhält man dann als

$$\overline{x}_m^{(0)} = \frac{Q_{mm} - \sigma_m^{-1}}{1 - \sigma_m^{-1}} = \frac{1}{\sigma_m - 1}\left(\sigma_m (1-p)^\lambda - 1\right) \quad \text{mit} \quad \sigma_m = \frac{f_m}{\overline{f}_{-m}} \quad \text{und} \quad \overline{f}_{-m} = \frac{1}{1-x_m} \sum_{i=1, i\neq m}^{n} x_i f_i\,.$$

Die Größe σ_m ist die *Überlegenheit* der Master-Sequenz und erfüllt die Bedingung $\sigma_m > 1$, da f_m definitionsgemäß der größte Fitnesswert ist. Die stationäre Konzentration der Master-Sequenz sinkt mit steigender lokaler Mutationsrate p und verschwindet bei einem kritischen Wert $p_{\text{cr}} \approx 1 - \sigma_m^{-1/\lambda}$. Dieser Punkt wird *Fehlerschwelle* der fehleranfälligen Replikation genannt, weil eine Fehlerfortpflanzung bei p_{cr} und höheren Werten von p die Bildung von Quasispezies in der Form einer stationären Mutantenverteilung mit einer dominierenden Master-Sequenz verhindert.

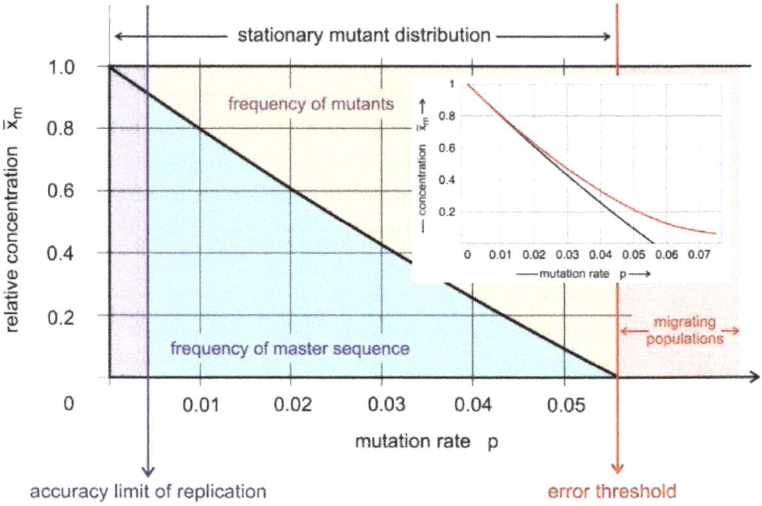

Abbildung 3.7: Der Fehlerschwellenwert. Die stationäre Frequenz der Master-Sequenz X_m wird als Funktion der lokalen Mutationsrate p dargestellt. In der Näherung mit Auslassung des Mutationsrückflusses ist die Funktion $\overline{x_m}(p)$ in dem hier gezeigten Beispiel nahezu linear. In der kleinen eingefügten Grafik ist die Approximation (schwarz) zusammen mit der exakten Lösung (rot) dargestellt. Die Fehlerrate p hat zwei natürliche Begrenzungen: (i) die physikalische Genauigkeitsgrenze des Replikationsprozesses liefert eine Untergrenze für die Mutationsrate, und (ii) der Fehlerschwellenwert definiert die Mindestgenauigkeit der Replikation, die erforderlich ist, um Vererbung aufrecht zu erhalten, und legt eine Obergrenze für die Mutationsrate fest. In den Berechnungen verwendete Parameter: Binärsequenzen, $\lambda=6$, $\sigma=1{,}4131$.

Der Einschub in Abb. 3.7 zeigt auch die exakte Lösung $\overline{x_m}(p)$, die gemäß dem oben angeführten exakten Ergebnis nicht verschwindet, sondern sich dem (sehr kleinen) Wert $\overline{x_m}(p) \rightarrow 1/\kappa^{\lambda}$ nähert, der bei $p = \kappa^{-1}$ exakt wird, wo korrekte Replikation und Mutation die gleiche Wahrscheinlichkeit haben – κ ist die Anzahl der Stellen im Nukleotidenalphabet; $\kappa = 4$ im natürlichen (**A**, **T**, **G**, **C**) Alphabet. In Abb. 3.7 zeigt sich, dass das Ereignis einer Quasispezies mit einer dominanten Master-Sequenz auf den Bereich zwischen der Genauigkeitsgrenze der Replikation, die durch den Replikationsmechanismus bestimmt ist, und der Fehlerschwelle beschränkt ist.

Die Fehlerschwelle liefert eine Beziehung zwischen der lokalen Mutationsrate p und der Kettenlänge des replizierenden Nukleinsäuremoleküls λ. Die Interpretation dieser Beziehung ist einfach: Bei konstanter lokaler Mutationsrate definiert die

Beziehung eine maximale Kettenlänge $\lambda_{max} \approx \ln\sigma_m / p$, und dementsprechend ist die genetische Information, die von einer Generation zur nächsten genau übertragen werden kann, auf $\lambda \leq \lambda_{max}$ beschränkt. Bei konstanter Kettenlänge definiert die Beziehung eine maximale Mutationsrate $p_{max} \approx \ln\sigma_m / \lambda$, und dies liefert Hinweise auf die Entwicklung von Strategien gegen Viren aufgrund einer Steigerung von p über p_{max} hinaus mittels Pharmazeutika.[47] Die Fehlerschwellenbeziehung kann auch auf eine dritte Art und Weise interpretiert werden: Das Produkt von Kettenlänge und lokaler Mutationsrate ist proportional dem Logarithmus der Überlegenheit: $\mu = \lambda \cdot p = \ln\sigma_m$. Wenn die Überlegenheit annähernd konstant unter ähnlichen Evolutionsbedingungen ist – was für verwandte Spezies als annähernd erfüllt angenommen werden kann –, sollte dieses Produkt konstant sein, und dies ist in der Natur tatsächlich auch zu finden: Die Mutationsrate pro Genom, μ, entspricht in etwa einer Mutation pro Replikation in RNA-Viren, einer Mutation pro zehn Replikationen in Retroviren und Retrotransposonen und einer Mutation pro 300 Replikationen bei Bakterien und höheren Organismen.[48]

Die drei Voraussetzungen für Darwins Prinzip werden nicht nur von Zellorganismen erfüllt, sondern auch von Polynukleotiden, insbesondere RNA, in geeigneten zellfreien Umgebungen. Diese Tatsache wurde in der Diskussion der Selektionsgleichung erwähnt und wird für die Gestaltung von evolutionären Laborexperimenten mit RNA verwendet.[49] Weitere Anwendungen sind das evolutionäre Design von Molekülen, die für vordefinierte Zwecke maßgeschneidert sind, z.B. RNA-Moleküle, die sich an Aptamere genannte vordefinierte Ziele binden[50], und Enzyme, die für die Katalyse nicht-natürlicher Reaktionen oder Reaktionen unter nicht-natürlichen Bedingungen optimiert sind.[51] Eine auf dem exponentiellen Wachstum von Molekülen beruhende Selektionstechnik wurde zum Standard in der Laborpraxis: Systematische Evolution von Liganden durch exponentielle Anreicherung (SELEX – Systematic Evolution of Ligands by Exponential Enrichment).[52,53] Aufgrund ihrer allgemeinen Bedeutung wurde die SELEX-Methode von Mathematikern modelliert und analysiert.[54] Evolutionäres Design von katalytischen RNA-Molekülen, die Ribozyme genannt werden, wurde ein zentrales Thema der künstlichen

[47] Domingo (2006).

[48] Drake et al. (1998, S. 1667–1686).

[49] Joyce (2007, S. 6420–6436).

[50] Klussmann (2006).

[51] Brakmann et al. (2002).

[52] Ellington et al. (1990, S. 818–822).

[53] Tuerk et al. (1990, S. 505–510).

[54] Levine et al. (2007, S. 11–35).

Evolution.[55] Bemerkenswert ist auch, dass RNA-Katalysatoren auch für Reaktionen entwickelt wurden, die kein Gegenstück in der Natur haben oder nur sehr selten auftreten, wie z.B. die Diels-Alder-Cycloaddition.[56] Katalytische Aktivität beschränkt sich nicht auf RNA-Moleküle, wie die erfolgreiche Präparation von Desoxyribozymen gezeigt hat.[57]

3.5 Genotypen und Phänotypen in der RNA-Evolution

Warum sind die meisten Systeme in der Biologie so komplex? Die hier besprochene Lösung der Mutations-Selektions-Gleichung oder der Gleichungen der Populationsdynamik ist oft wegen nichtlinearer Terme und einer großen Anzahl an Variablen, die unabhängigen Freiheitsgraden entsprechen, kompliziert. Im Fall der Mutations-Selektions-Gleichung sind die Eigenwertprobleme hochdimensional, und numerische Lösungen ohne Näherungsverfahren zu finden, ist im Allgemeinen sehr schwierig, aber es ist nicht komplex.[58] Die Quelle biologischer Komplexität ist tatsächlich die Beziehung zwischen Genotypen und Phänotypen. Die Gleichungen, die in den vorangegangenen beiden Abschnitten die Evolution modellierten, befassten sich ausschließlich mit Genotypen, die einer In-vitro-Evolution unterzogene Polynukleotid-Sequenzen, Virusgenome oder Zell-DNA waren. Das gleiche gilt für die Differentialgleichungen in der Populationsgenetik. Phänotypen spielen nur über die Fitnesswerte oder andere Parameter der die Populationsdynamik beschreibenden Gleichungen herein. Ein Verständnis der Bildung und der Eigenschaften von Phänotypen verlangt jedoch ein detailliertes Wissen darüber, wie Genotypen sich zu Phänotypen entfalten. Solide Daten über Genotyp-Phänotyp-Beziehungen sind jedoch nur spärlich vorhanden, und oft sind die aktuell verfügbaren Informationen zu komplex, um Modelle zu konstruieren, die für die Untersuchung der Evolution geeignet sind.

Behält man den Fokus auf der Genetik, ist Mutation gleichbedeutend mit einem Schritt in einem abstrakten Raum von Genotypen, genannt *Sequenzraum*. Punktuelle Mutationen stellen die kleinstmöglichen bzw. elementaren Schritte in diesem Kontext dar. Die Metrik bzw. die Distanz zwischen Sequenzen ist durch die Hamming-Distanz d_H gegeben. Phänotypische Eigenschaften, wie z.B. Fitnesswerte,

---

[55] Joyce (2004, S. 791–836).

[56] Serganow et al. (2005, S. 218–224).

[57] Breaker et al. (1994, S. 223–229).

[58] *Komplexität* ergibt sich im Wesentlichen aufgrund von zwei Eigenschaften: (i) Typisch nichtlineare Interaktionen in Netzwerken mit hoher Konnexität und (ii) hohe Dimensionalität im Sinn einer großen Anzahl von Spielern auf der Bühne. In der Biologie sind beide Merkmale sehr ausgeprägt. Genetische und metabolische Netzwerke sind z.B. durch Regulierung mit stark nichtlinearen Schaltungen und hoher Konnexität gekennzeichnet. Darüber hinaus haben wir es im Allgemeinen mit Tausenden Genen und sogar noch mehr Metaboliten zu tun.

werden im Sequenzraum dargestellt, indem jeder Sequenz ein Fitnesswert zugeordnet wird, und das sich daraus ergebende Objekt wird *Fitnesslandschaft* oder *(Hyper)ebene der Fitnesswerte*[59] genannt. Das am häufigsten verwendete Konzept für die Zuordnung einer Funktion zu einem Polynukleotid oder Protein besteht aus zwei aufeinanderfolgenden Abbildungen:

$$S_j = \Psi(X_i) \qquad f_j = \Phi(S_j)$$

$$\text{Sequenz} \quad \rightarrow \quad \text{Struktur} \quad \rightarrow \quad \text{Funktion}$$

Die erste Abbildung Ψ betrachtet die Struktur, die von der Sequenz unter bestimmten Bedingungen gebildet wird, z.B. thermodynamisches Gleichgewicht bei gegebener Temperatur T, Druck p, pH-Wert, Ionenstärke usw. Die zweite Abbildung Φ weist der Struktur eine Menge, üblicherweise eine reelle Zahl, zu. Die Überlegung hinter dem Aufteilen der Zuweisung von Fitness zu Genotypen in zwei Unterprobleme ist die allgemeine Auffassung, dass jede der zwei Abbildungen leichter zu verstehen, zu analysieren und vorherzusagen ist als ihre Kombination. Die Vorhersage einer Struktur aufgrund einer Sequenz ist eine alte und zumindest teilweise verstandene Aufgabe. Strukturen, insbesondere Nukleidsäure- und Proteinstrukturen, verraten oft die Funktion. Nichtsdestoweniger ist derzeit der einzige Fall eines Darwin'schen Systems, bei dem die Landschaftstheorie dem Experiment entsprechen kann, die *In-vitro*-Evolution.

Ein relativ gut verstandenes Biopolymer-Faltproblem ist die Bildung thermodynamisch stabiler RNA-Sekundärstrukturen von entfalteten Sequenzen (Abb. 3.8). Das Abbilden von RNA-Sequenzen in Strukturen ist ebenfalls ein experimentell zugängliches System, das als Basismodell für kompliziertere Fälle dienen kann.[60,61] Ein typisches Beispiel ist in Abb. 3.9 skizziert. Zwei allgemeine Merkmale sind in Sequenz-Struktur-Abbildungen von RNA-Molekülen eminent: (1) Rauheit und (ii) Neutralität. Rauheit bedeutet, dass Sequenzen, die nahegelegene Nachbarn im Sequenzraum sind, stark unterschiedliche Eigenschaften aufweisen können (aber nicht müssen). Dies zeigt sich z.B. durch *kompensatorische Mutationen*[62] von Nukleotidpaaren in Doppelhelixbereichen der Struktur (Abb. 3.8). Wenn in einem Watson-Crick-Basenpaar **A** = **U** das **U** mutiert, **U** → **C**, ist keine Paarung für **A** ··· **C** möglich und die Struktur wird destabilisiert. Eine darauf folgende Mutation **A** → **G** kompensiert die Destabilisierung, weil nun ein anderes Watson-Crick-Basenpaar **G** ≡ **C**

---

[59] Eine geografische Landschaft ergibt sich aus der Abbildung einer Größe, der Höhe, auf einen zweidimensionalen Träger, Breiten- und Längengrad, oder allgemein $z(x,y)$. Die Hyperebene deutet auf eine höhere Dimensionalität des Trägers hin.

[60] Schuster et al. (1994, S. 279–284), Reidys et al. (1997, S. 339–397).

[61] Schuster (2006a, S. 1419–1477).

[62] Eine kompensatorische Mutation ist eine zweite (punktuelle) Mutation, die die Wirkung der ersten Mutation kompensiert, ohne den ursprünglichen Genotyp wieder herzustellen.

gebildet werden kann. Andere Arten von kompensatorischen Mutationen sind in der Natur bekannt, z.B. in Proteinstrukturen, in der Protein-Protein-Interaktion sowie in der Struktur von Viren. Nichtlokale Interaktionen sind für die Bildung von Strukturen verantwortlich, und daher kann eine einzige punktuelle Mutation zu einer vollkommen anderen Struktur mit stark unterschiedlichen Eigenschaften führen. Die meisten konventionellen Modell-(Fitness-)Landschaften sind glatt, insbesondere jene, die in der Bevölkerungsgenetik verwendet werden, wie die additiven und multiplikativen Landschaften, bei denen angenommen wird, dass jede Mutation gleichermaßen zur Verringerung der Fitness beiträgt, weil sie entweder ein konstanter Term oder ein konstanter Faktor ist. Es liegt auf der Hand, dass die mittels dieser Modelle erzielten Ergebnisse wahrscheinlich sehr unrealistisch sind.

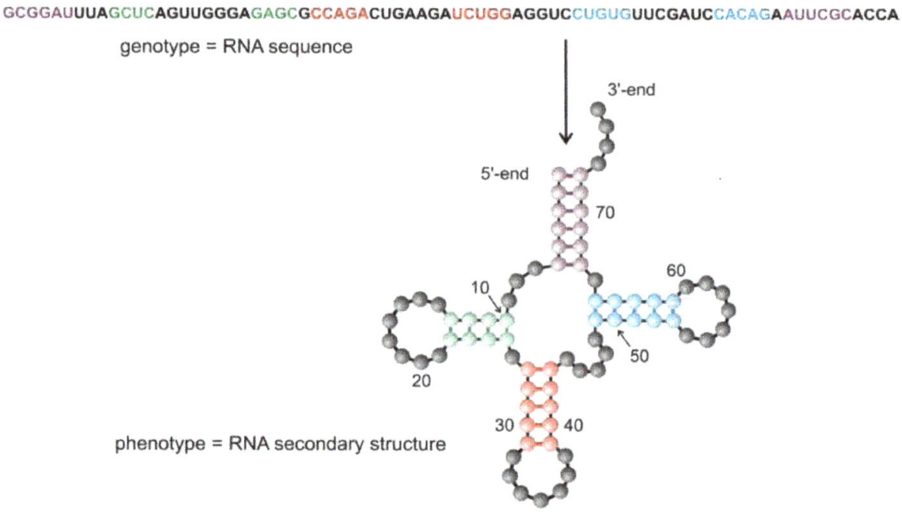

Abbildung 3.8: Von der RNA-Sequenz zur Sekundärstruktur. Das Falten von RNA-Sequenzen zu Sekundärstrukturen ist ein Problem der Strangpaarung. Doppelhelixstrecken werden gebildet, sobald es eine thermodynamisch günstige Gelegenheit gibt. Die Struktur in der Abbildung enthält vier solche Strecken, die in der Sequenz und in der Struktur farblich kodiert sind. In den Doppelhelizes verlaufen die zwei Strecken lokal in entgegengesetzte Richtungen und die Nukleotiden innerhalb eines Paares müssen entweder die Watson-Crick-Regeln, **A=U**, **U=A**, **G≡C**, **C≡G**, erfüllen oder eines der Paare **G-U** oder **U-G** sein. Das RNA-Molekül hat zwei chemisch verschiedene Enden; laut Konvention ist das 5'-Ende der Sequenz am linken Anfang des Strangs, während das 3'-Ende sich immer rechts befindet. Im Allgemeinen kann eine Sequenz viele Strukturen bilden, eine davon ist die Struktur mit thermodynamisch minimaler freier Energie und die anderen sind suboptimale Konformationen, die unter bestimmten Umständen auch eine Rolle spielen können.

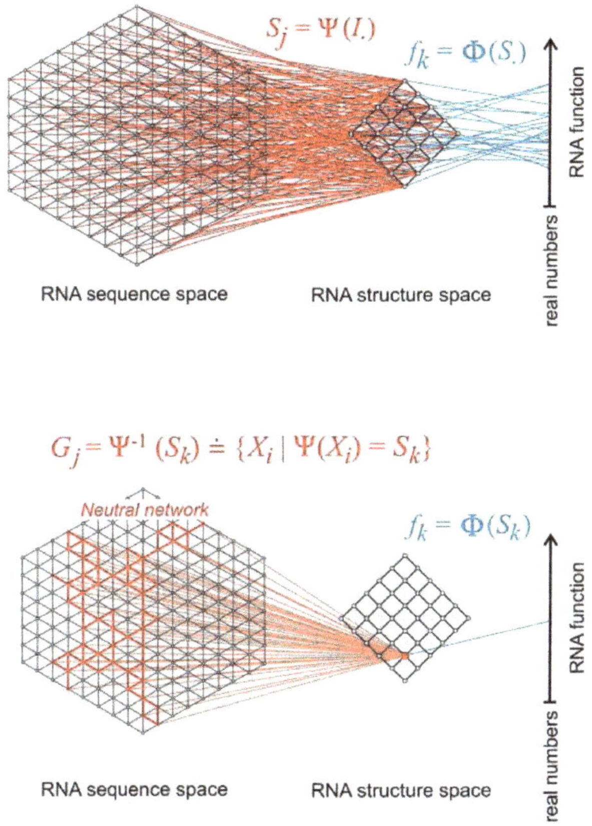

Abbildung 3.9: Abbilden von Sequenzen in Strukturen und von Strukturen in Fitnesswerte. Der obere Teil der Abbildung zeigt zwei aufeinanderfolgende Abbildungen: (i) vom Sequenzraum in den Strukturraum, $S_j = \Psi(I_i)$, und (ii) vom Strukturraum in die reellen Zahlen, die ein quantitatives Maß für eine Funktion darstellen, z.B. die Fitnesswerte, $f_k = \Phi(S_j)$. In Ψ ist eine Struktur eindeutig jeder Sequenz zugeordnet. Die Abbildung ist üblicherweise viele-zu-eine und nicht invertierbar: Viele Sequenzen falten in die gleiche Sekundärstruktur und bilden ein neutrales Netzwerk, wie im unteren Teil gezeigt. Das neutrale Netzwerk ist das Vor-Bild der Struktur S_k im Sequenzraum. Sowohl der Sequenzraum als auch der Formenraum sind hochdimensional. Die zweidimensionale Darstellung wird hier ausschließlich zwecks Veranschaulichung verwendet.

Viele Sequenzen bilden dieselbe Struktur, und dieser Fall von struktureller Neutralität stellte sich als wichtig für den Erfolg evolutionärer Optimierung heraus. Die Menge der Strukturen, die in einen Strukturraum hineinfalten, wird als *neutrales*

Netzwerk[63] bezeichnet und stellt das Vorab-Abbild der Struktur im Sequenzraum dar, so ist z.B. G_k das neutrale Netzwerk der Struktur S_k (Abb. 3.9). Je nach Neutralitätsgrad, $\lambda(G_k)$, kann ein Netzwerk aus einer Komponente – alle Punkte von G_k sind verbunden – oder aus mehreren Komponenten bestehen. Populationen auf neutralen Netzwerken migrieren mittels neutraler Abweichung (siehe unten)[64] so, wie die neutrale Theorie der Evolution es vorhersagt,[65] und grundsätzlich ist das Springen von einer Komponenten eines neutralen Netzwerks zu einer anderen ein seltenes Ereignis. Die Verbundenheit von Netzwerken ist daher relevant für die Evolution.

Neutralität von Biopolymeren, Nukleidsäuren oder Proteinen ist verbreitet, und das impliziert, dass ein relativ hoher Prozentsatz von Mutationen keinen oder kaum Einfluss auf die molekularen Eigenschaften hat, die für die Evolution relevant sind. Ein besonders anschauliches Beispiel ist die Existenz synonymer Kodone: Mehrere Nukleotid-Tripletts kodieren dieselbe Aminosäure, und Mutationen, die von einem der Kodone zu einem anderen innerhalb solch einer Klasse führen, ergeben dasselbe Protein bei der Translation. Die Konsequenz für die Evolution ist, dass mehrere Genotypen nicht durch Selektion differenziert werden können; sie sind neutral.[47] Der häufige Fall kleiner Unterschiede der Fitness wird in der sogenannten fastneutralen Theorie der Evolution behandelt.[66]

3.6 Populationsgrößen und stochastische Simulation der Evolution

Die Modellierung mittels Differentialgleichungen ist in der Biologie weit verbreitet, beinhaltet jedoch wichtige Einschränkungen, die zu berücksichtigen sind. Differentialgleichungen nehmen implizit eine unendliche Populationsgröße an, was für konventionelle System in der Chemie durchaus berechtigt ist. Die Anzahl der Moleküle liegt üblicherweise bei 10^{20} und mehr, und die Anzahl der chemischen Spezies in einem Reaktionsnetzwerk überschreitet selten hundert. Im Allgemeinen haben wir um viele Größenordnungen mehr Moleküle als Spezies, sogar bei sehr geringen Konzentrationen. In der Biologie gilt sehr oft genau das Gegenteil: Da geht es um viele Größenordnungen mehr an Genotypen als an Individuen in einer Population. Ein Beispiel zur Veranschaulichung: Wir nehmen eine Populations-

[63] Das neutrale Netzwerk ist ein Graf, der aus der Menge der Punkt, die in dieselbe Struktur hineinfalten, konstruiert wird. Einzelne Punkte oder Sequenzen stellen die Knoten des Grafen dar, und alle Sequenzpaare mit einer Hamming-Distanz von eins, d.h. alle Paare nächster Nachbarn, bilden die Kanten (Abbildung 3.9).

[64] Huynen et al. (1996, S. 397-401).

[65] Kimura (1983).

[66] Ohta (2002, S. 16134–16137).

größe von 10^{15} Individuen an, was in etwa die Höchstzahl bei Reagenzglasexperimenten mit RNA-Molekülen ist, und fragen nach der Größe eines Klons im Sequenzraum, der alle möglichen Mutanten enthält. Die Gesamtzahl der Mutanten mit k Fehlern ist

$$N(\lambda,\kappa,k) = (\kappa-1)^k \binom{\lambda}{k},$$

wobei λ die Sequenzlänge des Genotyps und κ die Größe des Nukleotidenalphabets ist. Für $\lambda=300$, die kürzeste Genomlänge, die bei sogenannten Viroiden[67] gefunden wurde, beträgt der Radius eines komplett bevölkerten Klons $d_H = 7$; bei sehr kleinen Viren mit einer Genomlänge von 3000 beträgt der Radius $d_H = 5$ und somit werden nur Mutanten bis zu fünf Punktmutationen Entfernung von der Mastersequenz vollständig durch die Population abgedeckt. Stochastische Effekte sind dementsprechend nicht vernachlässigbar und bringen ein Zufallselement in den Evolutionsprozess ein.

Die Mathematik von stochastischen Prozessen ist eher kompliziert und nicht so gut entwickelt wie die Modellierung mittels Differentialgleichungen. Hier werden die Überlegungen auf ein Computermodell für die Simulation der RNA-Strukturoptimierung[68] beschränkt. Die Simulation hat den Vorteil, dass auch die direkte Einbindung einer RNA-Sequenz-Struktur-Abbildung in den Simulationsalgorithmus möglich ist. In dem in Abb. 3.10 gezeigten Beispiel entwickelt sich eine Ausgangspopulation einer homogenen Population mit zufälliger Struktur zu einer vordefinierten Zielstruktur, nämlich der Struktur der Phenyl-Alanyl-Transfer-RNA von Hefe. Die Anlage der Simulation ahmt die Replikation und die Mutation gemäß Abb. 3.5 korrekt nach. Der zugrunde liegende stochastische Prozess ist so konzipiert, dass er zwei absorbierende Zustände aufweist: (i) das Aussterben und (ii) den Zielzustand. Mittels eines von Daniel Gillespie[69] entwickelten und analysierten Algorithmus, der den Vorteil hat, mit der stochastischen chemischen Reaktionskinetik in Form der Master-Gleichung[70] vollständig konsistent zu sein, erhält man einzelne von unabhängigen Berechnungen stammende Trajektorien. Die einzelnen Trajektorien werden als Stichproben gezogen, um eine statistisch konsistente Beschreibung des Evolutionsprozesses mit den folgenden allgemeinen Merkmalen zu erhalten: (i) Es ist eine Mindestgröße der Population erforderlich, um sowohl das Überleben der Bevölkerung als auch eine Annäherung an die Zielstruktur zu

[67] Viroide sind die kleinsten bekannten Pflanzenpathogene. Außerhalb der Pflanzen überleben sie als ungeschützte RNA-Moleküle, die in die Pflanzen durch Verletzungen der Zellwände eindringen. Innerhalb der Pflanzenzelle werden sie vervielfältigt und in die Umwelt nach dem Zelltod freigesetzt.

[68] Fontana et al (1998. S. 1451–1455).

[69] Gillespie (2007, 35-55).

[70] Gardiner (2009).

gewährleisten; (ii) die einzelnen Trajektorien weisen starke Abweichungen bei den Zwischenstrukturen des Optimierungsprozesses auf – keine zwei Pfade waren gleich – und eine riesige Streuung bei der für die Zielerreichung benötigten Zeit; und (iii) die Optimierung erfolgt nicht graduell, sondern das Ziel wird schrittweise oder punktuell angenähert (Abb. 3.10).

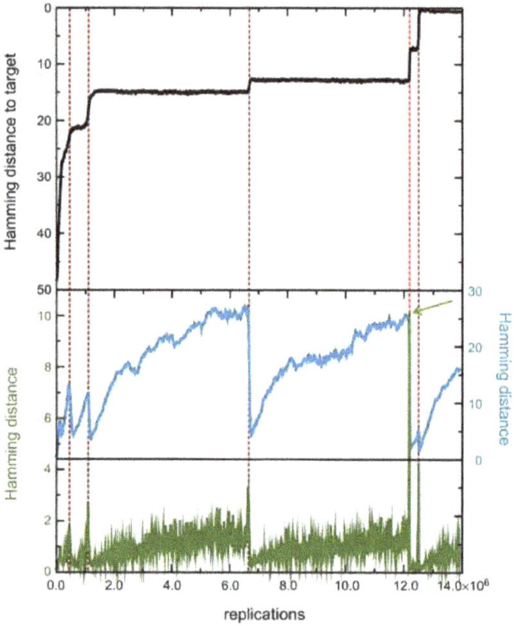

Abbildung 3.10: Ein Pfad evolutionärer Optimierung. Die oberste Grafik zeigt die mittlere Distanz zur Zielstruktur einer Population mit $N = 1000$ Molekülen (schwarz). Die mittlere Grafik (blau) zeigt die Breite der Population als Hamming-Distanz zwischen den Sequenzen und die untere Grafik (grün) ist ein Maß der Geschwindigkeit, mit der das Zentrum der Population durch den Sequenzraum migriert. Die Diffusion über neutrale Netzwerke bewirkt eine Verteilung der Population im Sinn einer neutralen Evolution. Eine bemerkenswerte Synchronisation ist zu beobachten: Am Ende jedes quasi-stationären Plateaus wird eine neue adaptive Phase in der Annäherung an das Ziel initiiert, begleitet von einer drastischen Verringerung der Populationsbreite und einem Sprung des Populationszentrums (Die Spitze des Gipfels am Ende des zweiten langen Plateaus ist durch einen schwarzen Pfeil gekennzeichnet). Die Kettenlänge der Moleküle war $\lambda = 76$, als Mutationsrate wurde p=0,001 gewählt, der Replikationsratenparameter durch $f_k = 1/(a + d_H(S_k, S_\tau)/\lambda)$ definiert, wobei S_k die Struktur der Molekülvorlage und S_τ die Zielstruktur sind (a ist ein empirischer Parameter, üblicherweise in der Größenordnung von 0,1).

Auf den quasi-stationären Plateaus gibt es keinen Fortschritt in Richtung Ziel, aber die Genotypen verändern sich und die Population migriert im Sequenzraum, bis eine Position gefunden wird, von der aus eine weitere Optimierung möglich ist. Die Rolle von Neutralität in der Evolution ist in Abb. 3.11 schematisch dargestellt.

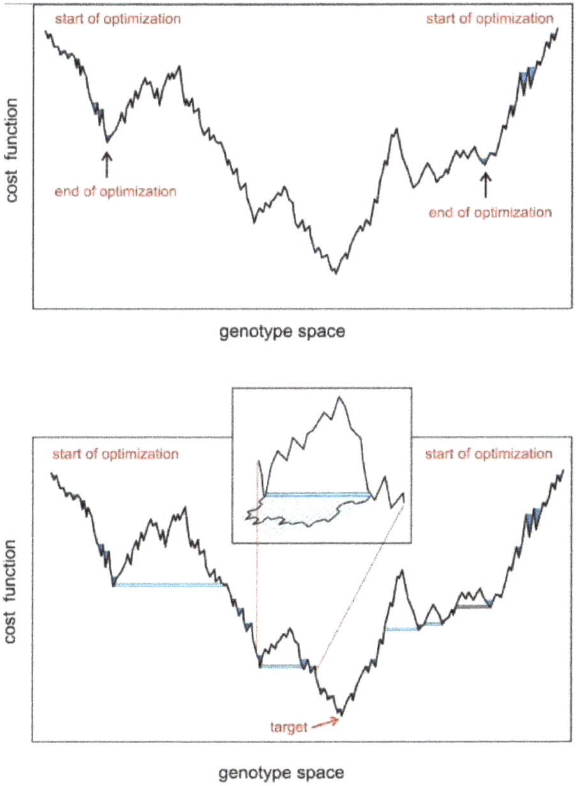

Abbildung 3.11: Die Rolle von Neutralität in der evolutionären Optimierung. Die Darwin'sche Optimierung in zerfurchten Landschaften verfängt sich oft in lokalen Optima, aus denen die Bevölkerung nicht mehr entkommen kann (unterer Teil). Vorausgesetzt die die Landschaft bildende Abbildung weist einen ausreichend hohen Grad an Neutralität auf, sind die lokalen Fallen Teile von neutralen Netzwerken, die einen zufälligen Drift in normaler Richtung zum vergangenen Anpassungspfad zulassen. Die Zufallsbewegung der Population auf dem neutralen Netzwerk wird fortgesetzt, bis die Population einen Punkt erreicht, von dem aus eine weitere Optimierung möglich ist. Der Wechsel zwischen schnellen Anpassungsphasen und langsamen quasi-stationären Perioden führt zu einer schrittweisen Annäherung an das Optimum (unterer Teil).

Aufgrund der Zerfurchtheit der Fitnesslandschaften würde die Evolution in einer Welt ohne Neutralität bald in einem kleinen lokalen Optimum enden. Wann immer der Optimierungsprozess zu einem temporären Ende auf einer Landschaft mit einem ausreichenden Grad an Neutralität kommt, beginnt ein Zufallsprozess mit Drift auf einem neutralen Netzwerk, das sich in einer normal zur bisherigen Optimierung verlaufenden Richtung ausweitet. Die zufällige Drift setzt sich fort, bis ein Punkt im Sequenzraum erreicht wird, von dem aus eine weitere Optimierung möglich ist. Abwechselnde Perioden der Optimierung und des zufälligen Drift setzen sich fort, bis letztendlich ein Ziel erreicht wird. Dementsprechend benötigt eine effiziente Evolution auf zerfurchten Landschaften neutrale Netzwerke.

3.7 Schlussfolgerung und Ausblick

Die Biologie hat sich anders als die Physik entwickelt, weil sie davon Abstand genommen hat, Mathematik als primäres Werkzeug zur Analyse und Entwicklung theoretischer Konzepte zu verwenden. Die Anwendung von Mathematik erzwingt klare Definitionen und die Reduzierung von Beobachtungen auf Probleme, die auch quantitativ gehandhabt werden können. Im Lauf der Jahre wurde die Physik zur Wissenschaft der Abstraktionen und Verallgemeinerungen, die Biologie die Wissenschaft der Enzyklopädien von Sonderfällen mit all ihrer Schönheit und ihren Besonderheiten. Unter anderem gibt es eine herausragende Ausnahme von der Regel: Charles Darwin präsentierte eine großartige Verallgemeinerung, abgeleitet von einer Unmenge an persönlichen Beobachtungen und Berichten anderer verbunden mit ökonomischen Kenntnissen in Bezug auf die Bevölkerungsdynamik. In der zweiten Hälfte des zwanzigsten Jahrhunderts veränderte das Aufkommen der Molekularbiologie die Situation ganz wesentlich. Es wurde eine Brücke von Physik und Chemie zur Biologie gebaut und mathematische Modelle der biochemischen Kinetik oder der Bevölkerungsgenetik wurden in der Biologie präsentabel. Nichtsdestoweniger belächelte der Großteil der Biologen nach wie vor die Arbeit der Theoretiker. Gegen Ende des zwanzigsten Jahrhunderts begannen Molekulargenetiker jedoch, eine derartige Flut an Daten hervor zu bringen, dass fast jeder das Gefühl hat, dass Fortschritt heutzutage nicht mehr ohne umfassende theoretische Fundierung und eine gut gefüllte mathematische und insbesondere computerbasierte Werkzeugkiste möglich ist. Nichts dergleichen ist vorhanden, aber Hinweise auf Versuche in die richtige Richtung werden schon sichtbar. Die Biologie wird der großen Vereinigung der Wissenschaft beitreten, der mit Physik und Chemie begonnen hat und rasche Fortschritte macht. Die Molekularbiologie begann mit isolierten biologischen Makromolekülen und beschäftigt sich heute mit Zellen, Organen und Organismen. Dieser spektakuläre Erfolg wird hoffentlich die bis dato fruchtlose „Reduktionismus gegen Holismus“-Debatte beenden.

Die Stochastik ist nach wie vor ein ungelöstes Problem in der Molekularevolution. Die Mathematik stochastischer Prozesse hat Schwierigkeiten, die Evolutionsgleichungen ausreichend detailliert zu behandeln. Eine umfassende stochastische Theorie gibt es nach wie vor nicht, und den Simulationen fehlt es an systematischeren Ansätzen, da sich auch die Computersimulationen der chemischen Evolutionskinetik erst in einem frühen Stadium befinden. Ein weiteres grundlegendes Problem betrifft die Raumdimensionen: Fast jede mathematische Behandlung von Evolutionsprozessen nimmt räumliche Homogenität an; wir haben jedoch die bedeutende Rolle von Mustern in der Entwicklung gesehen. Darüber hinaus gibt es reichlich Beweise für die Rolle von räumlichen Strukturen in der biochemischen Katalyse, z.B. die festpartikelähnlichen Strukturen der Chemiefabriken in der Zelle. In Zukunft wird sich jede umfassende Zelltheorie mit diesen supramolekularen Strukturen befassen müssen, die reichlich optimales Design aufweisen, das ein Ergebnis der Evolution über Milliarden von Jahren ist.

Im vorliegenden Kapitel wurde Einblick in die auf die denkbar einfachsten Systeme reduzierten Mechanismen der Evolution gewährt. Diese Systeme befassen sich mit evolvierbaren Molekülen in zellfreien Versuchsanordnungen und können sowohl einer rigorosen mathematischen Analyse als auch Experimenten unterzogen werden. Eine Erweiterung auf asexuelle Spezies, insbesondere Viren und Bakterien, ist in greifbarer Nähe. Der auf Sequenzraumüberlegungen basierende Molekularansatz hat viele Vorteile. So ermöglicht er z.B. eine einfache Erklärung, warum es durch sich asexuell fortpflanzende Organismen gebildete Spezies gibt, obwohl es weder eine uneingeschränkte Rekombination noch eine reproduktive Isolation gibt. Die Sequenzräume sind so groß, dass Populationen, Kolonien oder Klone über Zeiträume, die so lange wie das Alter des Universums sind, migrieren können, ohne einander nahe zu kommen. Wir können eine Antwort auf die Frage nach dem Ursprung der Komplexität geben: Komplexität in der Evolution stammt in erster Linie von Genotyp-Phänotyp-Beziehungen und von Umwelteinflüssen. Die Evolutionsdynamik allein mag in einigen Fällen kompliziert sein, sie ist aber definitiv nicht komplex. Das wurde bereits durch die Sequenz-Struktur-Abbildung unseres Beispiels aufgezeigt. Konformationsräume, die von der internen Faltkinetik sowie von Umweltbedingungen und den Eigenheiten von Strukturen abhängig sind, sind Metaphern für komplexere Merkmale der Evolution an sich. Fortschritt beim Verständnis von Entwicklung in quantitativer Hinsicht wird die Modellierung in *evodevo* – evolution and development (Evolution und Entwicklung) – fördern.

3.8 Literatur

Belousov, B. P. (1959), *Sbornik Referator po Radiatsioni Medizin.* Moscow: Medgiz.

Biebricher, C. K., Eigen, M. und Gardiner Jr., W. C. (1983), Kinetics of RNA replication. *Biochemistry* 22, 2544–2559.

Biebricher, C. K., Eigen, M. und Gardiner Jr., W. C. (1985), Kinetics of RNA replication: Competition and Selection among Self-Replicating RNA Species. *Biochemistry* 24: S. 6550–6560.

Brakmann, S. und Johnsson, K. (2002), *Directed Molecular Evolution of Proteins or how to Improve Enzymes for Biocatalysis*. Weinheim: Wiley-VCh.

Breaker, R. R. und Joyce, G. F. (1994), A DNA Enzyme that Cleaves RNA. *Chemistry & Biology* 1, 223–229.

Castets, V., Dulos, E., Boissonade, J. und De Kepper, P. (1996), Experimental Evidence of a Sustained Standing Turing-Type Nonequilibrium Chemical Pattern. *Physical Review Letters* 64, 2953–2956.

Darwin, C. (1859), *On the origin of species by means of natural selection, or the preservation of favoured races in the struggle for life*. London: John Murray.

Domingo, E. (Hrsg.) (2006), *Quasispecies: Concepts and Implications for Virology*. Berlin: Springer-Verlag.

Drake, J. W., Charlesworth, R., Charlesworth, D. und Crow, J. F. (1998), Rates of spontaneous mutation. *Genetics* 148, 1667–1686.

Driever W. und Nüsslein-Volhard, C. (1988a), A Gradient of Bicoid Protein in Drosophila embryos. *Cell* 54, 83–93.

Driever W. und Nüsslein-Volhard, C. (1988b), The Bicoid Protein Determines Position in the Drosophila Embryo in a Concentration-Dependent Manner. *Cell* 54, 95–104.

Eigen, M. (1971), Selforganization of Matter and the Evolution of Biological Macromolecules. *Naturwissenschaften* 58, 465–523.

Eigen, M. und Schuster, P. (1977), The Hypercycle. A Principle of Natural Self-Organization. Part A: Emergence of the Hypercycle. *Naturwissenschaften* 64, 541–565.

Ellington, A. D. und Szostak, J. W. (1990), In vitro Selection of RNA Molecules That Bind Specific Ligands. *Nature* 346, 818–822.

Fontana, W. und Schuster, P. (1998), Continuity in evolution. On the nature of transitions. *Science* 280, 1451–1455.

Galilei, G. (1623), *Il Saggiatore*, Edizione Nazionale, Bd.6, Florenz 1896. Übersetzung anhand des englischen Textes: *The Assayer*, S. Drake and C. D. O'Malley, in *The Controversy of the Comets of 1618*, Philadelphia, PA: University of Pennsylvania Press.

Gardiner, C. W. (2009), *Stochastic methods. A handbook for the natural and social sciences*. Berlin: Springer-Verlag.

Gierer, A. und Meinhardt, H. (1972), A Theory of Biological Pattern Formation. *Kybernetik* 12, 30–39.

Gillespie, D. T. (2007), Stochastic simulation of chemical kinetics. *Annual Review of Physical Chemistry* 58, 35–55.

Haken, H. (2004), *Synergetics. Introduction and advanced topics*. Berlin: Springer-Verlag.

Huynen, M. A., Stadler, P. F. und Fontana, W. (1996), Smoothness within ruggedness. The role of neutrality in adaptation. *Proceedings of the National Academy of Sciences* 99, 397–401.

Jaeger, J. und Martinez-Arlas, A. (2009), Getting the Measure of Positional Information. *PLoS Biology* 7(3), e1000081.

Jones, B. L., Enns, R. H. und Ragnekar, S. S. (1976), On the Theory of Selection of Coupled Macromolecular Systems. *Bulletin of Mathematical Biology* 38, 15–28.

Joyce, G. F. (2004), Directed Evolution of Nucleic Acid Enzymes. *Annual Reviews of Biochemistry* 73, 791–836.

Joyce, G. F. (2007), Forty Years of in vitro Evolution. *Angewandte Chemie International Edition* 46, 6420–6436.

Judson, H. F. (1979), *The Eighth Day of Creation. The Makers of the Revolution in Biology*. London: Jonathan Cape.

Kimura, M. (1983), *The neutral theory of evolution*. Cambridge UK: Cambridge University Press.

Klussmann, S. (2006), *The Aptamer Handbook. Functional Oligonucleotides and Their Applications*. Weinheim: Wiley-VCh.

Levine, H. A. und Nielsen-Hamilton, M. (2007), A Mathematical Analysis of SELEX. *Computational Biology and Chemistry* 31, 11–35.

Malthus, T. R. (1798), *An Essay of the Principle of Population as it Affects the Future Improvement of Society*. London: J. Johnson.

Mayr, E. (1982), *The Growth of Biological Thought. Diversity, Evolution and Inheritance*. Cambridge, MA: The Belknap Press of Harvard University Press.

Meinhardt, H. (1982), *Models of Biological Pattern Formation*. London: Academic Press.

Meinhardt, H. (1992), Pattern formation in biology: A comparison of models and experiments. *Reports on Progress in Physics* 55, 797–849.

Mendel, G. (1866), Versuche über Pflanzen-Hybriden. *Verhandlungen des naturforschenden Vereins in Brünn* 4, 3–47.

Moody, S. A. (Hrsg.) (2007), *Principles of Developmental Genetics*. Burlington, MA: Academic Press.

Murray, J. D. (2002 und 2003), *Mathematical Biology I and II*. New York: Springer-Verlag.

Murray, J. D. (2003), *Mathematical Biology II: Spatial Models and Biomedical Applications*. New York: Springer-Verlag.

Nicolis, G. und Prigogine, I. (1977), *Self-Organization in Non-Equilibrium Systems. From Dissipative Structures to Order Through Fluctuations*. Hoboken, NJ: John Wiley & Sons.

Ohta, T. (2002), Near-neutrality in evolution of genes and gene regulation. *Proceedings of the National Academy of Sciences* 99, 16134–16137.

Ostwald, W. (1897), A-Linien von R.E. Liesegang. *Zeitschrift für physikalische Chemie* 23, 365.

Ostwald, W. (1899), Periodisch veränderliche Reaktionsgeschwindigkeiten. *Physikalische Zeitschrift* 1, 87–88.

Ostwald, W. (1900), Periodische Erscheinungen bei der Auflösung des Chroms in Säuren. Erste und zweite Mitteilung. *Zeitschrift für physikalische Chemie* 35, 33–76, 204–256.

Reidys, C. M., Stadler, P. F. und Schuster, P. (1997), Generic properties of combinatory landscapes: Neutral networks of RNA secondary structures. *Bulletin of Mathematical Biology* 59, 339–397.

Rudovics, B., Barillot, E., Davies, P. W., Dulos, E., Boissonade, J. und De Kepper, P. (1999), Experimental Studies and Quantitative Modeling of Turing Patterns in the (Chlorine Dioxide, Iodine, Malonic Acid) Reaction. *Journal of Physical Chemistry A* 103, 1790–1800.

Sagués, F. und Epstein, I. R. (2003), Nonlinear chemical dynamics. *Dalton Transactions* 7, 1201–1217.

Schuster, P. (2006a), Prediction of RNA secondary structures: From theory to models and real molecules. *Reports on Progress in Physics* 69, 1419–1477.

Schuster, P. (2006b), The beginning of the end of the holism versus reductionism debate? Molecular biology goes cellular and organismic. *Complexity* 13(1), 10–13.

Schuster, P. (2011), Darwin's optimization in the looking glasses of physics and chemistry. In: Knoflacher, M. (Hrsg.), *Faktum Evolution – Gesellschaftliche Bedeutung und Wahrnehmung*, Frankfurt am Main: Peter Lang, 35–66.

Schuster, P., Fontana, W., Stadler, P. F. und Hofacker, I. L. (1994), From sequences to shapes and back – A case study in RNA secondary structures. *Proceedings of the Royal Society London B* 255, 279–284.

Serganow, A., Keiper, S., Malina, L., Tereshko, V., Skripkin, E., Höbartner, C., Polonskaia, A., Phan, A. T., Wombacher, R., Micura, R., Dauter, Z., Jäschka, A. und Patel, D. J. (2005), Structural Basis for Diels-Alder Ribozyme-Catalyzed Carbon-Carbon Bond Formation. *Nature Structural & Molecular Biology* 12, 218–224.

Thompson, C. J. und McBride, J. L. (1974), On Eigen's Theory of the Self-Organization of Matter and the Evolution of Biological Macromolecules. *Mathematical Biosciences* 21, 127–142.

Tuerk, C. und Gold, L. (1990), Systematic Evolution of Ligands by Exponential Enrichment: RNA Ligands to Bacteriophage T4 DNA Polymerase. *Science* 249, 505–510.

Turing, A. M. (1952), The chemical basis of morphogenesis. *Philosophical Transactions of the Royal Society B* 237, 37–72.

Verhulst, P. (1838), Notice sur la loi que la population poursuit dans son accroissement. *Correspondance Mathématique et Physique* 10, 113–121.

Wolpert, L. (1969), Positional information and the spatial pattern of cellular differentiation. *Journal of Theoretical Biology* 25, 1–47.

Wolpert, L., Smith, J., Jessell, T., Lawrence, P., Robertson, E. und Meyerowitz, E. (2006), *Principles of Development*. 3. Aufl., New York: Oxford University Press.

Zhabotinsky, A. M. (1964), Periodic kinetics of oxidation of malonic acid in solution (study of the Belousov reaction kinetics). *Biofizika* 9, 306–311.

Kapitel 4

Sozialverhalten im Lichte der Evolution und Verhaltensbiologie

Isabella B. R. Scheiber

4.1 Charles Darwin: Leben und Werk

> „Kein anderer Wissenschaftler des 19. Jahrhunderts hat unser modernes Weltbild – sowohl in der Biologie als auch über sie hinaus – stärker beeinflusst als dieser englische Forscher.“ (T. Junker 2001, S. 389)

Der britische Naturforscher Charles Robert Darwin (12.02.1809, Shrewsbury – 19.04.1882, Downe) gilt auch heute noch als einer der bekanntesten Naturwissenschaftler, da er allgemein als Begründer der Evolutionstheorie angesehen wird. Die Ende 1831 begonnene und fast fünf Jahre andauernde Reise mit der HMS Beagle, die den jungen Darwin einmal um die Welt führte, war zugleich Schlüsselerlebnis und Grundlage für sein späteres Werk. Der breiten Öffentlichkeit wurde Darwin erstmals durch seinen 1839 herausgegebenen Reisebericht bekannt. Mit seiner Theorie über die Entstehung der Korallenriffe und weiteren geologischen Schriften erlangte er in wissenschaftlichen Kreisen die Anerkennung als Geologe. Seine Untersuchungen an den Rankenfußkrebsen verschafften ihm Mitte der 1850er Jahre zusätzlich einen angesehenen Ruf als Zoologe und Taxonom.

Bereits 1838 entwarf Darwin seine Theorie der Anpassung an den Lebensraum durch Variation und natürliche Selektion und erklärte so die evolutive Entwicklung aller Organismen und ihre Aufspaltung in verschiedene Arten. Über 20 Jahre lang trug er Belege für diese Theorie zusammen. 1842 und 1844 verfasste Darwin kurze Abrisse seiner Theorie, die er jedoch nicht veröffentlichte. Ab 1856 arbeitete er an einem umfangreichen Manuskript mit dem Titel *Natural Selection.* Durch einen Brief von Alfred Russel Wallace, der dessen *Ternate-Manuskript* mit ähnlichen Gedanken zur Evolution enthielt, kam es im Sommer 1858 schließlich zu einer Veröffentlichung der Theorien über die Evolution der beiden Männer. Ein Jahr später folgte Darwins Hauptwerk *On the Origin of Species* (*Die Entstehung der Arten,* 1859), das als streng naturwissenschaftliche Erklärung für die Diversität des Lebens die Grundlage der modernen Evolutionstheorie bildet und einen entscheidenden Wendepunkt in der Geschichte der modernen Biologie darstellt.

1871 diskutierte Darwin in *The Descent of Man, and Selection in Relation to Sex* (*Die Abstammung des Menschen und die geschlechtliche Zuchtwahl*) mit der sexuellen Selektion einen zweiten Selektionsmechanismus und nutzte seine Theorie, um die Abstammung des Menschen zu erklären. In seinem letzten Lebensjahrzehnt untersuchte Darwin Kletterpflanzen, Orchideen und fleischfressende Pflanzen und leistete wichtige Beiträge zur Botanik.

4.2 Kernaussagen der Darwin'schen Evolutionstheorie

Die Evolutionstheorie (biologische Evolution) erklärt die Entstehung, die Entwicklung und die Vielfalt des Lebens auf natürliche, d.h. physikalisch-chemische Weise. Grundsätzlich wird der Begriff Darwinismus verwendet, um die Evolutionstheorie von Darwin von anderen Evolutionstheorien zu unterscheiden. Sie basiert auf der Vererbung, der Veränderung (Mutation) und der natürlichen Auslese. In diesem Zusammenhang wird der Begriff Darwinismus auch manchmal verwendet, um den Aspekt der natürlichen Auslese besonders zu betonen, der von Darwin erstmalig behandelt wurde und den entscheidenden Unterschied zu anderen, diskreditierten Evolutionstheorien bildet, wie Lamarckismus oder Mutationismus, die nur noch von historischer Bedeutung sind. Das Konzept des universellen Darwinismus verallgemeinert das Konzept des Darwinismus auf Gebiete auch außerhalb der Biologie. Dabei wird folgendes Schema genutzt:

(1) Reproduktion/Vererbung: Eine Anzahl von Einheiten, so genannte Replikatoren, müssen fähig sein, Kopien von sich selbst anzufertigen oder andere Einheiten zu veranlassen, entsprechende Kopien zu erzeugen. Die Kopien müssen ebenfalls reproduktionsfähig sein und müssen Eigenschaften erben. Dabei werden verschiedene Variationen rekombiniert.

(2) Variation: Es muss eine Bandbreite von verschiedenen Merkmalen in der Population der Einheiten gegeben sein. Es muss einen Mechanismus geben, der neue Variationen in die Population einführt. Diese Varianten können zum Beispiel durch ungenaue Replikation entstehen.

(3) Selektion: Vererbte Merkmale müssen (auf längere Sicht gesehen) die Reproduktionsfähigkeit der Einheiten beeinflussen, entweder durch Überlebensfähigkeit (natürliche Selektion) oder die Fähigkeit, für die Reproduktion notwendige Partner zu finden (sexuelle Selektion). Die Überlebensfähigkeit kann sich dabei auf die konkrete Umgebung beziehen, einschließlich anderer entsprechender Systeme. Selektionsursachen können zum Beispiel Ressourcenknappheit oder die Möglichkeit zu Kooperation sein.

Wenn ein Replikant (Erbe) der Einheit oder des Organismus bis zur weiteren Reproduktionsstufe überlebt, beginnt der Prozess von neuem. Im anderen Fall kann er seine Eigenschaften nicht an die kommende Generation weitergeben. Bei engeren Formulierungen wird manchmal zusätzlich verlangt, dass Variation und Selektion auf verschiedene Einheiten wirken, Variation beim Genotyp und Selektion beim Phänotyp.

Das Konzept des universellen Darwinismus geht nun davon aus, dass bei jedem System mit diesen Bedingungen Evolution stattfinden wird, ganz gleich in welchem konkreten Rahmen. Das heißt, dass sich bei den Einheiten mit der Zeit komplexe Eigenschaften herausbilden, die ihre Reproduktion begünstigen, während in jeder Generation auch ein Teil verdrängt wird (d.h. ausstirbt). Teilweise können Eigenschaften auch an Komplexität verlieren, wenn der entsprechende Selektionsdruck nachlässt oder sich eine weniger komplexe Eigenschaft als vorteilhafter durchsetzt. Der Universelle Darwinismus sagt für die Entwicklung keine Zielrichtung voraus.

4.3 Charles Darwin ist auch heute noch unbestritten

Charles Darwin gilt durch seine wesentlichen Beiträge zur Evolutionstheorie als einer der bedeutendsten Naturwissenschaftler überhaupt und ist durch diese Leistung auch im Bewusstsein der Öffentlichkeit immer noch stark präsent. So wurde Darwin 1992 in einer Liste der einflussreichsten Personen in der Geschichte auf dem 16. Platz gereiht, und in Großbritannien wurde er auf den vierten Platz der 100 Greatest Britons gewählt.

Heute stellt die von Darwin begründete und seitdem ständig weiterentwickelte Evolutionstheorie für die Biologie das grundlegende Paradigma dar: Durch sie werden alle biologischen Teildisziplinen, wie Zoologie, Botanik, Verhaltensforschung, Embryologie und Genetik, „unter einem einheitlichen Dach" versammelt. Theodosius Dobzhansky formulierte dies 1973 prägnant in dem vielzitierten Satz: „Nichts in der Biologie hat einen Sinn, außer im Licht der Evolution."

Darwins Werke, allen voran *Entstehung der Arten* und *Abstammung des Menschen*, lösten schon kurz nach ihrem Erscheinen eine Flut von Rezensionen und Reaktionen aus. Darwins Theorien berührten nicht nur biologische Fragestellungen, sie hatten auch weit reichende Implikationen für Theologie, Philosophie und andere Geisteswissenschaften sowie für den Bereich des Politischen und Sozialen. Darwins Theorien wurden nicht nur in Wissenschaftskreisen, sondern auch vom Klerus und der breiten Öffentlichkeit diskutiert. Themen waren beispielsweise das Teleologieproblem, die Rolle eines Schöpfers, das Leib-Seele-Problem oder die Stellung des Menschen in der Natur. Dass der Mensch keine eigenständige Schöpfung ist, sondern ein Evolutionsprodukt wie Millionen anderer Arten, steht im Widerspruch zur christlichen Lehre sowie vielen philosophischen Schulen. Sigmund Freud bezeichnete die Evolutionstheorie als eine der drei Kränkungen der Eigenliebe der Menschheit.

Wichtige Teile seiner Theorie hatten sich rasch durchgesetzt: die Tatsache der Evolution an sich und die gemeinsame Abstammung. Der Mechanismus der Selektion blieb jedoch lange umstritten und nur einer von mehreren diskutierten Mechanismen. Beim ersten großen Jubiläum anlässlich von Darwins 100. Geburtstag 1909 gab es fast niemanden, der die Selektionstheorie unterstützte. Diese Zeit wurde später von Julian Huxley als „Finsternis des Darwinismus" (*Eclipse of Darwinism*) bezeichnet. Erst die synthetische Evolutionstheorie, auch als *zweite Darwin'sche Revolution* bezeichnet, verhalf auch der Selektionstheorie zum Durchbruch. Im 20. Jahrhundert entstanden unter dem Einfluss Darwins neue Disziplinen wie die Verhaltensforschung und die Soziobiologie, und eine Anwendung dieser Theorien auf den Menschen wird in der Philosophie als evolutionäre Ethik diskutiert. Die Evolutionäre Erkenntnistheorie geht letzten Endes auf Darwin zurück, und wichtige Elemente der Evolutionsökonomik wurden von seinem Werk beeinflusst.

Eine missbräuchliche Umdeutung und Übertragung ins Politische erfuhren Darwins Theorien in der Ideologie des Sozialdarwinismus. Diese unter anderem auf einem naturalistischen Fehlschluss beruhende Übertragung lässt sich weder zwangsläufig aus Darwins Werk ableiten, noch entspricht sie im Entferntesten Darwins Welt- und Menschenbild.

4.4 Soziobiologie: evolutionsbiologisch orientierter Zweig der Verhaltensbiologie

Die Soziobiologie wurde in den 1940er Jahren in den USA begründet. Sie erforscht die biologischen Grundlagen jeglicher Formen des Sozialverhaltens bei allen Arten von sozialen Organismen einschließlich des Menschen. Der Begriff Soziobiologie wurde 1975 durch E. O. Wilson in seinem Werk *Sociobiology - The New Synthesis* geprägt.

Die Soziobiologie analysiert die biologischen Vorgänge, auf denen die Organisation solcher Einheiten wie der Verband von Eltern und ihren Nachkommen, Termitenkolonien, Vogelscharen, Pavianhorden und Jäger- und Sammlerbanden beruht. Das wirklich Neue an dieser Disziplin ist die Zusammenführung älterer Ansätze aus der Ethologie und der Psychologie mit neuen Resultaten aus Feldstudien und Laborversuchen sowie die Interpretation des Ganzen auf der Grundlage der modernen Genetik, der Ökologie und der Populationsbiologie.

Zum ersten Mal werden (menschliche) Gesellschaften streng als Populationen erforscht. Dabei bedienen sich die Wissenschafter jener Instrumente, die innerhalb der Biologie ausdrücklich für die Untersuchung dieser höheren Organisationseinheiten entwickelt wurden. Der bisherige Forschungsgegenstand der Ethologie – die umfassenden tierischen Verhaltensmuster unter besonderer Berücksichtigung der Anpassung der Tiere an ihre natürliche Umwelt – wurde zur Grundlegung der Soziobiologie herangezogen. Die Ethologie bleibt dabei eine eigenständige Disziplin, welche die Soziobiologie in ihrer Zielrichtung und ihrem Forschungsgegenstand ergänzt.

Im Unterschied zur Ethologie (der klassischen vergleichenden Verhaltensforschung), die eine möglichst genaue *Beschreibung* von Verhaltensweisen zum Ziel hatte, zielt die Soziobiologie wesentlich stärker auch auf das Nachvollziehen der Mechanismen, die im Verlauf der Stammesgeschichte bestimmte Verhaltensweisen hervorgebracht haben. Dabei steht die Betrachtung des adaptiven Wertes des Sozialverhaltens als Bestandteil des Gesamtverhaltens der Arten im Vordergrund.

Die Soziobiologie geht von einer unbegrenzten Vermehrungstendenz der Gene aus. Ein Gen ist ein Abschnitt auf der Desoxyribonukleinsäure (DNA), der die Grundinformationen zur Herstellung einer biologisch aktiven Ribonukleinsäure (RNA) enthält, aus der dann Proteine (Eiweiße) gebildet werden können. DNA-Molekülketten sind die Träger der Gene und haben die Fähigkeit, ständig Kopien von sich selbst herzustellen. Gene zeichnen sich dadurch aus, dass sie im Gegensatz zu jedem sterblichen Körper Generationen überdauern können und über unendliche Möglichkeiten der Neukombination, vor allem bei geschlechtlicher Fortpflanzung, verfügen. Die Ausdrucksform des Genotyps, der jeweils eine einmalige Verbindung von Genen darstellt, ist der Phänotyp, das heißt die sich aufgrund der im Genotyp enthaltenen Information ausprägenden Körper- und Verhaltensmerkmale des Individuums.

Der Phänotyp – und als einer seiner Aspekte das Verhalten – bildet den unmittelbaren Ansatzpunkt für den Auswahlprozess. Gut angepasste Phänotypen zeichnen sich durch hohe Fortpflanzungsraten aus. Das heißt, ihre Gene können sich gegenüber den Genen weniger gut angepasster Phänotypen ausbreiten. Begünstigt werden Gene, die ihre Träger mit Verhaltensweisen ausstatten, mit denen sie die ihnen zur Verfügung stehende Zeit und Energie erfolgreicher im Kampf um knappe Ressourcen einsetzen können als konkurrierende Individuen oder Artgenossen. Kurz, sie sichern sich dadurch Überlebens- oder Ausbreitungsvorteile. Die Maßeinheit für die Eignung eines Gens ist folglich die Häufigkeit seiner Verbreitung in der nächsten Generation.

Die Soziobiologie hat gezeigt, dass Gene – und nicht etwa Gruppen oder Arten – die Einheiten sind, an denen Selektion ansetzt. Es werden nicht Verhaltensweisen begünstigt, die das Beste für eine bestimmte Gruppe oder Art zu erzielen versuchen, sondern Selektion findet am Individuum statt.

Zur Erklärung der Entstehung altruistischer Verhaltensweisen, d.h. das Verfolgen der Interessen oder des Wohles Anderer mit Nutzen für den Nehmer und Kosten für den Geber, bietet die Soziobiologie verschiedene Ansätze an:

4.4.1 Verwandten-Selektion

Das Prinzip der Verwandtenselektion (auch: Sippenselektion; engl. „kinselection") besagt, dass die Gesamteignung eines Gens anhand zweier Komponenten ablesbar ist:

(1) an der Eignung in einem Individuum selbst,

(2) an der Verbreitung über Verwandte.

Es wird sich folglich ein Verhalten in der Selektion bewähren, das die Verbreitung und Eignung der Gene nicht nur individuell, sondern auch über Verwandte maximiert. Je näher zwei Individuen miteinander verwandt sind, desto wahrscheinlicher ist es, dass sie Träger gleicher Gene sind. Altruistisches (nichtegoistisches) Verhalten gegenüber Verwandten steigert also die Verbreitung der eigenen Gene und ist umso lohnender, je höher der Verwandtschaftsgrad ist. Alle Strategien zur Maximierung der Verbreitung von Individuen und ihrer Gene unterliegen immer wieder der Evolution und den auftretenden Umweltveränderungen, das heißt es handelt sich um einen dynamischen Prozess.

4.4.2 Reziproker Altruismus

Ein weiterer Erklärungsansatz ist das Konzept des reziproken Altruismus: Ein Helfergen kann sich durchsetzen, wenn es dem Helfer Nutzen bringt, z. B. wenn er als Folge auch selbst Empfänger von Hilfe werden kann.

4.5 Sozialverhalten, Eusozialität, soziale Organisation, soziale Struktur

„Eine Graugans ist keine Graugans!" (Konrad Lorenz)

Das *Sozialverhalten* im weiteren Sinne umfasst alle Verhaltensweisen von Menschen und Tieren, die auf Reaktionen oder Aktionen anderer Gruppenmitglieder zielen. Sozialverhalten umfasst somit Formen des einträchtigen Zusammenlebens genauso wie konflikthaftes Verhalten. Unter den Zweigen der Verhaltensbiologie beschäftigen sich vor allem die klassische vergleichende Verhaltensforschung, die Soziobiologie und die Verhaltensökologie mit dem Phänomen Sozialverhalten. Unter Sozialverhalten werden hier oft sämtliche beobachtbaren Aktivitäten der Tiere zusammengefasst, die der innerartlichen Verständigung dienen, also zum Beispiel auch Balz, Brutpflege, Stimmfühlungslaute und aggressive Auseinandersetzungen an den Reviergrenzen (Territorialverhalten).

Einige Forscher fassen den Begriff allerdings wesentlich enger und beschränken ihn auf das Verhalten von Tieren, die mit bestimmten Artgenossen in einer dauerhaften Bindung leben, sei es paarweise, in einem Rudel oder anderen sozialen Zusammenschlüssen mit Gruppenbindung. Die Zugehörigkeit zur Gruppe (bzw. Bindung) wird z.B. bei sozialen Insekten durch eine „Geruchsuniform" signalisiert, bei sozialen Primaten beruht die Zugehörigkeit auf persönlicher Bekanntschaft. Allerdings sind nicht alle Tiere, die in einer Gruppe aufgefunden werden, per Definition „sozial". Aggregationen haben keine erkennbaren sozialen Beziehungen, sondern sind eine zufällige Ansammlung von Tieren, die durch bestimmte Umweltbedingungen (z. B. Wasserstelle in Trockengebieten, optimale Temperatur- und Feuchtebedingungen am Überwinterungsplatz etc.) hervorgerufen werden.

Als soziale Art bezeichnen Verhaltensbiologen jene Tierarten, die intensiv mit anderen Mitgliedern ihrer Art interagieren. Die meisten Säugetiere und Vögel sind sozial in dem Ausmaß, dass es Beziehungen zwischen Müttern/Eltern und Nachwuchs gibt. In der Regel gehen die Bedingungen sozialer Arten jedoch über die Eltern-Kind Beziehungen hinaus. Der Grad der sozialen Organisation richtet sich nach Beziehungen mehrerer permanent zusammenlebender adulter Tiere untereinander, die im Allgemeinen über mehrere Interaktionen andauern.

Typische Fragen des Sozialverhaltens sind:

- Wie groß ist eine Gruppe? Welche Faktoren beschränken Gruppengrößen? Welche Faktoren sind dafür verantwortlich, dass sich Gruppen zusammenschließen oder trennen?

- Zeigt die Art Territorialverhalten? Wenn ja, bis zu welchem Ausmaß? Falls es Territorien gibt, was ist der Grund für Territorienbildung? Wird ein Territorium von einer Gruppe oder mehreren Individuen gehalten?

- Gibt es eine permanente Hierarchie innerhalb einer Gruppe? Gibt es Muster in dieser Rangordnung? Wie wird die Rangordnung festgelegt?

Einige wenige Arten, in besonderem Maße Insekten der Ordnungen Hautflügler (Ameisen, Bienen, Wespen) und Termiten zeigen eine Extremform von Sozialverhalten. Sie sind hochorganisiert und haben Kasten, die bestimmte Rollen erfüllen. In der Regel pflanzt sich nur ein Tier, die Königin, oder einige wenige Tiere fort. Dieses Verhalten wird als eusozial bezeichnet. Nacktmulle (*Heterocephalus glaber*) und Damaragraumulle (*Cryptomys damarensis*) sind die einzigen zwei bekannten eusozialen Säugetierarten.

Um eine gewisse *soziale Organisation* zu zeigen, müssen Lebewesen regelmäßig in einer bestimmten Umgebung auffindbar sein. Diese Verteilung beruht auf

Beziehungen zwischen Individuen derselben Art. Drei Klassen sozialer Organisation gelten für die meisten Wirbeltiere:

(1) Solitäre Arten: Außerhalb der Reproduktionszeit verbringen Erwachsene während aktiver Phasen (z.B. bei der Nahrungssuche) die meiste Zeit allein; sie koordinieren ihre Aktivitäten nicht mit anderen Artgenossen. Sie können aber während inaktiver Phasen (Ruhen) kleine Gruppen formen.

(2) In Paaren lebende Arten, bei denen jeweils ein erwachsenes Männchen und Weibchen permanent zusammenleben. Sie koordinieren ihre Aktivitäten.

(3) Gregäre Arten: Hier leben drei oder mehr erwachsene Tiere permanent zusammen. In Treiberameisen sind das bis zu 20 Millionen Individuen!

Um die typische *soziale Struktur* einer Population zu beschreiben, sollte ein Verhaltensbiologe *alle* Arten sozialer Beziehungen *aller* Mitglieder dieser Population kennen.

4.6 Soziale Systeme: einfach bis hochentwickelt (komplex)

Das einfachste soziale System besteht aus einem Paar, welches isoliert von anderen Individuen derselben Art soziale Beziehungen unterhält. Ein komplexes soziales System zeichnet sich durch Beziehungen zwischen mehreren Individuen aus (z.B. Allianzen, Kooperationen, Interaktionen mit dritten Parteien etc.). Je komplexer diese Beziehungen, desto komplexer das soziale System. Soziales Leben bedeutet das permanente Eingehen von Kompromissen, weil soziale Interaktionen sehr starke Stressoren sind. Dieser soziale Stress kann durch soziale Verbündete („Familie, Freunde") massiv gemindert werden.

4.7 Vor- und Nachteile des Gruppenlebens

Welche Vor- und Nachteile hat das Gruppenleben? (Alcock 1996) Da der Mensch eine soziale Art ist, wiegen wir uns gerne in dem Glauben, dass das Sozialleben die fortschrittlichste Form des Lebens ist. Es trifft zu, dass unter bestimmten Umständen das Zusammenleben mit Anderen eine Reihe von Vorteilen bietet. Der wichtigste Vorteil einer sozialen Art liegt darin, dass man Kooperationen mit anderen eingehen kann. Das ist nur möglich, wenn Individuen regelmäßig miteinander Kontakt haben. Der vorrangige Fitnessnutzen des Soziallebens dürfte wohl in einem größeren Erfolg im Umgang mit Beutegreifern bestehen. Die Gruppe bietet Schutz vor Feinden, die auch von vielen Augen schneller wahrgenommen werden können. Andererseits können soziale Räuberarten gemeinsam auf Beutezug gehen und somit Tiere erlegen, die ein einzelnes Individuum allein nicht zur Strecke bringen könnte. Andere Vorteile sind die gemeinsame Aufzucht von Jungen, aber auch Arbeitsteilung, z.B. im Bienenstock. Nicht zu vergessen ist die Möglichkeit, Traditionen zu bilden, die dann von älteren Tieren auf Jüngere weitergegeben werden, ohne genetisch manifestiert zu sein.

Aber wenn Sozialleben so vorteilhaft ist, warum treten dann soziale Arten in den meisten Tiergruppen nur vereinzelt auf? Es gibt viele ökologische Bedingungen, unter denen die Fitnesskosten des Zusammenlebens höher sind als der daraus gezogene Nutzen. Zweifellos kann soziales Leben einen zusätzlichen Wettstreit um Nahrung, Nistplätze oder Partner hervorrufen, wie es auch der Fall sein kann, dass einzelne Individuen von anderen Mitgliedern der Gruppe ausgenutzt werden. Ein weiterer Kostenfaktor des Soziallebens ist die erhöhte Anfälligkeit gegenüber Brutparasitismus. Dies ist ein Unterschieben von Jungen, die nicht die eigenen sind, aber der Pflege bedürfen. Zudem ist die Wahrscheinlichkeit der Verbreitung von ansteckenden Krankheiten oder Parasitenbefall in einer Gruppe höher. Es ist auch gezeigt worden, dass eine größere Aktivität in der Gruppe die Aufmerksamkeit von Räubern auf die Gruppe lenkt. All diese Beispiele zeigen, dass Sozialleben nicht unbedingt ein reiner Segen ist.

Damit Sozialleben evolvieren kann, sind spezielle Bedingungen erforderlich, so dass die vielen Nachteile des Zusammenschließens mit Anderen durch bestimmte Vorteile für das einzelne Tier aufgewogen werden.

4.8 Die Evolution des Helfens

Die relative wenigen Wirbeltierarten, die sozial leben, scheinen einander oft gegenseitig zu helfen, z.B. wenn mehrere Individuen einen Räuber attackieren, wenn ein Alarmruf ausgestoßen wird, wenn er einen Räuber entdeckt, um andere zu warnen, oder wenn mehrere Räuber ein großes Beutetier überwältigen. Bis Mitte der 1960er Jahre waren Biologen von dieser Art Verhalten nicht sonderlich überrascht, weil sie der Meinung waren, dass die Mitglieder einer Gruppe einander zum Wohl der Art als Ganzes helfen. Als man jedoch erkannte, dass die Gruppenselektion weniger wirksam ist als die Individualselektion, wurden Hilfeleistungen wieder beträchtlich interessanter. In diesem Zusammenhang kommt es darauf an, festzustellen, wer von der geleisteten Hilfe profitiert.

Eine Antwort ist, dass beide, sowohl Helfer wie auch Hilfeempfänger, einen unmittelbaren Nutzen haben. Wenn man nachweisen kann, dass Helfer und Hilfeempfänger gleichermaßen durch ihre Interaktion Fortpflanzungsvorteile erzielen, dann stellt die Evolution dieser Neigungen zur Hilfeleistung, die als Mutualismus oder Kooperation bezeichnet werden, kein besonderes Rätsel dar.

4.9 Reziproker Altruismus und Altruismus im Tierreich

Es besteht zusätzlich die Möglichkeit, dass Helfer ihren Fortpflanzungserfolg verbessern können, indem sie ein auf Gegenseitigkeit beruhendes Arrangement eingehen und einander abwechselnd unterstützen. Trivers (1971) führte die Bezeichnung reziproker Altruismus für Hilfeleistungen ein, aus denen erst zu einem späteren Zeitpunkt ein reproduktiver Vorteil für den Helfer entsteht. Er wies darauf hin, dass ein Individuum, wenn es einem anderen unter relativ geringen Kosten helfen kann und später vom Hilfeempfänger eine wertvolle „Rückzahlung" erhält, netto einen Fortpflanzungsvorteil aus seiner anfänglich geleistet Hilfe zieht. Reziproker Altruismus ist eine besondere Form von Mutualismus, bei dem Helfer kurzfristig einen Nachteil in Kauf nehmen, im Endeffekt jedoch einen Nettozuwachs ihres Fortpflanzungserfolges erzielen. In der Evolutionsbiologie ist reiner Altruismus ein Begriff, der nur auf Fälle angewandt wird, bei denen der Geber durch seine Hilfe langfristig gesehen tatsächlich einen Fortpflanzungsnachteil erfährt, während der Empfänger die Zahl seiner überlebenden Nachkommen erhöht. Altruismus ist ein aufregendes Rätsel für einen Evolutionsbiologen, weil es nicht durch natürliche Selektion auf einen erhöhten Fortpflanzungserfolg evolviert sein kann. Altruismus existiert wirklich. Mittlerweile gibt es eine beträchtliche Anzahl von Beispielen, bei denen ein Helfer offensichtlich keine Rückzahlung in Form einer späteren Unterstützung von dem Tier bekommt, dem er geholfen hat. Ebenso trifft es nicht zu, dass der Helfer den Hilfeempfänger durch sein Verhalten eigennützig manipuliert, um so seinen eigenen Fortpflanzungserfolg zu verbessern. Eine ausgezeichnete Erklärung für Altruismus stammt von Hamilton (1964), der aufzeigt, wie ein mutiertes Gen, das seinen Träger zu altruistischem Verhalten veranlasst, sich über einen anderen evolutiven Mechanismus als den der Gruppenselektion in einer Population ausbreiten kann.

4.10 Verwandtenselektion

Hamiltons Erklärung für die Ausbreitung eines mit Altruismus assoziierten Allels beginnt mit der Aussage, dass der Sinn der Fortpflanzung aus der evolutionären Perspektive in der Weitergabe der eigenen Allele besteht. Die eigene Fortpflanzung ist eine Möglichkeit, eine direkte Lösung, um dieses ultimative Ziel zu erreichen. Aber die Unterstützung von genetisch ähnlichen Individuen, das heißt Verwandten, damit diese überleben und sich fortpflanzen können, ist ein indirekter Weg mit demselben Endergebnis. Viele Formen höheren sozialen Lebens lassen sich evolutiv aus familiären Brutpflegebeziehungen herleiten – Sozialverbände bestehen in der Regel aus Verwandten. „Altruistische Individuen" teilen oftmals mit ihren Verwandten einen Teil ihrer Gene (Verwandtenselektion). Je näher Individuen verwandt sind, umso mehr Gene haben sie gemeinsam: Nachkommen teilen in der Regel 50% ihrer Gene mit einem Elternteil, ebenso wie Geschwister. Dies bedeutet, dass ein Tier potentiell zwei Nachkommen haben kann oder aber die Möglichkeit hat, die eigene

Fortpflanzung ganz aufzugeben und sich stattdessen an der Aufzucht dreier verwandter Geschwister zu beteiligen, die ansonsten nicht überlebt hätten. Hier wird über den altruistischen Weg eine größere Anzahl von Allelen des Altruisten an die nächste Generation weitergegeben als durch eigene Fortpflanzung. Aufgrund des genetischen Geschlechts von Bienen, bei denen ein Geschlecht, das Männchen, nur einen Chromosomensatz trägt (haploid) und das andere Geschlecht, die Weibchen, den doppelten Chromosomensatz (diploid), ist der Verwandtschaftsgrad von Schwestern (Arbeiterinnen) höher (66%) als der von Müttern und ihren Töchtern (Arbeiterin-Königin, 50%). Im Darwin'schen Sinne ist es deshalb also günstiger, Schwestern aufzuziehen, als „eigene" Töchter!

4.11 Soziale Kognition

Jedes Tier, das in stabilen sozialen Gruppen lebt, muss gewisse geistige Fähigkeiten besitzen. Dies beinhaltet unter anderem die Erkennung von anderen Individuen oder zumindest die Fähigkeit, vertraute von fremden Individuen zu unterscheiden. Die Fähigkeit, andere zu unterscheiden, muss trotz Änderungen im Alter, im reproduktiven Status und in Rangänderungen zwischen einzelnen Individuen gegeben sein. Es wurde in verschiedenen Tiergruppen gezeigt, dass bei nahe verwandten Arten, von denen eine in sozialen Gruppen lebt, die andere aber nicht sozial ist, in der Regel Gehirnregionen (Hippocampus, Neocortex), die für soziale Beziehungen nötig sind, stark vergrößert sind („social intelligence hypothesis", Humphrey 1976).

Eine neue Richtung der Biologie, eng verbunden mit der Psychologie, versucht, kognitive Leistungen bei Tieren zu untersuchen. Forschungen in diesem Bereich stellen sich unter anderem folgende Frage: Welche Bewusstseinsinhalte sind mit einem Verhalten verbunden? Gibt es im Tierreich eine „Theory of Mind" (ToM, *Theorie des Geistes*, obwohl es bisher in der deutschen Literatur keine einheitliche Übersetzung gibt), das heißt die Fähigkeit, eine Annahme über Bewusstseinsvorgänge (Gefühle, Bedürfnisse, Absichten, Erwartungen, Meinungen) in anderen Individuen vorzunehmen? Mit dieser Frage beschäftigten sich vor allem Psychologen, und viele Studien wurden zuerst an Kindern durchgeführt. Die Tests zu dieser Frage werden meist unter dem Begriff „False Belief Tasks/Deception Tasks" (Sally & Anne Tasks) zusammengefasst (Wimmer und Perner 1983). Dieser klassische Test basiert auf einer experimentell konstruierten Situation, in der die Versuchsperson zwischen dem eigenen Wissen (dass ein Objekt durch Anne in der Abwesenheit von Sally versteckt wurde) und dem Kenntnisstand einer beteiligten Person (Sally) unterscheiden muss (Wassermann und Zentall 2006). Die entscheidende Frage ist, wo Sally nach ihrer Rückkehr nach dem Objekt suchen wird: Dort, wo das Objekt war, bevor sie das Zimmer verlassen hatte, oder an jenem Ort, an dem das Objekt von Anne versteckt worden ist. Die kognitive Leistung beruht auf der Fähigkeit, eine Metarepräsentation von Sallys Wissen zu generieren „Ich weiß, dass sie nicht weiß, wo das Objekt wirklich ist." (Kircher und Gauggel 2008). Man glaubt, dass eine ToM im Menschen bis zum dritten Lebensjahr nicht vorhanden ist, sondern erst im Alter von vier bis fünf Jahren auftritt.

Seit den 1990er Jahren gibt es vermehrt Studien der sozialen Kognition an Tieren, vorwiegend Menschenaffen, in denen geplanter Betrug, Imitationen, Lernen durch Beobachtung anderer z. B. bei Werkzeuggebrauch, Blickrichtung folgen oder das Verständnis von einer Beziehung zwischen Sehen und Wissen, eine gewisse Art von Einfühlungsvermögen und das Herstellen von sozialen Zusammenhängen gewisser Individuen nachgewiesen worden ist (Call 2001; Tomasello und Call 1997; Whiten und Byrne 1997). Inzwischen wurden Fragen nach einer ToM auch bei anderen Säugetieren (z. B. Hunden, Delphinen) und Vögeln (Rabenvögeln, Papageien) untersucht, und diese Fähigkeit scheint weiter verbreitet zu sein, als man es bisher für möglich hielt (siehe Bugnyar (2007) für eine Literaturübersicht). Besonders ein Vogel, Alex der Graupapagei, hat unsere Vorstellung darüber, wie Vogelhirne arbeiten und zu welchen geistigen Leistungen sie in der Lage sind, revolutioniert. Auch die Frage, ob Tiere ein Bewusstsein haben oder nicht, erschien seit Alex in einem ganz anderen Licht. Mittlerweile wissen Forscher: Manche Krähen und Papageien sind genauso intelligent wie Affen oder Delfine. Werkzeuggebrauch, Innovation und ein einfaches Sprachverständnis haben Biologen bei Vögeln bereits nachgewiesen. Ihm sei der letzte Teil dieses Beitrages gewidmet.

4.12 In Memoriam: Alex der Graupapagei

> „Nachruf auf einen Vogel: *„Wanna banana“*
> Die Forscherwelt trauert um Alex, einen Graupapagei. Das Tier faszinierte Wissenschaftler 30 Jahre lang mit seiner Sprach- und Rechenleistung.“
> (www.sueddeutsche.de/wissen/116/417881/text/)

Alex war ein Graupapagei, dessen Wortgebrauch über einen Zeitraum von 30 Jahren von der Tierpsychologin Irene M. Pepperberg intensiv untersucht wurde. Die grundlegende Fragestellung der Untersuchungen war, ob ein Tier wie ein Papagei tatsächlich in der Lage ist, bewusst zu kommunizieren, oder ob er lediglich auf äußere Reize konditioniert ist und mit dem Verhalten reagiert, das die größte Belohnung verspricht. Die durchgeführten Tests sollten Klarheit darüber verschaffen, ob bei entsprechendem Training ein Papagei einerseits lernen kann, Gegenstände in Kategorien einzuteilen, und andererseits das Prinzip von gleichen und ungleichen Gegenständen verstehen kann. Über diese Ergebnisse könnte man auf ein eigenes Sprachverhalten schließen oder zumindest die Anlage dazu. In dem konkreten Fall mit Alex bedeutete dies, dass Alex Gegenstände anhand von Kategorien unterscheiden sollte, und zwar nach Form, Farbe und Beschaffenheit. Demgegenüber stand das Einteilen nach der oben beschriebenen Reizverallgemeinerung, wonach alle Gegenstände, die ein bestimmtes Merkmal aufweisen, automatisch in dieselbe Kategorie fallen. Da Alex in der Lage war, ein und denselben Gegenstand je nach der gestellten Frage (z.B. hinsichtlich der Farbe einerseits und der Form andererseits) in verschiedene Kategorien einzuteilen und dies durch die lautliche Rückmeldung zu äußern, war es ihm generell möglich, nach Kategorien zu unterscheiden.

Pepperberg wollte herausfinden, ob es Alex möglich war, sein erlerntes Wissen aus einem Versuch in einen neuen zu übertragen. Bei Tests, in denen Alex zwischen fünf unterschiedlichen Farben, fünf unterschiedlichen Formen und drei unterschiedlichen Materialien unterscheiden musste, lag er zu 80% richtig. Bei Tests, in denen nach bekannten Farben und Formen, *zwei neuen* sowie zwei bekannten Objekten gefragt wurde, waren seine Antworten bei der Frage nach der Farbe zu 84,7% und bei der Frage nach der Form zu 83,7% richtig. Da die Belohnung bei den Tests darin bestand, dass er den jeweiligen Gegenstand, um den sich die Frage drehte, in den Schnabel nehmen durfte, um ihn dann fallen zu lassen – was ihm anscheinend Gefallen bereitete –, könnte man vermuten, dass gerade neu eingeführte Objekte Alex‘ Interesse stärker weckten als bereits bekannte Objekte. Alex konnte eine ganze Reihe von verbal geäußerten Fragen verstehen und ebenso die relevante Kategorie der Frage und des Objekts erkennen, welches mit mehreren Möglichkeiten klassifiziert werden konnte. Er war auch in der Lage, diese Instanz korrekt in die richtige Kategorie einzuteilen. Dennoch waren seine Fähigkeiten noch sehr rudimentär, wenn man sie mit nichtmenschlichen Primaten oder Meeressäugetieren vergleicht.

Pepperberg untersuchte, ob Alex in der Lage war, das Konzept von gleich und ungleich zu verstehen. Der Forschungsstand zum Zeitpunkt der Versuche war, dass man davon ausging, Tiere könnten zwar durch Training lernen, zwei Gegenstände voneinander zu unterscheiden, damit aber noch nicht das *Konzept von gleich und ungleich* verstanden haben müssen. In den Versuchen musste Alex auf die Fragen „What same?“, und „What different?“ antworten und die jeweiligen zutreffenden Eigenschaften der nun zwei Objekte benennen. Die Kategorien, die Alex noch in seinem Vorwissen zur Verfügung hatte, waren: fünf Farben, einige Formen, vier Materialien, einige metallische Gegenstände, Verständnis von abstrakten Kategorien (Welche Farbe? Welche Form?) und eine Vielzahl anderer Begriffe (Futter, Orte, Mengen etc.). Diese musste er mit dem jeweils korrekten Wort in der dazugehörigen Kategorie versehen. Nach neun Monaten gelang es Alex zu 76% bei bekannten Objekten, Gleichheit oder Ungleichheit verbal äußern zu können. Bei unbekannten Objekten sogar zu 85%, was wiederum dafür sprach, dass er das Konzept verstanden haben musste, da er bei „untrainierten Objekten“ bessere Ergebnisse lieferte. Die Probefragen, ob Alex auf die richtige Frage geantwortet hatte, waren zu 90% ein Beweis für die Korrektheit seiner Antwort. Die vergleichsweise lange Lernzeit von neun Monaten führte Pepperberg darauf zurück, dass Alex teilweise Schwierigkeiten hatte, manche Laute zu äußern, und er außerdem neben diesen Versuchen auch noch zählen lernte. Auf die Frage „How many?“ konnte er später auch antworten. Interessant ist, dass Alex im Vergleich zu Versuchen mit

Schimpansen in der Lage war, genau die Eigenschaften zu nennen, in denen der Unterschied lag, und nicht nur allgemein anzugeben, ob die Objekte gleich oder ungleich waren.

Es ist allerdings noch zu sagen, dass Dr. Pepperberg davon ausging, dass das Prinzip der Unterscheidung von gleich und ungleich bereits bis zu einem bestimmten Grad von Geburt an bei Papageien vorliegen müsste, da sie in freier Wildbahn z. B. Gesänge oder Nahrung unterscheiden müssen. Somit wäre die getestete Objektunterscheidung eine überlebenswichtige Eigenschaft, die im Besonderen bei Papageien vorläge, was wiederum einen Vergleich zu einigen anderen Arten erschweren würde, die darauf weniger oder gar nicht zurückgreifen müssen.

Nach den insgesamt 19 Jahren Training hatte Alex einen eigenen Wortschatz von insgesamt 200 Wörtern, die er äußern konnte, und einen Wortschatz von ungefähr 500 Wörtern, die er verstehen konnte. Außerdem konnte er – begrenzt – zählen und selber Wünsche äußern. So sagte Alex zum Beispiel, wenn ihm das Fragespiel nicht mehr gefiel, „I'm gonna go away“ (Ich will weggehen), und wenn der Forscher sich verärgert zeigte, versuchte Alex, die Situation durch „I'm sorry“ (Tut mir leid) zu entschärfen. Wenn er per „Wanna banana“ eine Banane erbeten hatte, aber eine Nuss angeboten bekam, schaute er schweigend vor sich, wiederholte den Wunsch nach einer Banane oder nahm die Nuss und warf sie mit seinem Schnabel gegen den Forscher. Alex‘ Verständnis von Zahlen lag im Bereich von unter 7. Wenn er gefragt wurde, wie viele Objekte einer bestimmten Farbe auf einem Brett liegen, gab er in 80% aller Fälle die richtige Antwort (Pepperberg 2009).

Obwohl dies für einen Papagei beachtliche Fähigkeiten sind, bleibt die Frage offen, ob Alex wirklich in der Lage war zu sprechen oder ob er aufgrund der Eignung des Stimmapparats eines Papageien, dieselben Laute wie die des Menschen hervorzubringen, einerseits und seiner kognitiven Möglichkeiten andererseits eine Art erweiterte Interaktion entwickelt hatte, die sich zwar sprachlicher Laute bedient, aber nicht mit dem Sprachapparat eines Menschen zu vergleichen ist.

Nichtsdestotrotz übertraf Alex wirklich alle geistigen Fähigkeiten, die es zuvor in der Verhaltensforschung bei Vögeln gab. Er hat wesentlich dazu beigetragen, dass Biologen geistige Fähigkeiten heute nicht nur an Menschen oder Menschenaffen untersuchen, sondern ihren Horizont auf andere Wirbeltierklassen ausgeweitet haben.

4.13 Schlussbemerkung

Abschließend ist zu sagen, dass die Evolutionstheorie sich weiterentwickelt und ausgebreitet hat. Disziplinen wie die Sprachwissenschaft, Sozialwissenschaft oder Pädagogik greifen auf die Ideen Darwins zurück. Die Evolutionstheorie ist heute nicht nur die zentrale Theorie der Biowissenschaften, sondern hat weitreichenden

Einfluss auf viele verschiedene Disziplinen. Die Soziobiologie im Besonderen erklärt die Vorteile der bei sehr vielen Arten auftretenden Gruppenbildung und erhellt, warum Lebewesen – trotz ständiger Konkurrenz – kooperieren und zu gegenseitiger Hilfe fähig sind. Darwin selbst bemerkte Folgendes:

> „In the long history of humankind (and animal kind, too) those who learned to collaborate and improvise most effectively have prevailed." (Charles Robert Darwin)

4.14 Literatur

Alcock, J. (1996), *Das Verhalten der Tiere aus Evolutionsbiologischer Sicht*. Stuttgart: Gustav Fischer Verlag.

Bugnyar, T. (2007), An Integrative Approach to the Study of "Theory-of-Mind"-like Abilities in Ravens. *Japanese Journal of Animal Psychology* 57, 15–27.

Call, J. (2001), Chimpanzee Social Cognition. *Trends in Cognitive Sciences* 5, 388–393.

Darwin, C. R. (1839), *Journal of Researches into the Geology and Natural History of the Various Countries Visited by H.M.S. Beagle*. London: Henry Colburn.

Darwin, C. R. (1959), *On the Origin of Species by Means of Natural Selection, or the Preservation of Favoured Races in the Struggle for Life*. London: John Murray.

Darwin, C. R. (1871), *The Descent of Man, and Selection in Relation to Sex*. London: John Murray.

Hamilton, W. D. (1964), The Evolution of Social Behavior. *Journal of Theoretical Biology* 7, 1–52.

Humphrey, N. K. (1976), The Social Function of the Intellect. In: Bateson P. P. und Hinde, R. A. (Hrsg.), *Growing Points in Ethology,* Cambridge: Cambridge University Press, 303–307.

Junker, T. (2001), Charles Darwin (1809–1882). In: Jahn, I. und Schmitt, M. (Hrsg.), *Darwin & Co. Eine Geschichte der Biologie in Portraits,* Band 1, München: C.H. Beck, 369–389.

Kircher, T. und Gauggel, S. (2008), *Neuropsychologie der Schizophrenie: Symptome, Kognition, Gehirn*. Heidelberg: Springer Medizin Verlag.

Pepperberg, I. M. (2009), *Alex und ich. Die einzigartige Freundschaft zwischen einer Harvard-Forscherin und dem schlausten Vogel der Welt*. München: mvg Verlag.

Trivers, R. L. (1971), The Evolution of Reciprocal Altruism. *Quarterly Review of Biology* 46, 35–57.

Tomasello, M. und Call, J. (1997), *Primate Cognition*. London: Harvard University Press.

Wasserman, E. A. und Zentall, T. R. (2006), *Comparative Cognition*. New York, NY: Oxford University Press.

Wilson, E. O. (1975), *Sociobiology – The New Synthesis*. Cambridge, MA: Harvard University Press.

Whiten, A. und Byrne, R. W. (1997), *Machiavellian intelligence. II: Extensions and Evaluations*. New York, NY: Cambridge University Press.

Wimmer, H. und Perner, J. (1983), Beliefs about Beliefs: Representation and Constraining Function of Wrong Beliefs in Young Children's Understanding of Deception. *Cognition* 13, 103–128.

Kapitel 5

Die Evolutionstheorie und der menschliche Geist

Volker Gadenne

5.1 Einleitung

Nach der Evolutionstheorie hat sich der Mensch aus anderen, einfacheren Arten von Lebewesen entwickelt, unter anderem haben wir mit den Affen gemeinsame Vorfahren. Vermehrung, Mutation und Selektion sind die Faktoren der Evolution: Individuen, die besser an ihre Umwelt angepasst sind als andere, die eine größere biologische Tauglichkeit oder „Fitness“ besitzen, haben mehr Nachkommen, und sie geben ihre Eigenschaften an diese weiter, so dass diese Eigenschaften sich in der Population verbreiten. Auf diese Weise haben sich z.B. die Primaten an das Leben auf Bäumen angepasst und hierbei die Greiffähigkeit der Gliedmaßen sowie ein gutes räumliches Sehvermögen ausgebildet.

Haben sich so auch der menschliche Geist, das Bewusstsein und die kognitiven Fähigkeiten entwickelt? Sind auch sie durch einen Prozess der natürlichen Auslese entstanden? Die Evolutionäre Erkenntnistheorie nimmt dies an. Sie stützt sich dabei auf die Evolutionstheorie, um auf dieser Grundlage die alte philosophische Frage zu beantworten, warum wir (und auch andere Lebewesen) dazu imstande sind, in einem gewissen Ausmaß die Wirklichkeit zu erkennen (Vollmer 1981, 1985).

Nachdem Darwin die Evolutionstheorie vor eineinhalb Jahrhunderten publiziert hatte, stieß sie bekanntlich auf heftige Kritik. Und trotz der allgemeinen Akzeptanz unter Biologen und der ungeheuren Bedeutung, die diese Theorie für die Biologie besitzt, ist die Kritik nie ganz verstummt. Es handelt sich hierbei nicht nur um die fachliche kritische Diskussion, die es über jede große Theorie gibt. Die Evolutionstheorie wurde weiterentwickelt, und manche von Darwins Annahmen wurden ergänzt oder korrigiert. Im Unterschied zu den meisten anderen naturwissenschaftlichen Theorien gibt es hier aber eine heftige, teils von Emotionen begleitete Ablehnung, die nicht so sehr den Details der Theorie selbst gilt, als vielmehr ihren (tatsächlichen oder vermeintlichen) Implikationen für das Welt- und Menschenbild. Oft ist die ablehnende Haltung verwurzelt in einem religiösen Glauben, nach dem es verfehlt ist, den Menschen in das Tierreich einzugliedern. Eine andere Gruppe von Kritikern argumentiert ohne Bezug zur Religion und wirft der Evolutionstheorie bzw. ihren Anwendern vor, den Erklärungsanspruch dieser Theorie auf Bereiche auszudehnen, für die sie nicht zuständig sei.

Gegner der Evolutionstheorie versuchen unter anderem, Tatsachen aufzuweisen, die mit der Evolutionstheorie nicht erklärbar sind bzw. die mit ihr in Widerspruch stehen. Aus einer kritisch-rationalen Sicht ist dies grundsätzlich zu begrüßen, denn danach dient es ja dem Erkenntnisfortschritt, wenn man auf Befunde aufmerksam macht, die einer Theorie widersprechen. Natürlich sollten derartige Befunde zuverlässig und aussagekräftig sein.

Für viele ist nun der Geist dasjenige, was den Menschen am eindeutigsten von allen anderen Lebewesen unterscheidet. Findet sich in diesem Zusammenhang etwas, das durch die Evolutionstheorie nicht erklärt werden kann oder ihr gar widerspricht? Es gibt in dieser Hinsicht eine ganze Menge von Einwänden bzw. kritischen Überlegungen, und es soll hier nicht versucht werden, sie alle zu sammeln und zu diskutieren. Im Folgenden möchte ich einige davon behandeln, die mir als die zentralen erscheinen. Sie beruhen teils auf dem Gedanken, dass eine menschliche Person grundsätzlich mehr ist als ein physischer Organismus und dass die Evolutionstheorie diesem seelischen oder geistigen Teil des Menschen nicht Rechnung tragen kann. Zu einem anderen Teil gehen die Einwände davon aus, dass der Mensch Fähigkeiten besitzt, die das bei weitem übersteigen, was durch zufällige Mutation und Selektion erklärt werden könnte. Ein weiteres Problem hängt schließlich damit zusammen, dass es am Bewusstsein einen Aspekt gibt, nämlich den Erlebnisaspekt, der aus evolutionstheoretischer Perspektive rätselhaft erscheint. Wir betrachten nun zunächst, wie aus dieser Perspektive das Thema Geist behandelt werden kann. Anschließend kommen wir auf die genannten Einwände zu sprechen.

5.2 Die kognitiven Fähigkeiten als Produkt der Evolution

Was sind die geistigen Grundfunktionen oder Grundfähigkeiten des Menschen? Zu diesen gehört zunächst die *Wahrnehmung* mit den verschiedenen Sinnen. Weiterhin haben wir die Fähigkeit, uns Sachverhalte *vorzustellen*. Allgemein gesprochen, wir können *mentale Repräsentationen* bilden (vgl. dazu Anderson 2001). Wichtig ist sodann die Fähigkeit, Information über die Welt und uns selbst zu speichern; wir haben ein *Gedächtnis*, genauer, mehrere davon, unter anderem ein episodisches, ein semantisches und ein prozedurales. Was gemeinhin als *Denken* bezeichnet wird, umfasst mehrere Arten kognitiver Prozesse, zu denen das logische Schließen sowie das Bilden und Überprüfen von Hypothesen gehört. Eine Besonderheit des bewussten Denkens ist, dass es im Unterschied zu den automatisch ablaufenden Mechanismen der Informationsverarbeitung auf verschiedenste Inhalte angewendet werden kann. Dadurch ermöglicht es uns, verschiedenartige, eventuell neue Probleme zu lösen, die sich im Zuge einer veränderten Umwelt einstellen. In Zusammenhang mit dem Denken ist auch die *Sprache* wichtig. Denn wie man aus Experimenten weiß, dient sie nicht allein der Kommunikation, sondern hat eine wichtige Funktion für das Gedächtnis und das Denken. Es gibt zwar nach heutigem Wissen auch mentale Repräsentation und Denken ohne Sprache, aber die Möglichkeit, Information sprachlich zu kodieren und Gedanken sprachlich zu fassen, steigert die Leistung von Gedächtnis und Schlussfolgern enorm.

Die Sprache bietet darüber hinaus die Möglichkeit, Information extern zu speichern und bei Bedarf ins Gedächtnis zu holen. Und sie ermöglicht es, Gedanken für andere darzustellen, so dass man sie gemeinsam betrachten und kritisch diskutieren kann. Dies hat in der kulturellen Evolution eine wichtige Rolle gespielt. Karl Bühler (1934) und später Popper (1973, S. 137 ff.) haben diese Funktionen der Sprache besonders betont: Zusätzlich zur *Ausdrucks-* und *Appell-Funktion* dient Sprache der *Darstellung*; Popper hat außerdem noch die *Argumentationsfunktion* hervorgehoben.

Selbstverständlich sind einige der genannten Funktionen, z.B. Wahrnehmung und Gedächtnis, nicht spezifisch für den Menschen, sondern finden sich in der Evolution lange vor der Entstehung der Primaten. Andererseits sind einige Funktionen, z.B. das Problemlösen, beim Menschen besonders leistungsfähig. Und dass die menschliche Sprache Besonderheiten aufweist, die sie von den Sprachen aller anderen Arten unterscheidet, wird allgemein anerkannt.

Die genannten Leistungen des Geistes sind ohne Zweifel nützlich für unser heutiges Leben. Und es scheint auch plausibel, dass sie für unsere Vorfahren in deren Umwelt von Vorteil gewesen sind. Vorhin wurde die Entwicklung eines guten dreidimensionalen Sehens bei unseren Vorfahren erwähnt, die Baumbewohner waren. Die genaue Einschätzung kurzer Entfernungen war für sie ebenso hilfreich wie die hohe Sehschärfe für Greifvögel, ein guter Geruchsinn für Wölfe, ein gutes Sehen in der Nacht für Katzen usw. Eine mentale Repräsentation der Umwelt ist nützlich, um sich in ihr effektiv zurechtzufinden. Und dass die Fähigkeit zum Problemlösen hilfreich ist, liegt auf der Hand. Das „probeweise Handeln mit kleinen Energiemengen“, wie Sigmund Freud das Denken einmal genannt hat, bietet die Möglichkeit, neue Lösungswege zu prüfen und zu wählen, ohne für die Prüfung immer gleich den Energieaufwand des körperlichen Handelns betreiben zu müssen und die potentiellen Gefahren dieses Handelns auf sich zu nehmen.

Es geht der Evolutionstheorie und auch der Evolutionären Erkenntnistheorie darum, den Anpassungsvorteil aufzuzeigen, den gewisse kognitive Funktionen ihren Trägern verschafften. So schreibt z.B. Lorenz (1977, S. 189 f.) über Lebewesen, die aufgrund einer ausgeprägten Neugiermotivation eine hohe Lernfähigkeit besitzen:

> „Lebewesen, die imstande sind, die Eigenschaften der verschiedenen Gegenstände ihrer Umwelt zu erlernen, sind begreiflicherweise in besonderem Maße anpassungsfähig. Dadurch, dass sie *jeden* unbekannten Gegenstand so behandeln, als wäre er biologisch relevant, finden sie tatsächlich alle Gegenstände heraus, die das wirklich sind. Aufgrund dieser Leistung ist z.B. der Kolkrabe imstande, sein Leben in verschiedenen Biotopen zu führen, als wäre er auf jedes von ihnen besonders spezialisiert.“

Ähnlich argumentiert Vollmer (1986, S. 70) in Bezug auf die Funktion der Wahrnehmung: „Unser Wahrnehmungssystem passt auf die Welt, weil eine solche Passung im Wechselspiel von Mutation und Selektion das Überleben ermöglichte oder erleichterte. Dieses Erklärungsschema wird nun in der Evolutionären Erkenntnistheorie auf die Erkenntnisfähigkeit des Menschen insgesamt erweitert.“ An anderer Stelle fügt Vollmer hinzu, um den Erklärungsanspruch der Evolutionstheorie deutlich zu machen (1986, S. 95): „Der Nachweis eines evolutiven Vorteils lässt nicht die Folgerung zu, dass es so kommen *musste*; er zeigt nur, warum eine solche Struktur oder Funktion – einmal entstanden – beibehalten und weiterentwickelt wurde.“

Nun ist nicht jede Verhaltensdisposition oder kognitive Funktion, die überlebensdienlich ist, notwendigerweise ein Produkt der Evolution. So haben z.B. Schimpansen die Fähigkeit, mit Hilfe von Stöcken Ameisen aus ihrem Bau zu angeln. Diese Fähigkeit wird jedoch erlernt und ist Teil der Kultur von Schimpansen-Populationen, hat also nicht den Charakter einer angeborenen Verhaltensdisposition. Die Annahme, dass die kognitiven Grundfähigkeiten des Menschen ein Produkt der Evolution sind, setzt voraus, dass es für sie bestimmte physische (hier vor allem neuronale) Strukturen gibt, die sich beim einzelnen Individuum aufgrund von Erbanlagen herausbilden, sei es bereits vor der Geburt, durch Reifung nach der Geburt oder auch in Wechselwirkung mit Anregungen durch die Umwelt. Für eine solche genetische Grundlage spricht nun, dass sich die genannten kognitiven Grundfähigkeiten unabhängig von der Kulturzugehörigkeit bei jedem Menschen finden. Zwar haben Menschen verschiedener Kulturen teils unterschiedliche Informationen und Annahmen über die Welt. Aber jeder Mensch besitzt z.B. die Grundfähigkeit, durch die Sinnesorgane Information aufzunehmen und im Langzeitgedächtnis zu speichern, es sei denn, die hierfür erforderlichen Gehirnstrukturen (hier unter anderem der Hippocampus) sind teilweise beschädigt. Es ist keine angeborene Fähigkeit, englisch oder chinesisch zu sprechen, aber jeder Mensch besitzt die Anlage, eine Sprache von einer Komplexität zu erlernen, wie es andere Arten von Lebewesen nicht können.

Für die evolutionäre Erklärung der geistigen Grundfähigkeiten des Menschen ist es wichtig, das physische Organ zu studieren, das nach heutigem Wissen die Grundlage für Geist und Bewusstsein ist, sowie seine Veränderung im Verlauf der Evolution. In diesem Zusammenhang sind die Erkenntnisse der Neurowissenschaften in Verbindung mit denen der Paläo-Anthropologie relevant. Die Neuropsychologie lehrt, dass die kognitive Tätigkeit auf Gehirnprozessen beruht. Empfindungen aller Sinne, Vorstellungen, begriffliches Denken, Sprachverstehen, Spracherzeugung und auch Willensakte, alle diese mentalen Vorgänge erfordern Gehirnprozesse und können nicht unabhängig von diesen verlaufen. Dies konnte durch unterschiedliche Methoden belegt werden, von den ersten Studien bei Gehirnoperationen bis hin zu den Erkenntnissen mit Hilfe des Elektroenzephalogramms und der modernen Verfahren der Computer-Tomographie. Es ist zwar nicht einfach, bestimmten mentalen Funktionen bestimmte Gehirnstrukturen zuzuordnen, weil oft mehrere Gehirnstrukturen zusammenarbeiten müssen, damit es z.B. zu visueller Wahrnehmung kommt. Aber es ist trotzdem ziemlich klar, dass das Gehirn die notwendige physische Voraussetzung kognitiver Tätigkeit ist.

Eine Evolution des Geistes setzt demnach eine Evolution des Gehirns voraus. Eine entsprechende Entwicklung gibt es in der Tat, wobei übrigens nicht nur eine Vergrößerung des Großhirns festzustellen ist, sondern auch eine des Kleinhirns, das für motorische Abläufe eine wichtige Rolle spielt. Stammesgeschichtlich setzt die Vergrößerung des Großhirns und Kleinhirns mit den Säugetieren ein (vgl. Roth 1994). Zur Illustration kann der Vergleich mit den Reptilien dienen. Bei ihnen findet man eine Gehirnstruktur, in der sich unser Hinterhirn, Mittelhirn und Zwischenhirn identifizieren lässt. Die Zellstrukturen, die später bei den Säugetieren dem limbischen System und dem Kortex (Gehirnrinde) des Großhirns entsprechen, sind beim Reptil nur rudimentär vorhanden. Ein Säugetier auf unterer Entwicklungsstufe, etwa eine Maus, hat bereits ein weiter entwickeltes limbisches System, aber einen wenig entwickelten Kortex. Mit zunehmender Entwicklungsstufe steigt im Durchschnitt das Verhältnis zwischen der Größe des Kortex (vor allem des präfrontalen Kortex) und der des übrigen Gehirns an. Der Mensch liegt im Trend dieser Entwicklung. (Es ist allerdings nicht so, dass man beim zwischenmenschlichen Vergleich von der Größe des Gehirns auf die kognitiven Fähigkeiten schließen könnte.)

Betrachtet man nun die Entwicklung vom Australopithecus bis zum Homo sapiens, die sich über einige Millionen Jahre erstreckt, so kann man sagen, dass die Größe und Form der gefundenen Schädel die folgende Annahme belegen: Die Größe des Gehirns nahm über lange Zeit nur sehr langsam zu. Aber ab einem gewissen Zeitpunkt gab es einen regelrechten Sprung, das Gehirn des Homo erectus wuchs im Zeitraum von etwa einer Million Jahren auf das Doppelte an. Schon lange vor dieser starken Gehirnentwicklung gab es den aufrechten Gang und den Werkzeuggebrauch. Aber in der Zeit, in der nach den Schädelfunden das große Gehirnwachstum stattfand, gab es eine intensive kulturelle Entwicklung. Es entstanden viel differenziertere Werkzeuge als zuvor, es kam zum planvollen Gebrauch des Feuers und, so wird zumindest vermutet, zu einer starken Entwicklung der Sprache und des Soziallebens.

Natürlich ist es sehr schwierig, Kausalannahmen über eine weit zurück liegende Vergangenheit zu machen, zumal die Sachverhalte, die hier in einen Kausalzusammenhang zu bringen sind, auf relativ wenigen Funden beruhen. Nichtsdestoweniger stützen die vorliegenden Befunde die Vermutung, dass sich das vergrößerte Gehirn entwickelt hat, weil es vorteilhaft dafür war, unter den geänderten Umweltbedingungen zurechtzukommen – wobei der Homo erectus übrigens in viel größerem

Ausmaß als andere Arten damit begann, seine Lebensbedingungen sukzessive selbst zu verändern, nämlich durch das Auswandern in neue Regionen, durch die Werkzeugkultur und die Entwicklung des Soziallebens.

Kann man also sagen, dass die Evolutionstheorie die (grundlegenden) kognitiven Fähigkeiten des Menschen zu erklären vermag? Man kann diese Frage bejahen, sollte dabei aber bedenken, dass es unterschiedliche Erklärungsansprüche gibt, die sich die von der Evolutionstheorie geleitete Forschung stellen kann. Es ist eine Sache, plausibel zu machen, dass kognitive Funktionen wie Wahrnehmen, Gedächtnis und Problemlösen evolutionär von Vorteil sind und deshalb genetische Grundlagen haben. Wenn man dies unter der evolutionstheoretischen Erklärung der entsprechenden Funktionen versteht, dann kommt man zu dem Ergebnis, dass die Erklärung gelingt.

Ein viel weitergehender Erklärungsanspruch wäre es, die Entwicklung der einzelnen kognitiven Funktionen seit ihrer Entstehung in der Abstammungsgeschichte im Detail nachzuzeichnen. Von diesem Ziel ist die Forschung noch weit entfernt (vgl. Huber 2000). Es ist leicht einzusehen, dass das dreidimensionale Sehen kausal relevant für die biologische Fitness der Baumbewohner ist oder die Lernfähigkeit des Raben für seine Fähigkeit, unterschiedliche Biotope zu besiedeln. Aber bei welcher Tierart ist es z.B. erstmals zu Denkprozessen gekommen, und wie hat sich diese Funktion dann von Art zu Art modifiziert, bis es schließlich zum Denken und Problemlösen des Homo sapiens kam? Eine solche Frage ist bereits für ein Sinnesorgan wie das Auge nicht leicht zu beantworten, wo man es immerhin mit einer gut identifizierbaren physischen Struktur zu tun hat. Noch viel schwieriger gestaltet sie sich für diejenigen geistigen Funktionen, bei denen man die physischen Grundlagen nur grob und unvollständig kennt.

5.3 Sind wir mehr als physische Organismen?

Eine bestimmte ablehnende Einstellung gegenüber der Evolutionstheorie entspringt der Überzeugung, dass der Mensch mehr ist als ein physischer Organismus. Über viele Jahrhunderte wurde durch die Religionen und die Philosophie die Auffassung tradiert, dass wir einerseits biologische oder Naturwesen seien, andererseits geistige Wesen, wobei dieser geistige Anteil oft als eine Teilhabe am Göttlichen interpretiert wurde. Aus dieser Sicht liegt es nahe, die Zuständigkeit der Evolutionstheorie auf den biologischen Teil des Menschen zu beschränken. Nun kann man eine gut bewährte wissenschaftliche Theorie allerdings nicht dadurch in Schwierigkeiten bringen, dass man auf von ihr abweichende Alltagsvorstellungen, Intuitionen oder Glaubenslehren verweist. Es fragt sich also, ob die hier gegebene ablehnende Intuition zu einem aussagekräftigen Argument gemacht werden kann. Hierzu muss sie zunächst präziser gefasst werden. Was genau bedeutet es, dass eine menschliche Person „mehr" ist als ihr physischer Organismus?

Eine Interpretation kann lauten, dass dieses Mehr in bestimmten *Eigenschaften* besteht, die sich bei den anderen Arten von Lebewesen nicht finden, sei es, dass sie dort überhaupt nicht vorkommen oder aber nicht in der Ausprägung und Kombination wie beim Menschen. Wenn man die These allerdings so interpretiert, dann können ihr die Evolutionstheoretiker problemlos zustimmen. Lorenz und Vollmer haben auf entsprechende Eigenschaften sogar ausdrücklich hingewiesen: In der unbelebten wie belebten Natur gibt es *emergente* Eigenschaften, d.h. Eigenschaften, die einem System als Ganzem zukommen, während die Teile des Systems sie nicht haben. Bereits Atome haben Eigenschaften, die ihre subatomaren Teilchen nicht haben. Die Fähigkeit, sich fortpflanzen zu können, ist eine emergente Eigenschaft der Lebewesen. Und dasselbe gilt für kognitive Fähigkeiten, wie z.B. in einem Gedächtnis Information speichern oder Schlüsse ziehen zu können. Selbstbewusstsein zu haben ist eine weitere emergente Eigenschaft. In diesem Sinne hat es im Verlauf der Evolution also ständig Neues gegeben. Grundsätzlich hat die Evolutionstheorie also gar kein Problem mit der Idee, dass der Mensch Besonderheiten aufweist. Aus evolutionstheoretischer Perspektive kann man die Zugehörigkeit des Menschen zu den Primaten konstatieren und zugleich seine besonderen oder besonders ausgeprägten geistigen Eigenschaften anerkennen, wie z.B. die menschliche Sprache und das durch sie ermöglichte Denken.

Manche werden aber mit dieser Antwort nicht zufrieden sein und vorbringen, dass der Mensch in einem Sinne mehr sei als ein physischer Organismus, der sich nicht auf besondere Eigenschaften beschränkt. Es gibt die Auffassung, dass der Geist oder die Seele eine selbstständige Entität ist, die ebenso real ist wie der physische Organismus und die eventuell sogar unabhängig von diesem weiterexistieren kann.

In der Philosophie ist diese Auffassung natürlich mit dem Namen Descartes (1637, 1641) verbunden. Nach seinem Körper-Geist-Dualismus besteht jeder Mensch aus einem physischen Organismus und einem nichtphysischen Geist. Körper und Geist stellen zwei verschiedene Arten von Substanz dar. Die Natur körperlicher Substanz ist es, im Raum ausgedehnt zu sein. Die Natur geistiger Substanz ist es, Bewusstsein zu haben. Körper und Geist stehen miteinander in Wechselwirkung. Nach Descartes hat weiterhin nur der Mensch einen solchen nichtphysischen Geist, und dadurch unterscheidet er sich von allen Tieren.

In der Fachphilosophie wird ein Substanz-Dualismus seit Beginn des letzten Jahrhunderts nur von sehr wenigen vertreten (z. B. Eccles 1994; Swinburne 1986). Wer allerdings verstehen will, warum viele Menschen mit einem naturwissenschaftlichen Weltbild Probleme haben, sollte beachten, dass sich ein dualistisches Menschenbild in allen Kulturen und Religionen bis heute findet. Es ist ein uralter Glaube, dass die Geister verstorbener Angehöriger irgendwo oder auf irgendeine Weise noch existieren. Und alle Religionen, die entweder ein Weiterleben nach dem physischen Tod oder eine Wiederverkörperung lehren, müssen dabei voraussetzen, dass es an einer Person etwas gibt, das vom Körper verschieden ist, das unabhängig von diesem weiterexistieren kann und das die eigentliche Identität der Person ausmacht. Ein so aufgefasster Geist hat ontologisch die Natur einer Substanz.

Wenn es wirklich so wäre, wie der Substanz-Dualismus behauptet, dann hätte die Evolutionstheorie damit ein Problem. Die Evolution macht kleine Schritte. Jede genetische Änderung und anschließende Selektion muss an den schon vorhandenen physischen Strukturen eines Organismus ansetzen, z.B. in Gestalt einer schrittweisen Vergrößerung des Gehirns. Die Mechanismen der Evolution könnten aber nicht plötzlich an der Stelle, an der sich Menschenaffen und Menschen getrennt weiterentwickelt haben, eine nichtphysische Substanz hervorgebracht haben, die noch dazu sofort mit sämtlichen geistigen Eigenschaften ausgestattet ist.

Doch handelt es sich beim Substanz-Dualismus, auch wenn er als philosophische Theorie vorgebracht wird, eher um einen Glauben, für den es keine starken Gründe gibt, ja der sogar schwierige Probleme aufwirft. Was spricht dafür, dass es zusätzlich zu den Bausteinen der Materie und den aus ihnen bestehenden physischen Objekten noch eine ganz andere, nichträumliche Substanz gibt? Wir können eine solche Substanz nicht wahrnehmen, so wie wir Steine und Bäume wahrnehmen können. Die Annahme einer geistigen Substanz leistet auch nichts, um gegebene Beobachtungen zu erklären. Überdies bereitet die Annahme einer Wechselwirkung Schwierigkeiten. Wie könnte ein Geist, der selbst keine physischen Eigenschaften hat und nicht im Raum ist, einen kausalen Einfluss auf den Körper haben? Descartes konnte diese Frage selbst nicht überzeugend beantworten. Auch in der heutigen Diskussion wird das Problem der Wechselwirkung als der Hauptgrund dafür genannt, den Substanz-Dualismus als eine wenig plausible Theorie einzustufen.

Wie oben ausgeführt wurde, vermag die Evolutionstheorie dennoch der Annahme Rechnung zu tragen, dass der Mensch besondere Eigenschaften besitzt, nämlich im Sinne emergenter Eigenschaften. Solche gibt es allerdings auf allen Stufen der Natur, von den einfachsten Systemen bis hin zu den komplexesten.

Nehmen wird nun an, die kognitiven Grundfähigkeiten des Menschen seien im oben erläuterten Sinne durch die Evolutionstheorie erklärbar. Wie verhält es sich aber mit besonderen geistigen Leistungen? Kann man auch sie durch die Annahme erklären, dass sie sich durch ihren Anpassungswert erhalten und verbreitet haben? Kann man auf diese Weise erklären, dass der Mensch die Mathematik entwickelt hat? Oder gar, dass es zur Entdeckung der allgemeinen Relativitätstheorie gekommen ist; oder dass in der klassischen Musik die Sonatenhauptsatzform entstanden ist? Welchen evolutionären Vorteil sollten solche geistige Leistungen gehabt haben, die doch für viele gerade das Besondere am menschlichen Geist darstellen?

Evolutionsbiologen gehen in dem Bestreben, möglichst viel mit ihrer Theorie zu erklären, zum Teil sehr weit und entwickeln Hypothesen, die ausgesprochen kühn erscheinen. Betrachten wir z.B. die Entstehung der Kunst. Warum haben irgendwann in den letzten 100.000 Jahren Menschen damit begonnen, Werkzeuge herzustellen, die nicht nur nützlich, sondern auch schön sind? Warum haben sie aus Muscheln Schmuckketten hergestellt, Tiere auf die Wände von Höhlen gemalt und die berühmte Himmelsscheibe von Nebra angefertigt? Dazu wurde die folgende Hypothese vorgebracht (vgl. Junker 2006, S. 203 ff.): Kunst wurde erzeugt, weil ihre Produkte die Funktion von sexuellen Signalen haben, analog dem langen, scheinbar hinderlichen Gefieder der Pfauen. Der Künstler oder Besitzer von Kunst signalisiert durch die künstlerische Tätigkeit bzw. ihr Ergebnis, dass er über eine ausgezeichnete genetische Ausstattung verfügen muss, wenn er es sich leisten kann, so viel „Unnötiges" zu tun, wie es Kunst scheinbar ist, bzw. sich mit diesem Luxus zu umgeben. Nur die genetisch Allerbesten können sich solchen Luxus leisten, und deshalb sind sie attraktiv für Sexualpartner.

Was ist von einer solchen Hypothese zu halten, die kaum streng überprüfbar sein dürfte? Wie oben schon erwähnt, ist es wichtig klarzustellen, was unter Zuhilfenahme der Evolutionstheorie genau erklärt werden soll und kann. Betrachten wir ein analoges Beispiel: Es ist plausibel, dass unsere kognitiven Grundfähigkeiten ein Produkt der Evolution sind. Aber kann die Evolutionstheorie erklären, dass die Allgemeine Relativitätstheorie erdacht wurde? Ohne die menschlichen Fähigkeiten, zu beobachten, Beobachtetes durch Sprache auszudrücken, es im Gedächtnis zu speichern und logische Beziehungen zwischen Annahmen herzustellen wäre es mit Sicherheit nicht zur Relativitätstheorie gekommen. Aber natürlich erklärt die Evolutionstheorie dennoch nicht, dass zu einem bestimmten Zeitpunkt Einstein diesen gedanklichen Schritt gemacht hat. Sie erklärt nur, was gewisse, sehr elementare notwendige Bedingungen dafür waren, dass er diesen Schritt machen konnte. Dieselben notwendigen Bedingungen liegen der wissenschaftlichen Leistung Newtons, allerdings auch schon der Erfindung von Pfeil und Bogen zugrunde. Wer aber die Details der Kultur verstehen will, muss sich ihrer Geschichte zuwenden und z.B. die genaue Problemsituation und den Wissensstand der Physik kurz vor Einsteins schöpferischer Tat studieren. Ebenso verhält es sich in Bezug auf die Kunst. Selbst wenn es stimmen sollte, dass eine sexuelle Signalfunktion daran mitgewirkt hat, dass der Mensch damit begann, Kunstgegenstände herzustellen, erklärt dies auf keine Weise, warum z.B. der Impressionismus oder die Zwölftonmusik entstanden sind. Wiederum gilt, dass man kulturelle Phänomene bzw. Leistungen am besten dadurch versteht, dass man ihre Vorgeschichte studiert.

Ich meine, dass eine gewisse Skepsis angebracht ist, wenn evolutionstheoretische Erklärungen nicht nur in Bezug auf die geistige „Grundausstattung" des Menschen versucht werden, sondern darüber hinaus in Bezug auf ziemlich spezielle Phänomene des Sozial- und Kulturlebens. Problematisch ist hierbei bereits die schwierige Prüfbarkeit entsprechender Hypothesen. Nun verhält es sich aber so, dass die Evolutionstheorie die Entwicklung der Kulturen bis hin zu speziellen Formen gar nicht erklären muss. Und wenn sie diese nicht erklären kann, dann steht dies mit ihr nicht in Widerspruch. Dass der Mensch die in der Evolution entstandenen Fähigkeiten z.B. dazu genutzt hat, Atomphysik zu betreiben und Sinfonien zu komponieren, ist durch die Evolutionstheorie wohl nicht erklärbar und muss durch sie nicht erklärt werden. Aber es widerspricht ihr auch nicht. Es ist mit dieser Theorie vereinbar, dass der Mensch seine durch natürliche Auslese entstandenen Fähigkeiten dazu verwendet, um Werke und Umweltbedingungen zu schaffen, die vom Naturzustand sehr weit entfernt sind.

Nun gibt es aber ein weiteres Phänomen, das aus evolutionärer Perspektive sehr merkwürdig erscheint. Es hängt mit dem menschlichen Bewusstsein zusammen, und zwar nicht mit den geistigen Fähigkeiten, wie wir sie gerade diskutiert haben, sondern mit der Tatsache der Bewusstheit selbst, mit der Subjektivität oder dem Erlebnisaspekt, der auch die einfachsten Empfindungen begleitet. Um dieses Problem zu erläutern, ist es notwendig, einen kurzen Blick auf die jüngste Geschichte der Philosophie des Geistes zu werfen.

5.4 Der Aufstieg der Identitätstheorie

In der Mitte des letzten Jahrhunderts waren fast alle Philosophen, die gegenüber den Naturwissenschaften aufgeschlossen waren, Anhänger der *Identitätstheorie* in Bezug auf Körper und Geist. Dasselbe gilt für Biologen, die sich mit dem Körper-Geist-Verhältnis befassten. Identität bedeutet in diesem Zusammenhang, dass jedes psychische oder geistige Ereignis jeweils mit einem bestimmten physischen Ereignis identisch ist (vgl. Kim 1998, Kap. 3). Danach ist z.B. eine Wärmeempfindung am rechten Zeigefinger identisch mit einer Erregung bestimmter Neuronen im linken sensorischen Kortex. Zustände der Freude oder Traurigkeit sind identisch mit der Aktivität in einigen Tausend Neuronen, von denen viele dem limbischen System angehören. Entsprechendes gilt für einen Gedanken, einen Entschluss usw. Da es aus dieser Sicht nur das jeweilige neuronale Ereignis gibt und das entsprechende psychische Ereignis nicht als ein zusätzliches, vom neuronalen verschiedenes existiert, ist die Identitätstheorie eine Form des *Materialismus*. Materialismus oder Physikalismus ist hierbei als die Auffassung zu verstehen, dass es in der Wirklichkeit nur physische Dinge und nur physische Eigenschaften gibt.

Als die Identitätstheorie entwickelt wurde, nahm man Bezug auf Identitätsaussagen aus anderen Wissenschaften, die mit wichtigen Entdeckungen in diesen Wissenschaften einhergingen. Es sind zwei Arten von Identitätsaussagen, die hierbei eine besondere Rolle spielen. Bei den einen werden zwei Kennzeichnungen vorgenommen, von denen die eine auf der Makroebene und die andere auf der Mikroebene erfolgt. Bei der zweiten ist die eine Kennzeichnung funktionaler Art, die andere physischer. Zu den Hauptbeispielen der ersten Art gehört die folgende Identitätsaussage: „Die Temperatur des Gases *ist* die mittlere kinetische Energie der

Gasmoleküle." Der Begriff der Temperatur dient hierbei der physikalischen Beschreibung auf der Makroebene, während der Begriff „Gasmoleküle" auf die Mikroebene Bezug nimmt. Auf ähnliche Weise, so besagt die Körper-Geist-Identitätstheorie, sprechen psychologische Aussagen über die Makroebene, also über Gedanken und Gefühle, und neurowissenschaftliche Aussagen über die Mikroprozesse, die den psychischen Vorgängen zugrunde liegen.

Die zweite wichtige Art von Identitätsaussagen benutzt auf der einen Seite eine Kennzeichnung anhand von *Funktionen* oder *kausalen Rollen*, auf der anderen Seite eine Beschreibung von physischen Strukturen, die diese Funktionen erfüllen. Hierzu wird meist das Gen als Beispiel herangezogen. Bevor man wusste, was den Genen molekular zugrunde liegt, hatte man angenommen, dass es im Organismus von Lebewesen etwas geben muss, das für die Vererbung eines Merkmals an die Nachkommen verantwortlich ist. Das Etwas, das diese kausale Rolle spielt, nannte man ein Gen, ohne zu wissen, was das Gen physisch ist. Erst später wurde die Rolle der DNA entdeckt: Die entsprechende Identitätsaussage lautet hier (vereinfacht ausgedrückt): „Das Gen *ist* ein Abschnitt eines DNA-Moleküls." Und das bedeutet in diesem Fall: Die DNA spielt die kausale Rolle, durch die man zuvor das Gen definiert hatte.

Auch psychologische Aussagen lassen sich im Sinne dieser zweiten Art von Identitätsaussagen deuten. Nehmen wir die Aussage: „Marianne hat Zahnschmerzen." Damit sagen wir über Marianne unter anderem, dass sie in einem Zustand *X* ist, der bestimmte, der Medizin bekannte Ursachen hat (Karies usw.), dass sie dazu neigen wird, zu überlegen, wie man *X* beenden könnte, dass sie auf eine Nachfrage hin *X* als unangenehm bezeichnen würde und vieles mehr. Und als Vertreter der Identitätstheorie könnten wir dann sagen, dass es ein ganz bestimmter Typ von Gehirnzustand ist, der eben diese kausale Rolle spielt oder diese Funktionen erfüllt, die man mit dem Begriff „Zahnschmerz" typischerweise verbindet.

Die Identitätstheorie wurde und wird von vielen bis heute als diejenige Lösung des Körper-Geist-Problems aufgefasst, die mit den Naturwissenschaften und vor allem mit der Evolutionstheorie am besten in Einklang steht, auf jeden Fall weit besser als der Substanz-Dualismus. Etwa zu Beginn der 1970er Jahre begann aber eine Bewegung gegen die Identitätstheorie und jede Art des Materialismus, die bis heute anhält und ihn beträchtlich in Schwierigkeiten bringt (vgl. Gadenne 2004, Kap. 5).

5.5 Das Problem der Subjektivität

Interessanterweise waren es nicht die größten geistigen Leistungen des Menschen, die den Materialismus in Schwierigkeiten brachten, sondern die einfachsten. Stellen wir uns eine Schmerzempfindung vor, die man z.B. hat, wenn man sich mit einer Nadel in den Zeigefinger sticht. Eine solche Empfindung hat eine bestimmte

Qualität des Erlebens. Sie fühlt sich anders an als ein Kopfschmerz, als die Empfindung von Wärme oder als der Geschmack einer Zitrone. Jedes dieser psychischen Ereignisse ist mit einer bestimmten *Erlebnisqualität* verbunden. Man hat solchen Erlebnisqualitäten den Namen *Qualia* gegeben. Die Gesamtheit der Qualia wird das *phänomenale Bewusstsein* genannt. *Subjektivität* ist ein weiteres Wort, mit dem man diesen „Innenaspekt" des Psychischen ausdrücken kann.

Mit den Qualia hängt nun das Hauptargument gegen den Materialismus zusammen. Gehen wir davon aus, dass die betreffende Schmerzempfindung nur aufkommen kann, wenn bestimmte Neuronen aktiv sind. Oft sind es viele Tausende von vernetzten Neuronen, an denen sich komplexe elektrochemische Prozesse abspielen. Zusammen kann man sie als die *physische Mikrobasis* der Schmerzempfindung bezeichnen. Ohne diese könnte die Schmerzempfindung nicht vorkommen. Diese Empfindung selbst, die durch bestimmte *Qualia* gekennzeichnet ist, ist nun aber eindeutig *nicht dasselbe* wie ihre physische Mikrobasis. Nirgendwo in der Beschreibung des elektrochemischen Geschehens ist davon die Rede, dass ein *Subjekt ein Erlebnis* hat. Wenn es nun aber in der Welt Subjektivität, also Zustände des Spürens psychischer Zustände durch Subjekte gibt, dann muss der Materialismus falsch sein.

Aber kann man die materialistische Identitätstheorie nicht durch den Hinweis verteidigen, dass dieselbe Sache auf zwei verschiedene Weisen beschrieben werden kann, z.B. auf eine *subjektive, psychologische* und auf eine *objektive, neurowissenschaftliche*? Wir haben doch auch gesehen, dass dieselbe Eigenschaft als Temperatur und als Molekularbewegung beschrieben werden kann und derselbe Gegenstand als Gen und als DNA-Molekül. Kann nicht in Analogie dazu der Schmerz ein komplexes neuronales Ereignis *sein*?

Die Antwort lautet, dass die Analogien, auf die sich der Materialismus hier stützt, irreführend sind. Es besteht nämlich ein entscheidender Unterschied zwischen den ersten beiden Beispielen und dem dritten (Levine 1983). Die Temperatur als physikalische Eigenschaft (nicht als Empfindung) ist etwas, das in physikalischen Gesetzen vorkommt, das wir aber nicht aus unmittelbarer Anschauung kennen. Man könnte sagen, die Temperatur eines Gegenstandes ist ein *X*, das in bestimmter Weise von anderen Größen abhängt und bestimmte Wirkungen hat: Z.B. nimmt die Temperatur eines Körpers zu, wenn dieser mit einem wärmeren Körper in Kontakt kommt. Eine ausreichend hohe Temperatur bringt ein Stück Eisen zum Glühen und Schmelzen. Wenn die Temperatur eines Gases in einem geschlossenen Behälter zunimmt, steigt der Druck auf die Innenwände des Behälters usw. Und nun gilt, dass die Molekularbewegung eben diese Auswirkungen hat. Man kann sie also für dieses *X* einsetzen. Und es ist nicht so, dass wir nun zwei Eigenschaften hätten, die Temperatur und die Molekularbewegung, vielmehr haben wir eine Eigenschaft, die einerseits auf der Makroebene als Temperatur beschrieben werden kann und andererseits auf der Mikroebene als Molekularbewegung.

Das Gen war zunächst ebenfalls als ein von seiner physischen Mikrostruktur her uns unbekanntes *X* mit bestimmten Wirkungen konzipiert worden. Und da sich zeigen ließ, dass das DNA-Molekül diese Wirkungen hat, kann man nun sagen: „Das Gen ist ein Abschnitt der DNA.“ Wenn wir nun bereit wären, den Schmerz ebenfalls als ein unserer Anschauung unbekanntes *X* aufzufassen, das uns nur durch seine auslösenden Bedingungen (z.B. Karies) und Auswirkungen (z.B. stöhnen, klagen, zum Zahnarzt gehen usw.) bekannt ist, dann könnten wir auch hier zu dem Ergebnis kommen: Der so anhand seiner Funktionen oder Kausalbeziehungen definierte Schmerz *ist* ein bestimmtes Muster von neuronalen Impulsen. Aber der Schmerz ist eben nicht nur ein *X* mit bestimmten Wirkungen. Er ist im Kern ein uns sehr gut bekanntes *Erlebnis* von einer bestimmten Qualität. Und von diesem Erlebnis kann man nun nicht behaupten, es wäre dasselbe wie bestimmte neuronale Prozesse.

Die Erfahrung der eigenen psychischen Zustände macht uns mit etwas bekannt, dessen Existenz sich nicht leugnen lässt und das ganz offensichtlich nicht auf physikalische Tatsachen reduziert werden kann. Die Welt besteht nicht nur aus physischen Gegenständen und Eigenschaften. Sie enthält auch die *Tatsache des Erlebens bzw. den Aspekt der Subjektivität*. Eine rein physikalische Beschreibung der Welt könnte nie eine vollständige Beschreibung werden. Sie würde immer etwas auslassen.

5.6 Das emergentistische Weltbild und die kausale Irrelevanz des Bewusstseins

Die skizzierte Sicht soll nun keineswegs eine Rückkehr zu einem Substanz-Dualismus nahe legen. Alle Einzeldinge in der Welt können vielmehr als materielle Dinge aufgefasst werden. Sie sind entweder Elementarteilchen oder sie sind aus solchen zusammengesetzt; es sind also physische Systeme unterschiedlicher Komplexität. Auch Lebewesen sind physische Systeme, zu deren Teilsystemen z.B. Zellen gehören. Wir gehen also von einem *Substanz-Monismus* aus: Es gibt nicht zwei Arten von Substanz, sondern nur *eine*, die physische.

Ein physischer Monismus ist aber damit vereinbar, dass es *viele Arten und Stufen von Eigenschaften* gibt. In der Geschichte des Universums kam es ständig zu *neuartigen* Systemen mit neuartigen Eigenschaften. Solche emergenten Eigenschaften wurden oben bereits erwähnt. Bewusstsein ist aus dieser Sicht auch ein emergentes Phänomen, das an ziemlich komplexen lebenden Systemen vorkommt. Und die Subjektivität des Psychischen, der Erlebnisaspekt ist ontologisch zu deuten als eine emergente Eigenschaft solcher komplexer Systeme mit Bewusstsein.

Soweit scheint das entworfene Bild vom Menschen und seinem Geist also durchaus zur Evolution zu passen. Aber es gibt ein schwieriges Problem: Man kann die Frage nicht beantworten, wozu der Erlebnisaspekt der psychischen Vorgänge gut ist. Unser Gehirn vollbringt eine Menge an Steuerungs- und Rechenleistungen, ohne dass dies von Bewusstsein begleitet ist, z.B. beim Gehen und Stehen, beim dreidimensionalen Sehen oder beim Richtungshören. Und gerade diese nicht bewussten, quasi-automatischen Prozesse funktionieren besonders schnell und zuverlässig. Wozu sind manche Gehirnprozesse also von der (emergenten) Eigenschaft des subjektiven Erlebens begleitet? Unser Verhalten beruht auf Muskelkontraktionen. Diese werden durch elektrochemische Prozesse verursacht, die von Motoneuronen ausgehen. Neuronen werden durch Impulse von anderen Neuronen zur Aktivität gebracht. Wo in diesem System könnte der Erlebnisaspekt eine kausale Rolle spielen? Er wird zu nichts benötigt. Und die Annahme, dass er etwas bewirkt, würde überdies die alten Probleme der Körper-Geist-Wechselwirkung wieder aufwerfen.

In diesem Punkt sehen sich die Philosophen in einem Dilemma. Die Probleme der Wechselwirkungstheorie will kaum jemand auf sich nehmen. Einige haben deshalb sogar damit begonnen, sich mit dem *Epiphänomenalismus* anzufreunden (vgl. Pauen et al. 2006). Danach ist der Erlebnisaspekt real, nicht auf physische Eigenschaften reduzierbar, doch spielt er keine kausale Rolle, sondern ist eine bloße Begleiterscheinung eines Teils der Gehirnvorgänge. Andere schlagen vor, beim Materialismus zu bleiben, sie sind aber mit den genannten Einwänden konfrontiert.

Wenn man nun den Weg des Epiphänomenalismus wählt, dann ergibt sich aus evolutionärer Sicht eine merkwürdige Konsequenz: Es hätte sich dann in der Evolution etwas entwickelt, das keine kausale Relevanz besitzt, nämlich das subjektive Erleben, und das daher auch keinen biologischen Vorteil bieten konnte. Warum ist dieser wirkungslose Aspekt im Verlauf der Evolution nicht wieder verloren gegangen? Warum sind wir keine erlebnislosen Zombies?

Obwohl nun die Annahme, dass das subjektive Erleben keine kausale Relevanz besitzt, aus der Perspektive der Evolutionstheorie seltsam erscheint, widerspricht sie ihr dennoch nicht. Es könnte sein, dass die Gehirnstrukturen und -prozesse, die sich als biologisch nützlich herausstellten, den Erlebnisaspekt als eine notwendige Begleiterscheinung haben. Möglicherweise gibt es unter den Bedingungen, unter denen sich das Leben entwickelte, überhaupt keine anderen Systeme, die so leistungsfähig wie die Gehirne der Säugetiere sind und die den Erlebnisaspekt nicht haben. Oder es gibt sie, aber die Evolution hat einen Weg beschritten, bei dem die zentralen Steuerungssysteme als emergente Eigenschaft den Erlebnisaspekt haben.

Es hat freilich für viele etwas Rätselhaftes, wie die Milliarden von Neuronen es schaffen, etwas von ihnen so vollkommen Verschiedenes wie Bewusstsein hervorzubringen. Aber vielleicht gibt es auf diese Frage keine andere Antwort als die, dass es eben ein Naturgesetz ist, dass Gehirnprozesse einer bestimmten Art den

Erlebnisaspekt als emergente Eigenschaft haben. Vielleicht gibt es keine weitere Antwort, die diesen Zusammenhang auf etwas noch Grundlegenderes zurückzuführen vermag. Wie es sich auch erhält, viele haben den Eindruck, dass wir an dem Körper-Geist-Zusammenhang etwas nicht verstehen. Im Zuge ihrer Beschäftigung mit dem Bewusstsein sind einige Philosophen deshalb zu der Auffassung gelangt, dass Bewusstsein etwas Unerklärliches an sich hat. Colin McGinn (2001) geht sogar so weit zu behaupten, dass wir dieses Phänomen niemals werden erklären können. Aber eine solche Unerklärbarkeitsbehauptung lässt sich nun wiederum nicht begründen, und erkenntnistheoretisch gesehen leistet sie auch nichts. Fruchtbarer dürfte es sein, die Probleme und derzeitigen Grenzen in Bezug auf die Erklärung des Bewusstseins anzuerkennen, zugleich aber auch offen zu sein für neue Ideen, die uns einer Erklärung näher bringen.

5.7 Literatur

Anderson, J. R. (2001), *Kognitive Psychologie* (3. Aufl.). Heidelberg: Spektrum.

Bühler, K. (1934/1982), *Sprachtheorie: Die Darstellungsfunktion der Sprache.* Stuttgart: Fischer (Originalausgabe 1934).

Descartes, R. (1637/1960), *Von der Methode.* Hamburg: Meiner (Originalausgabe 1637).

Descartes, R. (1641/1993), *Meditationen über die Grundlagen der Philosophie.* Hamburg: Meiner (Originalausgabe 1641).

Eccles, J. C. (1994), *Wie das Selbst sein Gehirn steuert.* München: Piper.

Gadenne, V. (2004), *Philosophie der Psychologie.* Bern: Huber.

Huber, L. (2000), Psychophylogenesis: Innovations and Limitations in the Evolution of Cognition. In: Heyes, C. und Huber, L. (Hrsg.), *The Evolution of Cognition,* Cambridge, MA: MIT Press, 23–42.

Junker, T. (2006), *Die Evolution des Menschen.* München: Beck.

Kim, J. (1998), *Philosophie des Geistes.* Wien: Springer.

Levine, J. (1983), Materialism and Qualia: The Explanatory Gap. *Pacific Philosophical Quarterly* 64, 354–361.

Lorenz, K. (1977), *Die Rückseite des Spiegels.* München: dtv.

McGinn, C. (2001), *Wie kommt der Geist in die Materie? Das Rätsel des Bewusstseins.* München: Beck.

Pauen, M., Staudacher, A. und Walter, S. (Hrsg.) (2006), Special Issue on Epiphenomenalism. *Journal of Consciousness Studies* 13 (1–2).

Popper, K. (1973), *Objektive Erkenntnis.* Hamburg: Hoffmann und Campe.

Roth, G. (1994), *Das Gehirn und seine Wirklichkeit.* Frankfurt am Main: Suhrkamp.

Swinburne, R. (1986), *The Evolution of the Soul.* Oxford: University Press.

Vollmer, G. (1981), *Evolutionäre Erkenntnistheorie.* 3. Aufl., Stuttgart: Hirzel.

Vollmer, G. (1985), *Was können wir wissen,* Band 1: *Die Natur der Erkenntnis.* Stuttgart: Hirzel.

Vollmer, G. (1986), *Was können wir wissen,* Bd. 2: *Die Erkenntnis der Natur.* Stuttgart: Hirzel.

Kapitel 6

Der Beitrag der Kognitionsbiologie zur Frage der Entstehung von Erkenntnis

Ludwig Huber

6.1 Einleitung

Trotz Aufklärung und szientistischer Wende dominiert die Meinung, dass der Mensch deutlich über allen anderen Lebewesen steht. Menschen haben Eigenschaften oder Fähigkeiten, die entweder diejenigen der Tiere weit überragen oder überhaupt einzigartig sind. Zwar hat die Biologie des 19. und 20. Jahrhunderts so erdrückende Evidenz angehäuft, dass der Mensch hinsichtlich der körperlichen Eigenschaften ein Vertreter einer von vielen Stammeslinien des Tierreiches – und damit nur *sub specie evolutionis* erklärbar ist. Aber dennoch beharren viele Philosophen und Geisteswissenschafter, ganz zu schweigen von Theologen und religiösen Menschen, dass der Mensch hinsichtlich seiner mentalen und moralischen Fähigkeiten weit von den Tieren abgehoben bzw. nicht evolutionär erklärbar ist. Nur Menschen haben Verstand und Bewusstsein, nur Menschen können argumentieren, denken und planen, nur Menschen sind voll für ihr Verhalten verantwortlich, da sie in ihren Entscheidungen frei sind und diese reflektieren und begründen können.

Auch Charles Darwin war anfänglich skeptisch, ob die natürliche Selektion das Entstehen von menschlicher Vernunft erklären könnte. Ganz im Sinne der damaligen vorherrschenden Meinung, die besonders eloquent und überzeugend vom Theologen William Paley vorgebracht wurde, bezweifelte Darwin, dass die natürliche Selektion langsam fortschreitend und in kleinen Schritten komplexe Organe wie etwa Augen hervorbringen konnte. Das Problem für ihn und viele Zeitgenossen war zu verstehen, wie solche komplexen Organe in der Evolution entstehen konnten, wenn ihre Funktion auf dem Zusammenspiel vieler einzelner aufeinander wohl abgestimmter Teile abhängt. Das Gehirn ist wohl das komplexeste Organ überhaupt, sodass selbst unter der (unter Philosophen umstrittenen) Annahme, es bringe alleine den „Geist“ hervor, eine tierische Herkunft verwegen scheint. So findet sich in Darwins frühen Notizbüchern eine bemerkenswerte Tagebucheintragung Darwins: „The soul by the consent of all is superadded. Animals not got it.”

Auch den zweiten „Erfinder“ der natürlichen Selektion, Alfred Russel Wallace, befielen starke Zweifel. So machte auch er das Wirken eines übernatürlichen, göttlichen Prinzips für die Entstehung der Seele verantwortlich. Schließlich aber erkannte Darwin die Gefährlichkeit der Annahme über- oder außernatürlicher

Entstehungsweisen für mentale Fähigkeiten des Menschen, sodass er in der *Origin of Species* (1859) nur in einer Andeutung, aber danach umso entschiedener für die evolutionäre Erklärung auch dieser menschlichen Attribute eintrat. An Wallace schrieb er: „I hope you have not murdered too completely your own and my child." Die Kontinuität der Entwicklung in allen Bereichen des Lebendigen wurde für Darwin zur zentralen These. Im Buch *The Descent of Man* (1871) argumentiert er deutlich gegen die Annahme, dass die Differenz zwischen Menschen und Tieren, so klein diese auch im Bereich der Morphologie und Physiologie sei, im Bereiche des Geistigen von fundamentaler Größe sei.

> "If no organic being excepting man had possessed any mental power, or if his powers had been of a wholly different nature from those of the lower animals, then we should never have been able to convince ourselves that our high faculties had been gradually developed. But it can be shown that there is no fundamental difference of this kind. We must also admit that there is a much wider interval in mental power between one of the lowest fishes, as a lamprey or lancelet, and one of the higher apes, than between an ape and a man; yet this interval is filled up by numberless gradations." (S. 445)

Obwohl die meisten Biologen heute keinen Zweifel mehr an der Annahme eines natürlichen, genealogischen Zusammenhangs aller Lebewesen und ihrer Eigenschaften lassen, ist die Frage der Entstehung von kognitiven Fähigkeiten inklusive Sprache und Bewusstsein keinesfalls selbstevident. Dagegen gibt es nicht nur ideologischen Widerstand, sondern auch enorme Probleme des empirischen Belegs. Die Frage, was das spezifisch Menschliche ausmacht, ist zweifellos berechtigt und benötigt große Anstrengungen auf mehreren wissenschaftlichen Gebieten. Sie erfordert aber vor allem auch Antworten auf die komplementäre Frage, was nicht spezifisch menschlich ist, was also auch bei anderen Lebewesen in etwa derselben Art – wenn auch nicht unbedingt in derselben Stärke und Ausprägung – vorkommt.

Bereits Darwin wusste um die besonderen Schwierigkeiten des Nachweises einer kontinuierlichen Entstehung und Veränderung kognitiver Mechanismen. Wie bei allen Verhaltensmerkmalen liegt ein Problem beim Fehlen von „Verhaltensfossilien". Dies ist besonders dann schwerwiegend, wenn es nicht nur um den Nachweis bestimmter kognitiver Fähigkeiten im Tierreich geht, die man an Hand der lebenden Vertreter der in Frage kommenden Tiergruppen studieren könnte, sondern wenn man eine genaue historische Rekonstruktion bestimmter Fähigkeiten in bestimmten evolutionären Linien (zum Beispiel in der Primatenevolution zum Menschen) zum Ziel hat. Eine weitere Schwierigkeit liegt in der Rekonstruktion der Umweltbedingungen, welche zu jener Zeit vorherrschten, als bestimmte kognitive Fähigkeiten entstanden sind bzw. sich unter deren selektiven Wirkungen verändert haben. Es genügt nämlich nicht, die Funktionsweise bzw. den adaptiven Wert für die Spezies an heute lebenden Vertretern zu bestimmen und dann in die Vergangenheit zu extrapolieren.

Alle diese schon Darwin bekannten Schwierigkeiten sind bis in die heutige Zeit erhalten geblieben. Trotz enormer Ansprüche und Verheißungen der Soziobiologie (Wilson 1980) und später der Evolutionären Psychologie (Barkov et al. 1992), ja selbst unter Einbezug modernster Methoden der benachbarten oder grundlegenden Wissenschaften, neigen manche Wissenschafter zu sehr pessimistischen Urteilen und Warnungen. Einer der einflussreichsten Vertreter der modernen Evolutionsbiologie, Richard Lewontin (1998, S. 108–109), fasst seinen Zweifel so zusammen:

> „Despite the existence of a vast and highly developed mathematical theory of evolutionary processes in general, despite the abundance of knowledge about living and fossil primates, despite the intimate knowledge we have of our own species' physiology, morphology, psychology, and social organization, we know essentially nothing about the evolution of our cognitive capabilities, and there is a strong possibility that we will know much about it."

Somit ergibt sich die Frage, ob die phylogenetische Betrachtung kognitiver Merkmale aus dem Fragenquartett von Niko Tinbergen (1963) überhaupt gestrichen werden sollte. Würde es nicht genügen, die Untersuchungen derselben auf ihre individual-ontogenetische, kausale und funktionale Komponente zu reduzieren? Oder gibt es noch andere aktuelle Ansätze, welche zum Verstehen der Evolution von Kognition beitragen könnten? In diesem Aufsatz möchte ich einen solchen Ansatz, der sich von der sog. Evolutionären Psychologie unterscheidet, skizzieren. Zunächst möchte ich seine historischen Wurzeln aufzeigen und danach Beispiele von Ergebnissen liefern, die den Erfolg desselben verdeutlichen soll.

6.2 Die Evolution von Erkenntnis

Wenn es um den Menschen und sein Selbstverständnis geht, kommt man schnell zu den alten philosophischen Fragen, wieso der Mensch die Welt erkennen kann, wie zutreffend diese Erkenntnis ist, wo die Grenzen unserer Erkenntnis sind, und schließlich was die Voraussetzungen des Erkennens sind. Das Grundproblem der Erkenntnistheorie ist die Erkennbarkeit der Welt. Nicht nur, ob und wie wir die Welt erkennen, muss untersucht werden, sondern vor allem, wieso wir sie erkennen *können*. Die übliche Antwort, weil Realkategorien und Erkenntniskategorien (wenigstens teilweise) übereinstimmen, ist zwar einleuchtend, aber nicht vollständig, weil wir für eben diese Übereinstimmung eine Begründung suchen (Vollmer 1990).

Zwar scheint die Annahme trivial zu sein, dass alle menschlichen Aktivitäten, sei es wissenschaftlicher, politischer, künstlerischer oder alltäglicher Natur, ihren Ursprung in Prozessen des menschlichen Gehirns haben. Sobald man jedoch versucht, die tiefere Bedeutung dieser Tatsache in allen Einzelheiten zu erfassen, sieht man sich dem vielleicht größten Rätsel des menschlichen Daseins gegenüber – der Spiegelung von Teilen unserer gesamten Außenwelt im bewussten Erlebnis der Innenwelt.

Fragen wir uns zunächst, was wir denn und warum wir *wahr*-nehmen. Die Verbindung von menschlicher Erkenntnisfähigkeit und Evolution hat nicht nur Darwin selbst antizipiert, sondern in ähnlicher Weise auch schon Herbert Spencer, Ernst Haeckel, Friederich Nietzsche und die beiden Wiener Physiker Ernst Mach und Ludwig Boltzmann. Als konsequenter Darwinist, der die Gesetzmäßigkeiten der natürlichen Selektion in der Entstehung und Abänderung von Verhaltensmerkmalen suchte, nahm auch Konrad Lorenz die Wahrnehmungs- und Erkenntnisstrukturen in den Blick. Dabei wurde er angeregt von Kants Erkenntnistheorie, mit denen er 1940 durch seine Berufung auf einen Lehrstuhl für Vergleichende Psychologie in Königsberg konfrontiert wurde. Lorenz (1941) deutet Kants „apriorische Strukturen“ – die Anschauungsformen (Raum, Zeit) und die (Denk-)Kategorien (z. B. Kausalität) – als bewährte Arbeitshypothesen unserer Art im Umgang mit der Wirklichkeit, quasi als Aposteriori der Evolution. Dabei hat er aber nicht an eine Alternativtheorie der philosophischen Erkenntnistheorie, die menschliches Erkennen voraussetzt, gedacht, sondern – wie später Rupert Riedl – an eine *Biologie der Erkenntnis* (1979), welche genau diese Voraussetzungen untersucht.

An sich war für den Biologen Lorenz diese Sichtweise nahe liegend. Als Morphologe und Ethologe wusste er, dass Organe und Verhalten eines jeden Lebewesens der Auseinandersetzung mit seiner Umwelt dienen. Insbesondere kann das Gehirn als ein Organ seiner Verarbeitung von Reizen und zur Steuerung physiologischer und psychologischer Vorgänge, vor allem zur Erkenntnisgewinnung angesehen werden. Seine Strukturen unterliegen dann – zumindest soweit sie genetisch (mit-) bedingt sind – der biologischen Evolution. Selektionsprozesse, darunter Mutation und Selektion, erzwingen eine Anpassung der Erkenntnisstrukturen an die realen Strukturen. Die dabei entstehende *partielle Isomorphie* erstreckt sich vor allem auf die grundlegenden und konstanten Umweltbedingungen, welche zum Überleben wichtig sind. Daraus ergeben sich aber auch Beschränkungen und sogar „Anpassungsmängel der Vernunft“ (Riedl 1995) wenn es durch kulturelle Evolution zu einer Entkopplung von der biologischen Evolution kommt.

Jene evolutionär tradierten Erkenntnisstrukturen, oder „angeborenen Lehrmeister“, wie sie Lorenz (1973) später nannte, die den sog. *ratiomorphen* Apparat zusammensetzen, betrachten wir also als adaptiv erworben; als einen Kenntnisgewinn des genetischen Lernens unseres Stammes. Riedl (1979) beschreibt sie als ein System von Hypothesen der Anleitung des Verhaltens (oder der Interpretation des Milieus), ganz in dem Sinne, wie Popper (1973) unsere Organe ganz allgemein mit Hypothesen vergleicht. Der menschliche Geist ist bei Geburt keine strukturlose *tabula rasa*. Und auch die Welt ist kein chaotisches Wirrwarr von Objekten und Ereignissen. So wie die Welt in ihren gegenwärtigen Strukturen ein Produkt der universellen Evolution ist, in denen es Gesetzmäßigkeiten und Ordnungen gibt, so ist auch unser Denken und Wahrnehmen von Anpassungs- und Selbstregulationsprozessen in enormen Zeitspannen bestimmt. Die Welt kann nicht Produkt unserer „Einbildungskraft“ sein, wir projizieren ihre Ordnung nicht erst durch unseren Denkapparat, sondern unser Erkenntnis- bzw. Denkapparat als Gesamtheit der Leistung der Sinnesorgane und des Gehirns ist die Konsequenz der Ordnung der realen Welt. Die Denkordnung muss also mit der Naturordnung korrespondieren (Riedl 1975). Gewisse Erkenntnisstrukturen sind angeboren und insofern *a priori* und erfahrungskonstitutiv; sie sind aber phylogenetisch erworben und somit letztlich *a posteriori*. Rationalismus und Empirismus bilden jedenfalls nicht den absoluten Gegensatz, als den sie oft dargestellt werden. In diesen Fragen geht die Evolutionäre Erkenntnistheorie über Kant hinaus und ermöglicht eine Revision der Transzendentalphilosophie. Vor allem aber rückt sie ins Zentrum der Frage nach dem Ursprung des Geistes die Evolution kognitiver Fähigkeiten bei unseren nicht-menschlichen Vorfahren.

Die Sichtweise der Evolutionären Erkenntnistheorie, wie sie von Lorenz und Riedl vertreten wurde, stellt eine starke Herausforderung für viele unbegründete antinaturalistische Ideen dar, die bis zum heutigen Tag in der Philosophie fortleben. Selbst zeitgenössische Wissenschaftstheoretiker anerkennen die starke Inspiration, die davon bis heute ausgeht (Callebaut 2003). Aber ebenso wird diagnostiziert, dass das reiche, vielschichtige Forschungsprogramm abgewandert ist und dort oft unter anderem Namen weiterlebt. Diejenigen, die mit ihrer Forschung zum Verständnis der Evolution kognitiver und kultureller Strukturen beitragen, nehmen kaum Bezug auf Lorenz, Riedl oder andere Vertreter der Evolutionären Erkenntnistheorie, wenn sie diese überhaupt kennen. Dies mag zutreffen und auch bedauert werden, aber andererseits eröffnen neuen Forschungsdisziplinen oder -techniken – wie Neurobiologie, Verhaltensgenetik, experimentelle und vergleichende Psychologie und Künstliche Intelligenz Möglichkeiten zur Realisierung des Programms, von denen Lorenz nicht einmal zu träumen wagte (Hendriks-Jansen 1997).

Am Grundgedanken der Evolutionären Erkenntnistheorie hat sich bis heute nichts geändert. Es wird die Wichtigkeit der natürlichen Selektion als Bündel verschiedener Mechanismen in der Evolution unterstrichen, und zwar in zwei Bereichen. Einerseits ist sie mitverantwortlich für die Erzeugung und Erhaltung der Zuverlässigkeit unserer Sinne und kognitiven Mechanismen, andererseits auch der „Passung“ zwischen ihnen und der Umwelt. Im zweiten Fall werden auch Lernmechanismen („Versuch und Irrtum“) und die Entstehung und Veränderung von wissenschaftlichen Theorien im Sinne von Selektionsprozessen gedeutet. Die beiden Bereiche werden heute thematisch und begrifflich getrennt (Bradie 1986), wobei es eine besondere Herausforderung darstellt, die beiden Bereiche konzeptuell zu verbinden. Die Relation von biologischer und kultureller Evolution gehört zu den Hauptaufgaben der modernen Kognitionstheorie (Jablonka et al. 2005).

Im Folgenden möchte ich einen Zweig der modernen Kognitionswissenschaften beschreiben, der für die zentrale Frage der Evolutionären Erkenntnistheorie, nämlich das Entstehen kognitiver Strukturen im Tierreich zentral ist und auch dem Lorenz' schen Entwurf am nächsten kommt, aber in der philosophischen Debatte hinter andere moderne biologische Disziplinen, wie Genetik und Neurobiologie, zurücktritt. Es handelt sich hierbei um eine Disziplin, die oft unter dem Namen „Kognitive Ethologie" (Ristau 1991) auftritt, wobei ich allerdings den Namen „Kognitionsbiologie" bevorzugen würde.

6.3 Wie kann man kognitive Phänomene im Tierreich untersuchen?

Das Studium kognitiver Phänomene im Tierreich ist zwar nicht neu, hat aber erst in den letzten beiden Jahrzehnten durch die Vereinigung von Vergleichender Psychologie und Ethologie eine einheitliche Ausrichtung bekommen. Dieser Vereinigung gingen einige bedeutende wissenschaftshistorische Prozesse voraus, die durchaus als Paradigmenwechsel bezeichnet werden können (Allen und Bekoff 1997; Plotkin 1997). Die vom Behaviorismus dominierte Lerntheorie, welche die totale Modifikation des Verhaltens durch Umwelteinflüsse proklamierte, näherte sich erst durch die Einsicht in die artspezifischen Bedingtheiten des Lernen („biological constraints on learning"; Seligman 1970) der kontinentaleuropäischen Ethologie an. Umgekehrt begannen immer mehr Ethologen, nach einem Abschwung der verhaltensökologischen und soziobiologischen Welle, sich der individuellen kognitiven Steuerung von Verhalten zuzuwenden. Einen sehr starken, vielleicht sogar entscheidenden Anstoß zur integrativen Erforschung tierischer Kognition gab die Veröffentlichung eines Buches von Donald Griffin, in welchem er ein altes Tabu beider Väterdisziplinen brach. Mit der Frage nach tierischem Bewusstsein (*The Question of Animal Awareness*, 1976) trat er für eine vorurteilslose Untersuchung von Phänomenen ein, die bis dahin nur der Humanpsychologie vorenthalten waren. Allesamt waren es sog. „mentale" Phänomene, wie Selbstbewusstsein, Planen, Urteilsvermögen, Intentionen und Perspektivenübernahme. Griffin und seine Anhänger betonten die alten ethologischen Tugenden der Beobachtung von natürlichem Verhalten im Freiland, den Vergleich vieler Arten und die Integration von Wahrnehmung, Motivation, Gedächtnis und Lernen. Allerdings verstanden sie die Anwendung von Kognitionsforschung auf Ethologie konzeptuell um vieles reicher als die klassischen ethologischen Konstrukte (wie angeborene Auslösemechanismen und arteigene Instinkthandlung). Allerdings trachteten sie, die vier Grundfragen der Ethologie nach Tinbergen so gut wie möglich zu integrieren, um die komplexen Phänomene der kognitiven Verhaltenssteuerung umfassend verstehen zu können.

Die Kognitionsforschung bei Tieren umfasst sehr viele verschiedenen Phänomene aus den Bereichen der Navigation, Futtersuche und -verstecken, Wahrnehmung,

Kommunikation, Lernen, Gedächtnis, Entscheidungsfindung, Täuschung, Kooperation und soziale Strategien. Die all diesen in ihrer Funktion beträchtlich divergierenden Phänomenen zugrundeliegende gemeinsame Annahme ist die zentrale Verarbeitung von reichhaltiger Information im Sinne einer kohärenten Repräsentation, die einerseits stabil genug gegen Störungen ist, aber andererseits flexibel genug für die Bewältigung neuartiger Situationen. Dazu ist ein gehöriges Maß an Lernen und Gedächtnis notwendig, ebenso wie Abstraktion und Generalisation, Erfassung von Regelhaftigkeit, Voraussicht, Imagination, Erzeugung neuer motorischer Programme usw. In manchen Fällen liegt heute sogar Evidenz für intentionales Handeln, Vorausplanung, Einsicht, Zeitreise und Selbstbewusstsein vor (gute Übersichten in Shettleworth 1998, Bekoff et al. 2002, Wasserman und Zentall 2006). Wichtig, aber nicht immer ganz eindeutig, ist dabei die Abgrenzung von nicht-kognitivem Verhalten, wie es bei reflexhaften Reaktionen, stereotypen Handlungen, fixierten Reiz-Reaktionsschemata und Reifungsprozessen der Fall ist.

Auf einige der in jüngster Zeit beschriebenen Fähigkeiten möchte ich in der Folge beispielhaft eingehen und dabei zu zeigen versuchen, welche trickreichen Experimente notwendig sind, um die untersuchten Tiere zu solchen „intelligenten" Verhaltensweisen anzustiften bzw. sie in Situationen zu bringen, in denen sie ihre wahren Leistungen unter Beweis stellen können. Wichtig ist dabei auch, die Aufgabe vorweg so klar festzulegen, dass der Lösungs- und damit Interpretationsspielraum auf wenige (im besten Fall nur zwei) Möglichkeiten eingeschränkt wird. Nur dadurch kann man die Gefahr der überschießenden, meist anthropozentrischen Bewertungen tierischen Denkens und Handelns minimieren. Ebenso wichtig ist auch die Kenntnis des natürlichen Verhaltens der untersuchten Tierart, welche erst die richtigen Frage- und Aufgabenstellungen ermöglicht.

6.4 Kategorisierung und Konzeptbildung

Zunächst wollen wir uns jenen Problemen zuwenden, die mit der Verarbeitung großer Mengen sensorischer Information und darauf aufbauender schneller Entscheidungsfindung einhergehen. Die Schlüsselkompetenz dazu nennt man Kategorisierung. Diese Fähigkeit erlaubt dem Organismus, ähnliche, aber nicht idente Objekte oder Ereignisse in der Umwelt zusammenzufassen, um darauf einheitlich zu reagieren. Dazu werden im Gehirn kategoriale Repräsentationen, einfacher gesagt Kategorien gebildet, welche hierarchisch gegliedert sind. Das grundlegende Prinzip dabei ist, einen Kompromiss zwischen Verallgemeinerungs- und Unterscheidungsfähigkeit zu finden. Manchmal ist es notwendig, individuelle Merkmale zur Identifikation eines Gegenstandes heranzuziehen, ein anderes Mal allerdings ist es funktioneller, von Details abzusehen und den Gegenstand einer Klasse zuzuordnen, welche bereits bekannt ist. Dazu werden dann jene Merkmale herangezogen, welche allen oder den meisten Vertretern der Klasse gemeinsam sind. Viele Tiere schaffen dies scheinbar mühelos, jedenfalls aber in einer Geschwindigkeit und Präzision, die mit Computern oder andern artifiziellen Systemen schwer erreichbar ist. Wie ist das möglich?

Tiere können Klassen in verschiedenen Arten und Weisen bilden (Huber 2010):

1. *sensorisch* auf der Grundlage von Ähnlichkeiten, die auf absoluten Merkmalswerten (Eigenschaften) der Klassenvertreter beruhen (z. B. alle blauen Blüten);
2. *assoziativ*, durch Speicherung der Beziehungen zwischen den Klassenvertretern und ihren Konsequenzen oder Folgeereignissen (z. B. belohnt);
3. *funktional* durch Speicherung der allgemeinen Funktionen der Klassenvertreter (z. B. fressbar);
4. *abstrakt* durch Speicherung der Beziehungen, welche Klassenvertreter mit anderen Gegenständen oder Ereignissen eingehen (z. B. größer als);
5. *analog* durch Speicherung von Beziehungen zwischen Beziehungen (z. B. gleich/ungleich) und schließlich
6. *symbolisch*, durch Beziehung (Referenz) zu anderen Klassen.

Es ist verlockend anzunehmen, dass die „niedrigeren" Lebewesen nur den ersten oder die ersten beiden Klassifizierungsmechanismen beherrschen, während die höheren Lebewesen auch den einen oder anderen schwierigen Mechanismus zur Klassenbildung schaffen. Nur wenige Tiere, wenn überhaupt, könnten mit Hilfe von Abstraktion, analogem Schließen und individuell erzeugten Symbolen Kategorisierungsaufgaben lösen, möglicherweise sogar nur sprachbegabte Tiere oder solche, denen zuvor von menschlichen Trainern eine gewisse Sprachfähigkeit antrainiert wurde. Diese an sich sehr plausible Annahme wurde in jüngster Zeit durch Versuche an Tauben kräftig relativiert. Im Zusammenhang mit ihrer Mobilität haben die meisten Vögel sehr gute visuelle Fähigkeiten entwickelt. Das führte dazu, dass sie enorme Informationsmengen in sehr kurzer Zeit bewältigen müssen. Die meist riesigen Augen sind mit Millionen von Rezeptoren ausgestattet. Dennoch muss der Vogel oft in Bruchteilen von Sekunden einen Beutegreifer erkennen und die Flucht einleiten. Das Gehirn einer Taube aber hat nur etwa 1/1000 der Größe des menschlichen Gehirns. Somit ist enorme Datenreduktion notwendig, wobei die relevanten Merkmale herausgefiltert und weiterverarbeitet werden müssen. Tatsächlich haben wir gefunden, dass Tauben dabei nicht nur auf einfache Ähnlichkeitsabschätzungen vertrauen, sondern auch assoziative und manchmal sogar polymorphe Merkmalsregeln ableiten können (Huber und Aust 2006). Auch zur Bildung von funktionalen oder abstrakten Konzepten sind diese Tiere fähig, wenn die einfacheren perzeptuellen Merkmale nicht mehr ausreichen. Bei Raben, Delphinen,

Seelöwen, manchen Tieraffen und bei Menschenaffen ist die Fähigkeit des analogen Schließens nachgewiesen worden. Schließlich zeigten sprachtrainierte Schimpansen (Savage-Rumbaugh 1986) und der berühmte Graupapagei Alex (Pepperberg 1999) die Fähigkeit zur symbolhaften Repräsentation mit künstlichen Zeichen, Lexigrammen oder Vokalisationen.

Nun sind die erwähnten Vögel und Säuger durchwegs großgehirnige Tiere, während die meisten der 2 Millionen Tierarten nur stecknadelgroße oder überhaupt keine Gehirne im Sinne einer zentralen Nervenkonzentration aufweisen. Experimente mit Bienen haben in den letzten Jahren gezeigt, welche Fehleinschätzungen selbst guten Biologen unterlaufen können, wenn sie sich zu sehr auf die absolute Größe des Gehirns als Indikator für kognitive Leistungen verlassen. Honigbienen haben ein Gehirn von einem Kubikmillimeter Größe und mit weniger als 1 Million Neuronen (das entspricht einem Zehntausendstel unseres Menschengehirns). Dennoch weisen diese wirbellosen Tiere eine enorme Palette von komplexen Steuerungsmöglichkeiten auf. Nicht nur sind sie bekannt für eine symbolhafte, wenn auch sehr eingeschränkt flexible Kommunikation (von Frisch), sondern sie können die reichhaltigen visuellen und olfaktorischen Sinneseindrücke zu komplexen Repräsentationen verarbeiten und im Gedächtnis speichern. Erst geeignete Experimente in Anlehnung an jene bei Tauben, Makaken und Schimpansen haben gezeigt, dass sie dabei nahezu die gesamte Bandbreite von Kategorisierungsprozessen verwenden können (Übersicht in Menzel und Giurfa 2006). Entgegen der lange Zeit gehegten Meinung, dass Bienen bei der Futtersuche und Blütenwahl mit rigiden, auf absoluten Merkmalen beruhenden Strategien vorgehen, sind sie in der Lage, relationale und abstrakte Merkmalskombinationen zu erfassen. Sie können nach dem Prinzip der Symmetrie und der Regel „gleich/ungleich" verallgemeinern und sogar über die Modalitätsgrenzen (visuell/olfaktorisch) hinweg Klassenbeziehungen herstellen. Momentan ist die Grenze der Abstraktionsfähigkeiten dieses Miniaturgehirns noch nicht zu ziehen.

6.5 Physikalisches Verständnis und technische Fähigkeiten

Zu den Grundpfeilern kognitiven Verhaltens gehört, Information je nach Problemstellung flexibel einsetzen zu können. Die Information sollte weiters zur Schaffung neuer Handlungsspielräume dienen. Eine besonders bekannte und interessante Fähigkeit in diesem Zusammenhang ist der Werkzeuggebrauch. Denn dabei scheinen hohe Grade von Objektverständnis, Auswahl geeigneter Mittel zum Erreichen von Zielen, Erfassung von kausalen Zusammenhängen und schließlich Fähigkeiten der Erweiterung des Körpers und der Motorik zusammen zu spielen. Seit den Pionierarbeiten von Wolfgang Köhler an Schimpansen auf Teneriffa wird die Frage experimentell erforscht, ob Tiere Einsicht, Vorausplanung, zielgerichtetes Handeln und unmittelbare Erfassung kausaler Zusammenhänge haben oder ob sie bloß erlernte

Fähigkeiten auf neue Situationen anwenden (Povinelli 2000). Das Zusammenstecken von Stöcken zur Verlängerung des Körpers und das Stapeln von Kisten könnten sowohl auf bestimmten relevanten Erfahrungen als auch auf mentaler Kombination beruhen. Was aber könnten Tiere von physikalischen oder kausalen Prinzipien überhaupt verstehen? Steine können schwer und hart sein und sich damit zum Aufschlagen weicherer Gegenstände eignen, Äste und Schnüre sind biegsam und länglich und könnten sich zum Angeln oder Heranziehen eignen. Eier, Muscheln und Nüsse brechen, wenn sie auf harten Boden fallen. Wenn Tiere solche Beziehungen selbst herstellen, spricht man von Werkzeuggebrauch. Aber der bloße Aufweis dieser Tätigkeiten bei wildlebenden Tieren beweist noch nicht, dass die Tiere das damit verbundene Verständnis haben. Nur das Experiment, bei dem das Tier mit neuen Beziehungen oder Aufgaben konfrontiert wird, kann helfen, die zugrunde liegenden kognitiven Fähigkeiten zu klären.

Wir haben den Kea, eine neuseeländische Papageienart, getestet, weil diese Vogelart keine Werkzeuge in der Natur verwendet, aber höchst manipulativ und explorativ Futter beschafft (Huber und Gajdon 2006). Um an Futter zu gelangen, das an einer 70 cm langen Schnur hängt, muss sich der Vogel hinunter beugen, die Schnur mit dem Schnabel erfassen, herauf ziehen, dann mit einem Fuß am Ast fixieren, sich wieder hinunter beugen und den Vorgang mehrmals wiederholen, bis das Futterstück selbst erreicht wird. Die Schwierigkeit dabei liegt an der zeitlichen Koordination von Schnabel- und Fußbewegungen, dem Verständnis des Festhaltens der Schnur mit dem Fuß, damit das bereits heraufgezogene Stück nicht wieder hinunterfällt und schließlich einem Verständnis für „Verbindung" von Futter, Schnur und Ast. In einem Alter, bei dem das Verständnis für Objektpermanenz vorliegt, lösen Keas diese Aufgabe ohne zu Zögern und großem Geschick, auch wenn sie davor noch nie eine ähnliche Aufgabe (zum Beispiel mit dünnen Ästen) gelöst haben (Werdenich und Huber 2006). Kontrollversuche haben auch bewiesen, dass hier instinkthafte Handlungen nur eine untergeordnete Rolle spielen. Keas scheinen räumliche und funktionale Zusammenhänge schnell zu erfassen, zum Beispiel wenn mehrere Schnüre in verschiedenen räumlichen Anordnungen angeboten werden. Auch zeigen sie ein großes Maß an Flexibilität der Problemlösung, da sie mehrere Lösungsarten für dieselbe Aufgabe anwenden (die Schnur um den Ast wickeln, die Schnur lose durch den Schnabel ziehen und dabei zur Seite gehen usw.).

Vor kurzem konnte gezeigt werden, dass Schimpansen in einer Auffangstation in Uganda unglaublich einsichtsvolles Verhalten an den Tag legen. Um eine Erdnuss zu erlangen, welche in einer Röhre liegt, die zu schmal für die Hände ist, holen sie von einer Wasserleitung eine Mund voll Wasser und spucken sie in die Röhre. Dies tun sie so oft, bis die Erdnuss, welche am Wasser schwimmt, am oberen Rand der Röhre angelangt ist (Mendes et al. 2007). Auch Experimente zur Planung für den nächsten Tag (Mulcahy und Call 2006) und zur Verwendung von kombinatorischem Werkzeuggebrauch (Carvalho et al. 2008) haben bestätigt, dass die Verwendung von Stöcken zum Termiten fischen (Goodall 1986) und von Steinen zum Nüsse knacken (Boesch und Boesch 1990) auf besonders hochwertigen sensomotorischen Fähigkeiten beruht. Nun konnten ähnliche Grade der Verhaltenssteuerung auch bei verschiedenen Rabenvögeln gefunden werden (Weir et al. 2002), ob sie nun wie Neukaledonische Krähen auch in der Natur Werkzeuge verwenden (Hunt 1996) oder wie die Saatkrähe nicht (Bird und Emery 2009). Allerdings ist das Fehlen von Evidenz bis dato noch kein sicherer Beweis für eine tatsächliche Absenz, wie man jüngst an Kapuzineraffen sehen konnte. Auch diese Tierarten verwenden Steine zum Nüsse knacken, noch dazu ähnlich verständnisvoll wie Schimpansen (Visalberghi et al. 2009). Im Laborversuch haben sie gezeigt, dass sie ein Verständnis für das Gewicht als wesentliches Merkmal für die Funktion des Steinhammers erwerben können (Schrauf et al. 2008).

6.6 Die Evolution von Sprache

Obwohl die Sprache seit jeher und nicht erst durch die Sprachexperimente an Schimpansen zu den wesentlichen Differenzkriterien zwischen Tier und Mensch gezählt wurde, ist es nicht die Lautäußerung für sich genommen, sondern der Inhalt des Gesprochenen, also ihre Bedeutung, welches den möglicherweise essentiellen Unterschied darstellt. Selbst Herder betont in seiner *Abhandlung über den Ursprung der Sprache* (1770), dass gerade die innerliche Vernunft des Menschen die Sprache möglich macht, sodass selbst ein Wesen ohne äußerliche Lautgebung ein innerlich sprechender Mensch wäre, wenn er ein reflexives, denkendes und intendierendes Bewusstsein hätte. Konsequenterweise wurden die „sprechenden Schimpansen“ Washoe, Lana, Kanzi usw. nicht primär deshalb als zur menschlichen Sprache nicht fähig beurteilt, weil ihnen die anatomisch-physiologischen Voraussetzungen der artikulierten menschlichen Lautsprache fehlten, sondern weil sie nicht in der Lage seien, symbolische Wortbedeutungen zu begreifen. Die produzierten Wortkombinationen seien nach Ansicht der Kritiker nur spielerisch kombiniert oder nur durch hartes Training konditioniert worden. Der Sinn dahinter, die Bedeutung von Worten, Phrasen, Sätzen oder Argumenten werde weder erkannt noch selbst erzeugt. Selbst wenn man zugesteht, dass Sprache nicht nur bloß Ausfluss der Vernunft ist, sondern diese selbst moduliert und modifiziert, bleibt das kritische Differenzmerkmal zwischen Tier und Mensch das bewusste, reflexive Denken.

Für die Frage der Sprachevolution empfiehlt es sich, eine allgemeine und spezielle Sprachfähigkeit zu unterscheiden (Hauser et al. 2002). Zur allgemeinen tragen spezielle sensorisch-motorische Fähigkeiten der Lautäußerung (phonologisches System bestehend aus Kehlkopf, Zunge, Mund- und Rachenhöhle usw.) und ein konzeptuell-intentionales Kategorisierungssystem bei, während Syntax und Grammatik als das kritische Merkmal der menschlichen Sprache angesehen werden.

Die Grammatik oder Syntax der menschlichen Sprache ist gewiss einzigartig. Wie eine Zwiebel oder eine Russische Puppe ist sie rekursiv. Ein Element einer Einheit ist eingebettet in ein anderes Element derselben Einheit. *Rekursivität* macht es möglich, dass ein Wort von einem anderen Wort im Satz weit getrennt ist, aber dennoch voneinander abhängig ist. Die „Wenn-dann"-Paarung ist ein gutes Beispiel dafür. Wenn rekursive Kombinatorik nur im Zusammenhang mit der menschlichen Lautkommunikation entstanden wäre, dann wäre zumindest ein Indiz für die Einzigartigkeit der menschlichen Sprache gefunden. Nach Premack (2004) ist Rekursivität eines von insgesamt sechs Symbolsystemen, auf die der Mensch zurückgreifen kann. Zwei davon sind evolutionär entstanden – der genetische Code und die Lautsprache –, aber vier sind seiner Meinung nach vom Menschen erfunden worden: die geschriebene Sprache, das arabische Zahlensystem, die Musik-Notation, und die Laban-Notation (ein System zur Analyse und Aufzeichnung menschlicher Bewegung, benannt nach seinem Erfinder Rudolph von Laban, 1879–1958).

Die kombinatorischen Mechanismen der *Rekursivität* ermöglichen die Erzeugung von unbegrenzten Ausdrücken trotz begrenzter Zahl von Elementen, was bereits von Denkern wie Galilei, Descartes und Humboldt erkannt wurde. Sind Tiere dazu fähig? Tamarine, kleine südamerikanische Krallenaffen, können zwar nichtrekursive Grammatik erlernen, scheitern aber bei der rekursiven Form (Fitch und Hauser 2004). Menschen erlernen beide Arten, auch außerhalb der Wortsprache. Das Fehlen von Rekursivität bei Tamarinen mag zwar erklären, warum diese Tiere keine rekursive Sprache entwickelt haben, aber warum haben sie auch keine nichtrekursive Sprache erlernt? Rekursivität allein kann also noch nicht vollständig die Einzigartigkeit der Menschensprache erklären.

Wie schnell sich allerdings kognitive Zuschreibungen bei Tieren ändern können, zeigt ein jüngeres Beispiel. So wurde tatsächlich an Staren die Fähigkeit der Unterscheidung rekursiver, in sich selbst eingebetteter, kontextunabhängiger Sequenzen von Lautmustern gefunden (Gentner et al. 2006). Unklar bleibt allerdings auch nach dieser Studie, ob auch die Fähigkeit der *Erzeugung* von rekursiven Gesangssequenzen möglich ist. In jedem Fall wird aber deutlich, dass selbst diese für manche Wissenschafter letzte Unterscheidungsmöglichkeit menschlicher Sprache bereits ins Wanken geraten könnte. Es könnte tatsächlich sein, dass es kein einziges Merkmal menschlicher Sprache gibt, das es nicht qualitativ gleichwertig, wenn auch in quantitativ bescheidenerer Form, in anderen (tierischen) Kommunikations- oder Kognitionssystemen gibt.

So mehren sich heute die Indizien für die Annahme, dass die Fähigkeit zur generativen Grammatik und zur rekursiven kontextunabhängigen Syntax gar nicht im Zusammenhang mit der Kommunikation entstanden ist, sondern zur Lösung anderer kombinatorischer Aufgaben im Kontext der Navigation, der numerischen Abschätzung und der Perspektivenübernahme. Würde dies zutreffen, bliebe zu klären, wieso es dann scheinbar nur dem Menschen möglich ist, es für Kommunikation zu verwenden und dabei eine potentiell unbegrenzte Menge von Bedeutungen zu erzeugen. Manches spricht dafür, dass die Vorläufersysteme im Tierreich stark aufgabenspezifisch und kontextgebunden sind, während sie beim Menschen durchlässig, aufgabenneutral und kontextunabhängig geworden sind. Ob dies als Nebeneffekt erheblicher neuronaler Umorganisationen im Gehirn oder als Folge bestimmter Selektionsdrücke geschehen ist, ist noch ungeklärt. Zumindest sind aber Wege zur Erforschung der Evolution der Menschensprache und ihrer kognitiven Primär- und Sekundärkomponenten aufgezeigt.

Premack (2004) stellt folgende Faktoren zur Diskussion. Es sind allesamt Fähigkeiten, die beim Menschen offensichtlich sind und deren Beziehung zur Sprache seit langem diskutiert wird: die Fähigkeit zu willentlicher Kontrolle des sensomotorischen Systems, zu reflexiver Imitation, zum absichtsvollen Lehren, zur Verwendung der Perspektivenübernahme und zu rekursiver und nicht-rekursiver Grammatik. Dabei sind die genannten Leistungen einzeln nicht ausreichend, sondern ergeben nur gemeinsam die komplexe Fähigkeit der Menschensprache. Die Hauptschwierigkeit liegt allerdings im Verstehen eines sich langsam entwickelnden kognitiven Systems, bei dem viele Komponenten dynamisch zusammenwirken und sich selbst alle auch langsam entwickelt haben, also auch jeweils Vorformen hatten. Außerdem nehmen diese kognitiven Komponenten der Sprache nicht nur bei der Entwicklung und Ausprägung der Sprache teil, sondern sind auch konstitutiv für andere geistige Fähigkeiten. Und ganz besonders große Schwierigkeiten macht die Tatsache, dass wahrscheinlich die meisten oben beschriebenen Fähigkeiten einen Funktionswechsel durchgemacht haben, also ursprünglich im Dienste ganz anderer Leistungen standen. Erst die „Indienstnahme" für die gegenseitige Verständigung und später für den Aufbau von Kultur und Wissenschaft haben alle diese Fähigkeiten selbst wieder verändert. Doch trotz all dieser gewaltigen Probleme, denen Linguisten, Psychologen, Neurobiologen, Anthropologen und Soziologen gegenüber stehen, scheint mir die Sprache ein vergleichsweise noch viel einfacher zu lösendes Problem als das Bewusstsein zu sein. Im Gegensatz zur Sprachevolution gibt es nicht wenige Wissenschaftler aus den genannten Disziplinen, die ernste Zweifel hegen, ob wir diese menschliche Fähigkeit wirklich jemals ganz verstehen werden.

6.7 Elemente von Bewusstsein

Obwohl es auf den ersten Blick den Anschein haben mag, dass mit der Frage, wie Bewusstsein entstanden ist und welche nicht-menschlichen Lebewesen ein solches auch besitzen könnten, das ganze Problem noch schwieriger zu lösen ist, bin ich der festen Überzeugung, dass nur die Lösung dieser Frage uns einer wirklichen Lösung näher bringen wird. Evolutionäre Kontinuität sollte dabei nicht als Totschlagargument für die Einschätzung oder sogar Würdigung der menschlichen Fähigkeiten dienen, sondern eben genau dazu beitragen, aus dem Vergleich mit anderen Arten das spezifisch Humane herauszuschälen. Denn die Einzigartigkeit ergibt sich logischer Weise nur aus der Relation zur Fremdartigkeit.

Man würde es sich aber auch zu leicht machen, wenn man schlicht davon ausgeht, dass es ein einfaches evolutionäres Argument für tierisches Bewusstsein gibt, sobald wir eine evolutionäre Funktion von Bewusstsein einräumen: Es hat sich entwickelt und wurde beibehalten, weil es eine allgemeine, also auch anderen Lebewesen zukommende Funktion besitzt. Doch selbst wenn wir unterschiedliche Bewusstseinsformen bei Tieren finden würden, wäre nicht zwingend zu folgern, dass diese Formen Vorstufen des menschlichen Bewusstseins sind. Es könnte, was an sich in der Evolution nicht unüblich ist, mehrmals unabhängig entstanden sein. Auch Augen, Flügeln, Flossen, Herzen und Lungen, um nur ein paar bekannte Fälle zu nennen, sind mehrmals unabhängig, man sagt auch konvergent, entstanden.

Die Evolution von Bewusstsein stellt die Wissenschaft ganz besonders deshalb vor enorm große Schwierigkeiten, weil sie sich nicht unmittelbar aus dem Verhalten ihres Trägers ableiten lässt. Jeder von uns hat Grund zu beobachten und zu bestaunen, dass in jedem Augenblick unseres wachen Lebens etwas ist, das sich wie unser Selbst offenbart. Wir sind das Ziel von Gefühlen und Empfindungen. Und wir teilen uns diese Gefühle und Empfindungen oft auch wortreich mit. Aber das gesprochene Wort kann auch Täuschungen und Lügen enthalten, sodass der wahre Kern dem Empfänger meist verborgen bleibt.

Genau genommen sind es zwei Fähigkeiten, deren wir uns bedienen, um Bewusstsein außerhalb unseres eigenen Ichs zu entdecken und zu bewerten. Zum einen ist es die Sprache, welche sehr komplexe Zustände und Tatsachen vermitteln kann. So konnte etwa Sigmund Freud aus den Schilderungen seiner Patientinnen und Patienten subtilste Facetten der menschlichen Psyche rekonstruieren. Die Worte blieben aber ohne eine zweite Fähigkeit schwer zu bewerten. Man nannte diese Fähigkeit etwas pathetisch *Theorie des Geistes* (Premack und Woodruff 1978). Gemeint ist damit allerdings nicht eine erkenntnistheoretische Hypothese, sondern vielmehr die Fähigkeit, sich in die mentalen Zustände des Gegenübers versetzen zu können, zu verstehen, was es weiß, denkt, plant, intendiert und fühlt. Doch natürlich ist auch diese Methode indirekt. Sie mag zwar für den täglichen Umgang mit dem Mitmenschen genügen, ist aber erkenntnistheoretisch unbefriedigend. Wir stoßen dabei an das sog. *harte Problem* des Bewusstseins (Chalmers 1996).

Die nur dem Subjekt zugängliche Erfahrung beim Hören eines Musikstücks (die momentane Klangerfahrung) oder beim Kosten eines Schluckes Wein wird in der Philosophie gemeinhin als *Quale* (Plural: Qualia) oder auch als *Perspektive der Ersten Person* bezeichnet. Die dahinter liegenden sog. Primär-Erfahrungen sind irreduzibel. Sie existieren nur durch ihren Inhalt, das heißt, sie können nie vollständig formalisiert werden. Es ist unmöglich, sie durch eine Charakterisierung sämtlicher Hirnprozesse während einer solchen Primärerfahrung für einen Beobachter zugänglich zu machen (Nagel 1974).

Diese so definierten primären Selbsterfahrungen können schwer wissenschaftlich untersucht werden. Man braucht daher sogenannte *operationalisierbare* Konzepte. Konkret gesagt sollte man davon ausgehen können, dass Lebewesen, die phänomenales Ich-Bewusstsein besitzen, bestimmte Aufgaben lösen, die Lebewesen ohne dieses Bewusstsein nicht bewältigen können. Diese Ingredienzien von Bewusstsein wären nach Kircher und Leube (2005): (a) die Ich-Aktivität und das Reafferenzprinzip, (b) die Perspektive des Anderen einnehmen, (c) Imitation und Spiegelneurone, (d) Erkennen des eigenen Gesichtes und (e) autobiografisches Gedächtnis.

Während das Reafferenzprinzip bereits vor über fünfzig Jahren von deutschen Verhaltensphysiologen postuliert (Holst und Mittelstaedt 1950), später bei Fischen oder Grillen nachgewiesen werden konnte und heute sogar auf neuronaler Ebene gut beschrieben ist, sind Nachweise für die anderen vier Fähigkeiten noch sehr jung und keineswegs unumstritten. Den Stein ins Rollen gebracht haben die berühmten Spiegelversuche an Schimpansen (Gallup 1970). Heute gibt es Nachweise des Erkennens des eigenen Gesichts oder auch anderer Körperteile im Spiegel selbst bei Elefanten (Plotnik et al. 2006) und jüngst auch bei Elstern (Prior et al. 2008). Eng damit in Zusammenhang stehen die Experimente zur Fähigkeit, sich in die Gedanken des Gegenübers zu versetzen, also wie schon gesagt eine *Theorie des Geistes* haben. Ein Kernstück dieser Fähigkeit ist der Zusammenhang von Sehen und Wissen. Dem natürlichen Verhalten der Tiere angepasste Experimente haben eindrucksvoll bewiesen, dass Tiere sich in ihr Gegenüber versetzen können und dieses Wissen nutzbringend für ihr eigenes Tun verwenden können. Solche *Machiavellischen* Fähigkeiten (Byrne und Whiten 1988) sind zunächst bei Schimpansen gefunden worden, mittlerweile aber sogar bei Raben. Rabenvögel erweisen sich bezüglich ihrer kognitiven Fähigkeiten im sozialen Kontext als besonders interessant. Das Verhalten des Futterversteckens und gegenseitigen Futterplünderns hat zu einer Art kognitiven Rüstungswettlauf des Sehens und Gesehen Werdens geführt. Zu wissen, wer wann was gesehen haben könnte, erhöht die Chancen enorm, sein eigenes Futterversteck später unversehrt wieder zu finden. Mein Kollege Thomas Bugnyar hat zusammen mit Bernd Heinrich mit ausgeklügelten Experimenten die Fähigkeiten der Einnahme der Perspektive anderer gut belegen können (Heinrich und Bugnyar 2007). Nicht minder eindrucksvoll sind die Beweise für autobiografisches Gedächtnis bei Hähern. Diese Vögel wissen, wann sie wo welches Futter versteckt haben (Clayton und Dickinson 1998) und planen sogar in die Zukunft (Raby et al. 2007). Somit sind alle fünf oben beschriebenen Ingredienzien für Bewusstsein bei Tieren gefunden worden und die Forscher der Rekonstruktion der Entstehungsbedingungen von Bewusstsein ein beträchtliches Stück näher gekommen.

Die eigene Forschung hat sich auf die Frage der Evolution von Imitation und die möglichen neuronalen Mechanismen dafür konzentriert (Huber et al. 2009). Zunächst konnten wir zeigen, dass Krallenäffchen genau diejenige Aktion zum Öffnen einer Futterbox verwenden, welche zuvor ein erfahrenes (weil vortrainiertes) Gruppenmitglied vorgezeigt hat. Später untermauerten wir diese Evidenz für Imitation mit dem Nachweis der Verwendung desselben Körperteils (Hand oder Mund) zum Öffnen des Deckels einer Futterbox, wobei der Effekt der Aktion identisch war (Voelkl und Huber 2000). Und schließlich konnten wir noch zeigen, dass die Beobachter die vorgezeigte Bewegung bis in kleinste Details kopiert hatten, während Kontrolltiere, die kein Modell zu Gesicht bekamen, zwar den Deckel öffnen konnten, dazu aber andere Bewegungsmuster zeigten (Voelkl und Huber 2007). Dieser eindeutige Nachweis der Imitation hat die lange vorherrschende Meinung widerlegt, dass diese höchste Form des sozialen Lernens eine menschen- oder zumindest menschenaffen-spezifische Fähigkeit ist.

Es ist sehr wahrscheinlich, dass die bei Makaken gefundenen Spiegelneurone beim Prozess der Imitation involviert sind, aber sie können die gefundenen Imitationsleistungen nicht vollständig erklären (Rizzolatti 2005). Sie erfordern nämlich, dass die vom Demonstrator gezeigten Bewegungen schon im Bewegungsrepertoire des Individuums sind. Ganz neuartige Bewegungen können durch sie alleine nicht erzeugt werden. Für die Kopie einer ganz neuen Bewegung oder Handlung müsste das Gehirn eine spontane Transformation des visuellen Inputs in ein motorisches Programm durchführen. Wie das geht ist bis heute weitgehend unklar, es scheint aber sicher, dass dabei viele Gehirnareale besonders im temporalen, parietalen und frontalen Kortex zusammenarbeiten müssen. Die frontalen Anteile sind besonders wichtig für die Hemmung der Imitation, da sonst jede Handlung eines Artgenossen sofort und blindlings imitiert würde. Wir Menschen können zwar sehr gut und schnell Handlungen bis in kleinste Details kopieren, als Kinder neigen wir sogar zur Hyperimitation. Aber bereits mit 14 Monaten beginnen Kleinkinder dabei selektiv vorzugehen, indem sie nur bestimmte Handlungen genau imitieren, andere aber entweder nur grob oder gar nicht. Dass sie dabei nicht einfach weniger aufmerksam sind oder die Handlungen nur ungenügend verstehen, hat ein Aufsehen erregendes Experiment ungarischer Experimentalpsychologen gezeigt (Gergely et al. 2002).

In diesem Experiment wurden den 14 Monate alten Kleinkindern eine ungewöhnliche Handlung vorgeführt. Die Experimentatorin sitzt an einem Tisch, auf dem sich eine besondere, kugelförmige Lampe befindet. Wird diese berührt, beginnt sie zu leuchten. Die Berührung vor den Augen des Kindes – jedes Kind wird einzeln auf dem Schoss seiner Mutter getestet – erfolgt jedoch mit dem Kopf, nicht mit der Hand. Die Experimentatorin nimmt mit dem Kind Augenkontakt auf, spricht es mit Namen an und beugt sich dann mit großer Geste nach vor. Jedes von insgesamt 13 Kindern beobachtet mit Staunen, wie die Lampe aufleuchtet, nachdem sie von der Experimentatorin mit der Stirn berührt wurde. Ein Woche später darf jedes Kind selbst die Lampe einschalten. Tatsächlich imitieren die meisten Kinder (69%) die beobachtete Aktion, indem auch sie die Lampe mit dem Kopf berühren. Dies ist insofern bemerkenswert, als dass Kinder ohne Beobachtungsmöglichkeit die Lampe ausschließlich mit der Hand einschalten. Auch Schimpansen neigen zu zielorientiertem, den Effekt maximierendem Kopieren, was als Emulation bezeichnet wird.

Sind also Kinder nur an den Methoden und Handlungen selbst interessiert, anstatt an den Zielen und Resultaten bzw. den notwendigen Erfordernissen, diese zu erreichen? Wie fragil die Tendenz der Kinder zur Imitation in diesem Experiment ist, zeigt das Ergebnis einer Kontrollgruppe, bei der zwar dieselbe Handlung vorgezeigt wird, die Begleitumstände jedoch verändert wurden. Nun mimt die Experimentatorin zu frieren und wickelt ihren Oberkörper in eine Wolldecke, die sie mit den Händen zusammenhält. Ihre Hände liegen daher nicht mehr wie bei den anderen Kindern sichtbar auf dem Tisch, sondern bleiben unsichtbar unter der Decke. Obwohl auch die 14 Kinder dieser zweiten Gruppe beobachten konnten, wie die Lampe mit dem Kopf eingeschaltet wird, imitieren nur mehr 3 Kinder diese eigenartige Handlung. Die restlichen 11 Kinder berühren die Lampe mit der Hand. Sie zogen also die effektive, zielorientierte Handlung der „blinden" Kopie vor. Wie ist dieser Unterschied zu erklären?

Der signifikante Unterschied zwischen den Kindern der beiden Versuchsgruppen kann nur mit der Position der Hände erklärt werden, die in einem Fall gut sichtbar und frei verfügbar waren, im anderen Fall mit einer anderen Funktion blockiert und für die vorgezeigte Handlung nicht verfügbar waren. Es ist daher naheliegend, den Unterschied als Ergebnis des Verständnisses für die Verfügbarkeit der Hände als effektives Mittel zum Erreichen eines Zieles – das Einschalten der Lampe – zu interpretieren. Die Kinder würden verstanden haben, dass die Verwendung des Kopfes zum Einschalten der Lampe aus der Not geboren ist, da die Hände nicht verfügbar sind. Im Falle der frei verfügbaren Hände aber ist die Aktion nicht nachvollziehbar, somit wird im Vertrauen auf das Wissen eines Erwachsenen die vorgezeigte Handlung nachgemacht. Aus all dem schlossen die Autoren, dass die frühe Imitation von zielgerichteten Aktionen bei Kleinkindern ein selektiver, schlussfolgernder Prozess ist, der die Begründung (die „Beurteilung der Rationalität") der eingesetzten Mittel im Verhältnis zu den Sachzwängen einschließt.

Es ist leicht nachzuvollziehen, dass diese Studie danach oft als ein weiterer, starker Beweis für die kognitive Überlegenheit des Menschen zitiert wurde. Selbst wenn Menschen und Tiere gleichermaßen aus der Möglichkeit des Zusehens und Imitierens profitieren, so tun dies Tiere blindlings, während Menschen dabei Perspektivenübernahme, Rationalisierung und Abwägung von Mittel und Zweck einsetzen. Diese offensichtliche Diskrepanz hat uns vor wenigen Jahren bewogen, Hunde mit einer ähnlichen Aufgabenstellung zu testen. Dazu ersannen meine Kolleginnen

Friederike Range und Zsofia Viranyi eine hundefreundliche Version der Kinderexperimente (Range et al. 2007). Eine gut trainierte Border Collie-Hündin namens „Guiness“ hat Artgenossen vorgezeigt, wie man mit der Pfote an einem hängenden Holzstock zieht, um so eine an einem Baum montierte Kiste mit Futter zu öffnen. Normalerweise würden die Tiere eher mit der Schnauze an dem Stock zerren. Wir teilten 54 weitere Vierbeiner in drei Gruppen ein. Die erste Gruppe bekam den trainierten Border Collie nicht zu sehen. Die zweite sah ihr beim Öffnen der Kiste zu, während sie einen Ball in der Schnauze hielt – also einen sichtbaren Grund für den Gebrauch ihrer Pfote hatte. Hunde der dritten Gruppe durften den Border Collie ebenfalls beobachten, diesmal blieb ihre Schnauze aber leer.

Nicht überraschend nahm bei den Tieren, die zuvor kein Modell hatten, nur zwei von vierzehn die Pfote zur Hilfe. Hunde manipulieren – anders als Primaten – lieber oral als manuell. Hingegen bedienten 15 von 18 Hunden den Stock mit der Pfote, wenn Guiness dies zuvor ebenfalls getan hatte, ohne dabei einen Ball in der Schnauze zu haben. Haben diese Hunde – ähnlich wie die Kinder – anstatt blindlings zu imitieren den ungewöhnlichen Pfoteneinsatz deshalb gezeigt, weil sie keinen triftigen Grund dafür erkennen konnten, aber in dieser neuen Situation einem Modell vertrauten? Das überraschende Ergebnis der dritten Gruppe mit Guiness in der Zwangslage der blockierten Schnauze zeigt, dass auch bei Hunden Imitation selektiv unterdrückt werden kann. Wie in der Kontrollgruppe verwendete nur jeder fünfte Hund die Pfote, alle anderen hatten mit der Schnauzentechnik Erfolg.

Es bleibt Experimenten mit Wölfen vorbehalten zu zeigen, inwieweit soziales Lernen bei Hunden auf einer alten Caniden-Disposition aufbaut. Es wäre auch möglich, dass die spezielle Evolution des Hundes in der Gemeinschaft mit Menschen eine besondere Fähigkeit des Lernens in Unterrichtssituationen hervorgebracht hat, wie das bei uns ganz offensichtlich ist. Diese Art des kulturellen Lernens und Lehrens könnte demnach nicht nur die menschliche kulturelle Evolution vorangetrieben haben, sondern analog – wenn auch ungleich schwächer und kürzer – in der Domestikation des Hundes eine Rolle gespielt haben. Wie wir neuerdings sogar zeigen konnten, haben Hunde auch eine Art Gefühl für Fairness entwickelt, mit der sie das Verhältnis von Aufwand und Entschädigung im Vergleich mit Artgenossen einschätzen (Range et al. 2009).

Wir sprechen in all diesen Fällen von konvergenten Entwicklungen, die im Unterschied zu Ähnlichkeit durch Verwandtschaft eine Gemeinsamkeit auf Grundlage gleicher Selektionsbedingungen erzeugt. Anders als manche Vertreter der sog. „evolutionären Psychologie“ vermuten die meisten Kognitionsbiologen analoge Ursachen in der Mehrzahl der entdeckten Übereinstimmungen in den Ausprägungen kognitiver Merkmale (Huber 2000). Auch Bewusstsein könnte mehrfach in der

Evolution entstanden sein, mit je eigenen neuronalen Mechanismen und Funktionen. Der selektive Druck seiner Entstehung scheint im komplexen Sozialverhalten zu liegen, als Anpassung an eine flexible, rasch wandelbare, weil reaktive Umwelt.

6.8 Fazit

Obwohl heute manche Autoren, die sich über die Jahre für ihre experimentellen Beiträge zur Kognition bei Tieren verdient gemacht haben, wieder die Unterschiede zum Menschen betonen (Penn et al. 2008; Hauser 2009), neigt die überwiegende Anzahl an vergleichenden Kognitionsforschern doch zur Ansicht, dass sich auch der menschliche Geist allmählich und aus nicht-menschlichen Vorformen modifizierend entwickelt hat. Eine täglich wachsende Anzahl empirischer Befunde stärkt die Evidenz, dass auch nicht-menschliche Tiere zu teilweise großer Flexibilität im Verhalten im Stande sind, welche durch eine Vielzahl von kognitiven Mechanismen zur Verbesserung und Effizienzsteigerung verhilft. Die Formung und Anreicherung von internen Weltmodellen (Repräsentationen) mit Erfahrung ermöglicht das schnelle und richtige Reagieren auf wichtige Umweltereignisse. Von Vorteil sind dabei die Abstraktion der relevanten Information, das logische Verknüpfen von Gedächtnisinhalten und die Integration von Information aus verschiedenen Sinneskanälen. Zusammen ermöglicht das auch ein gewisses Maß an Zeitreisen sowohl in die Vergangenheit als auch in die Zukunft. Auch können sich manche Tiere selbst erkennen und ihre Handlungen zielgerichtet und unter Abschätzung der Folgen ausführen. Diese bescheidenen Formen der Intentionalität scheinen auch für das Einschätzen der Handlungen anderer zu reichen, zumindest auf dem Niveau der Wissensabschätzung.

Zu den großen offenen Fragen zählen die Unterscheidungen von assoziativen und nicht-assoziativen (rationalen?) Prozessen sowie von bewussten und nicht-bewussten Vorgängen im Gehirn (Hurley und Nudds 2006). Dabei sollte man bedenken, dass zwar das Selbsterkennen im Spiegel einen wichtigen Schritt auf dem Weg zur Selbsterkenntnis markiert, aber die voll ausgeprägte Kapazität viele verschiedene Eigenschaften aufweist. Dennoch deuten vergleichende klinische und ontogenetische Studien eine allmähliche, graduelle Entwicklung an (de Waal et al. 2005). Es ist daher müßig, einen kognitiven Rubikon zu proklamieren und sich dann zu fragen, wann dieser überschritten wurde (Macphail 2000). In jedem Fall ist es gefährlich, den Menschen als (einzige) Referenz kognitiver Leistungen zu nehmen und jegliche Evidenz von „intelligenter" Problemlösung bei Tieren daran zu messen. Klarerweise neigen wir dazu, die Vorgänge aus unserer eigenen Sichtweise heraus zu interpretieren. Aber der Kognitionsforscher muss trachten, durch Vergleiche und durch geeignete Kontrollversuche einen möglichst objektiven Standpunkt einzunehmen und immer wieder zu überprüfen, ob nicht andere, vielleicht sogar einfachere Erklärungsmodelle ausreichen. Letztlich kommt es auf den Einfallsreichtum und das Geschick des Experimentators an, eine knifflige Frage mit Experimenten, die klare Voraussagen erlauben, zu lösen.

Neben dem geschickten experimentellen Vorgehen erfordert die Klärung der Frage nach der Evolution von Kognition auch die Einbeziehung des aktuellen Wissens um die Mechanismen der Evolution (Heyes und Huber 2000). Dieses lehrt uns analoge (konvergente) und homologe (divergente) Merkmalsähnlichkeiten, adaptive (Anpassungen) und exaptive (Funktionswechsel) Entstehungsbedingungen sowie phylogenetische und ontogenetische Entwicklungen zu unterscheiden. Mit Hilfe des zunehmenden Verstehens von epigenetischen Mechanismen und der Wirkung von ontogenetischen Bedingungen auf die Phylogenese im Rahmen der sog. Evo-Devo-Biologie (Müller 2007) kommen auch die alten Fragen des Wechselspiels von Natur und Erziehung in den Blick. Im wissenschaftlichen Konzert von Entwicklungsneurobiologie, Verhaltensgenetik, Linguistik und Kognitionsforschung scheinen auch die Fragen nach der Entstehung und Bedeutung von Bewusstsein und kultureller Evolution greifbar geworden zu sein.

Ein vorläufiges Resümee könnte lauten, dass es Stufen von Bewusstsein gibt, von denen Tiere einige erreicht haben, aber erst Synergismen von symbolischer Sprache, relationaler Konzeptbildung und Selbsterkenntnis die kulturelle Evolution des Menschen vorangetrieben hat. Manche Bausteine dieser Errungenschaft, wie Einfühlung, Gefühlsansteckung, Perspektivübernahme und Imitation, Verhaltensweisen wie Zusammenarbeit, Teilen und Trösten finden sich auch bei (Menschen-) Affen, Hundeartigen, Delfinen, Elefanten und wahrscheinlich einigen Tierarten mehr. Unter den Vögeln stehen momentan Rabenvögel und Papageien hoch im Kurs. Die Grundannahme lautet, dass es in diesen Bausteinen multiple Konvergenzen zu den Menschen(arten) gibt.

Evolutionäre Kontinuität sollte aber nicht als Totschlagargument für die Einschätzung oder sogar Würdigung der menschlichen Fähigkeiten dienen. Sie sollte vielmehr dazu beitragen, aus dem Vergleich mit anderen Tieren das spezifisch Humane zu erkennen. Die Tatsache, dass der Mensch sich weder Erkenntnis noch Moral im Kampf *gegen* seine Natur zugelegt hat, sondern auf natürlichen, evolutionären Dispositionen bauen kann, sollte uns auch zu einem würdevolleren und achtsameren Umgang mit Tieren mahnen.

6.9 Literatur

Allen, C. und Bekoff, M. (1997), *Species of Mind: The Philosophy and Biology of Cognitive Ethology*. Cambridge, MA: MIT Press.

Barkow, J., Cosmides, L. und Tooby, J. (Hrsg.) (1992), *The Adapted Mind: Evolutionary Psychology and the Generation of Culture*. New York: Oxford University Press.

Bekoff, M., Allen, C. und Burghardt, G. M. (Hrsg.) (2002), *The Cognitive Animal: Empirical and Theoretical Perspectives on Animal Cognition.* Cambridge, MA: MIT Press.

Bird, C. D. und Emery, N. J. (2009), Insightful Problem Solving and Creative Tool Modification by Captive Nontool-Using Rooks. *Proceedings of the National Academy of Sciences USA* 106, 10370–10375.

Boesch, C. und Boesch, H. (1990), Tool Use and Tool Making in Wild Chimpanzees. *Folia Primatologica* 54, 86–99.

Bradie, M. (1986), Assessing Evolutionary Epistemology. *Biology & Philosophy* 1, 401–459.

Byrne, R. und Whiten, A. (Hrsg.) (1988), *Machiavellian Intelligence: Social Expertise and the Evolution of the Intellect in Monkeys, Apes, and Humans.* Oxford: Clarendon.

Callebaut, W. (2003), Lorenz' Philosophical Naturalism in the Mirror of Contemporary Science Studies. *Ludus Vitalis* (Journal of Philosophy of Life Sciences) 11, 27–55.

Carvalho, S., Cunha, E., Sousa, C. und Matsuzawa, T. (2008), Chaines Opératoires and Resource-Exploitation Strategies in Chimpanzee (Pan Troglodytes) Nut Cracking. *Journal of Human Evolution* 55, 148–163.

Chalmers, D. J. (1996), *The Conscious Mind: In Search of a Fundamental Theory.* Philosophy of Mind Series, New York: Oxford University Press.

Clayton, N. and Dickinson, A. (1998), Episodic-like Memory during Cache Recovery by Scrub Jays. *Nature* 395, 272–274.

Darwin, C. (1859), *On the Origin of Species by Means of Natural Selection or the Preservation of Favoured Races in the Struggle for Life.* London: Murray.

Darwin, C. (1871), *The Descent of Man and Selection in Relation to Sex.* London: Murray.

de Waal, F. B., Dindo, M., Freeman, C. A. and Hall, M. J. (2005), The Monkey in the Mirror: Hardly a Stranger. *Proceedings of the National Academy of Sciences USA* 102, 11140–11147.

Engels, E.-M. (2007), *Charles Darwin.* München: C. H. Beck.

Fitch, T. und Hauser, M. (2004), Computational Constraints on Syntactic Processing in a Nonhuman Primate. *Science* 303, 377–380.

Gallup, G. G., Jr. (1970), Chimpanzees: Self-Recognition. *Science* 167, 86–87.

Gentner, T. Q., Fenn, K. M., Margoliash, D. und Nusbaum, H. C. (2006), Recursive Syntactic Pattern Learning by Songbirds. *Nature* 440, 1204–1207.

Gergely, G., Bekkering, H. und Kiraly, I. (2002), Rational Imitation in Preverbal Infants. *Nature* 415, 755.

Goodall, J. (1986), *The Chimpanzees of Gombe: Patterns of Behavior*. Cambridge, MA: Harvard University Press.

Griffin, D. R. (1976), *The Question of Animal Awareness*. New York: Rockefeller University Press.

Hauser, M. (2009), Origin of the Mind. *Scientific American* 301, 44–51.

Hauser, M., Chomsky, N. und Fitch, W. T. (2002), The Faculty of Language: What Is it, Who Has it, and How did it Evolve? *Science* 298, 1569–1579.

Heinrich, B. und Bugnyar, T. (2007), Just how Smart are Ravens? *Scientific American* 296, 64–71.

Hendriks-Jansen, H. (1997), *Catching Ourselves in the Act: Situated Activity, Interactive Emergence, Evolution, and Human Thought*. Cambridge, MA: MIT Press.

Herder, J. G. (1770/1987), Abhandlung über den Ursprung der Sprache, In: Herder, J. G. (Hrsg.), *Werke*, Bd. III, München.

Heyes, C. M. und Huber, L. (Hrsg.) (2000), *The Evolution of Cognition*. Cambridge, MA: MIT Press.

Holst, E. v. und Mittelstaedt, E. (1950), Das Reafferenz-Prinzip. *Naturwissenschaften* 37, 464–476.

Huber, L. (2000), Psychophylogenesis: Innovations and Limitations in the Evolution of Cognition. In: Heyes, C. und Huber, L. (Hrsg.), *The Evolution of Cognition*, Cambridge, MA: MIT Press, 23–41.

Huber, L. (2010), Categories and Concepts: Language-Related Competences in Non-Linguistic Species. In: Breed, M. und Moore, J. (Hrsg.), *Encyclopaedia of Animal Behavior*. Oxford: Academic Press, 261–266.

Huber, L. und Aust, U. (2006), A Modified Feature Theory as an Account of Pigeon Visual Categorization. In: Wasserman, E. A. und Zentall, T. R. (Hrsg.), *Comparative Cognition: Experimental Explorations of Animal Intelligence*, New York: Oxford University Press, 325–342.

Huber, L. und Gajdon, G. K. (2006), Technical Intelligence in Animals: The Kea Model. *Animal Cognition* V9, 295–305.

Huber, L., Range, F., Voelkl, B., Szucsich, A., Viranyi, Z. und Miklosi, A. (2009), The Evolution of Imitation: What do the Capacities of Nonhuman Animals Tell us about the Mechanisms of Imitation? *The Philosophical Transactions of the Royal Society* B 364, 2299–2309.

Hunt, G. R. (1996), Manufacture and Use of Hook-Tools by New Caledonian Crows. *Nature* 379, 249–251.

Hurley, S., Nudds, M. (2006), *Rational Animals?* Oxford: Oxford University Press.

Jablonka, E., Lamb, M. J. und Zeligowski, A. (2005), *Evolution in Four Dimensions: Genetic, Epigenetic, Behavioral, and Symbolic Variation in the History of Life.* Cambridge, MA: MIT Press.

Kircher, T. und Leube, D. (2005), Ich-Bewusstsein – Konzeptueller Rahmen und neurowissenschaftliche Ansätze. In: Herrmann, C. S., Pauen, M., Rieger, J. W. und Schicktanz, S., (Hrsg.), *Bewusstsein. Philosophie, Neurowissenschaften, Ethik*, München: Wilhelm Frank Verlag, 270–285.

Lewontin, R. C. (1998), The Evolution of Cognition: Questions We Will never Answer. In: Scarborough, D. und Sternberg, S. (Hrsg.), *An Invitation to Cognitive Science*, Bd. 4: *Methods, Models, and Conceptual Issues*, Cambridge, MA: MIT Press, 107–132.

Lorenz, K. (1941), Kants Lehre vom Apriorischen im Lichte gegenwärtiger Biologie. *Blätter für deutsche Philosophie* 15, 94–125.

Lorenz, K. (1973), *Die Rückseite des Spiegels. Versuch einer Naturgeschichte menschlichen Erkennens.* München: Piper.

Macphail, E. M. (2000), The Search for a Mental Rubicon. In: Heyes, C. und Huber, L. (Hrsg.), *The Evolution of Cognition*, Cambridge, MA: MIT Press, 253–271.

Mendes, N., Hanus, D. und Call, J. (2007), Raising the Level: Orang-utans Use Water as a Tool. *Biology Letters* 3, 453–455.

Menzel, R. und Giurfa, M. (2006), Dimensions of Cognition in an Insect, the Honeybee. *Behavioral and Cognitive Neuroscience Reviews* 5, 24–40.

Mulcahy, N. J. und Call, J. (2006), Apes Save Tools for Future Use. *Science* 312, 1038–1039.

Müller, G. B. (2007), Evo–devo: Extending the Evolutionary Synthesis. *Nature Reviews Genetics* AOP, online veröffentlicht 6. November 2007; doi:10.1038/nrg2219.

Nagel, T. (1974), What Is it like to be a Bat? *The Philosophical Review* 83, 435–450.

Penn, D. C., Holyoak, K. J. und Povinelli, D. J. (2008), Darwin's Mistake: Explaining the Discontinuity between Human and Nonhuman Minds. *Behavioral and Brain Sciences* 31, 109–178.

Pepperberg, I. M. (1999), *The Alex Studies: Cognitive and Communicative Abilities of Grey Parrots.* Cambridge, MA: Harvard University Press.

Plotkin, H. (1997), *Evolution in Mind. An Introduction to Evolutionary Psychology.* London: Penguin Books.

Plotnik, J. M., de Waal, F. B. M. und Reiss, D. (2006), Self-Recognition in an Asian Elephant. *Proceedings of the National Academy of Sciences USA* 103, 17053–17057.

Popper, K. (1973), *Objektive Erkenntnis. Ein evolutionärer Entwurf.* Hamburg: Hoffmann & Campe.

Povinelli, D. J. (2000), *Folk Physics for Apes. The Chimpanzee's Theory of how the World works.* Oxford: Oxford University Press.

Premack, D. (2004), Is Language the Key to Human Intelligence? *Science* 303, 318–320.

Premack, D. und Woodruff, G. (1978), Does the Chimpanzee Have a Theory of Mind? *Behavioral and Brain Sciences* 1, 515–526.

Prior, H., Schwarz, A. und Güntürkün, O. (2008), Mirror-Induced Behavior in the Magpie (Pica pica): Evidence of Self-Recognition. *PLoS Biology* 6, e202.

Raby, C., Alexis, D., Dickinson, A. und Clayton, N. (2007), Planning for the Future by Western Scrub-Jays. *Nature* 445, 919–921.

Range, F., Horn, L., Viranyi, Z. und Huber, L. (2009), The Absence of Reward Induces Inequity Aversion in Dogs. *Proceedings of the National Academy of Sciences USA* 106, 340–345.

Range, F., Viranyi, Z. und Huber, L. (2007), Selective Imitation in Domestic Dogs. *Current Biology* 17, 1–5.

Riedl, R. (1975*), Die Ordnung des Lebendigen: Systembedingungen der Evolution.* Berlin: Parey.

Riedl, R. (1979), *Die Biologie der Erkenntnis: Die stammesgeschichtlichen Grundlagen der Vernunft.* Berlin: Parey.

Riedl, R. (1995), *Mit dem Kopf durch die Wand: Die biologischen Grenzen des Denkens.* Stuttgart: Klett-Cotta.

Ristau, C. A. (Hrsg.) (1991), *Cognitive Ethology: The Minds of other Animals.* Hillsdale, NJ: Lawrence Erlbaum Associates.

Rizzolatti, G. (2005), The Mirror Neuron System and Imitation. In: Hurley, S. und Chater, N. (Hrsg.), *Perspectives on Imitation: From Neuroscience to Social Science*, Cambridge, MA: MIT Press, 55–76.

Savage-Rumbaugh, E. S. (1986), *Ape Language: From Conditioned Response to Symbol*. New York: Columbia University Press.

Schrauf, C., Huber, L. und Visalberghi, E. (2008), Do Capuchin Monkeys Use Weight to Select Hammer Tools? *Animal Cognition* 11, 413–22.

Seligman, M. E. P. (1970), On the Generality of the Laws of Learning. *Psychological Review* 77, 406–418.

Shettleworth, S. (1998), *Cognition, Evolution and Behavior*. Oxford: Oxford University Press.

Tinbergen, N. (1963), On Aims and Methods of Ethology. *Zeitschrift für Tierpsychologie* 20, 410–433.

Visalberghi, E., Addessi, E., Truppa, V., Spagnoletti, N., Ottoni, E., Izar, P. und Fragaszy, D. (2009), Selection of Effective Stone Tools by Wild Bearded Capuchin Monkeys. *Current Biology 19*, 213–217.

Voelkl, B. und Huber, L. (2000), True Imitation in Marmosets. *Animal Behaviour* 60, 195–202.

Voelkl, B. und Huber, L. (2007), Imitation as Faithful Copying of a Novel Technique in Marmoset Monkeys. *PLoS ONE* July, e611.

Vollmer, G. (1990), *Evolutionäre Erkenntnistheorie: Angeborene Erkenntnisstrukturen im Kontext von Biologie, Psychologie, Linguistik, Philosophie und Wissenschaftstheorie*. Stuttgart: S. Hirzel.

Wasserman, E. A. und Zentall, T. R. (Hrsg.) (2006), *Comparative Cognition: Experimental Explorations of Animal Intelligence*. New York: Oxford University Press.

Weir, A. S., Chappel, J. und Kacelnik, A. (2002), Shaping of Hooks in New Caledonian Crows. *Science* 297, 981.

Werdenich, D. und Huber, L. (2006), A Case of Quick Problem Solving in Birds: String-Pulling in Keas (Nestor Notabilis). *Animal Behaviour* 71, 855–863.

Wilson, E. O. (1980), *Sociobiology*. Abridged ed. Cambridge, MA: Belknap Press of Harvard University Press.

Kapitel 7

Karl Popper und die Evolutionäre Erkenntnistheorie

Gerhard Vollmer

Zweifellos ist Karl Popper der Vater der modernen Wissenschaftstheorie. Zwar brauchte er die von ihm behandelten *Probleme* nur in den wenigsten Fällen neu zu entdecken, wurden doch die meisten bereits vom Wiener Kreis intensiv diskutiert. Doch hat Popper für viele dieser Probleme bleibende *Lösungen* vorgeschlagen, die inzwischen lehrbuchreif geworden sind. Zu Poppers Antworten gehören sein konsequenter Fallibilismus, das Falsifikationsprinzip, die Lösung des Abgrenzungsproblems, die Lösung des Basisproblems, die erneute Behandlung des Induktionsproblems.

Ist Popper auch der Vater der Evolutionären Erkenntnistheorie? Im Folgenden befassen wir uns zunächst mit Poppers Falsifikationsprinzip. Danach fragen wir, welchen Beitrag er zur Evolutionären Erkenntnistheorie geleistet hat. Schließlich überlegen wir, wann eine Theorie als *evolutionär* oder gar als *darwinistisch* angesehen werden darf.

7.1 Das Falsifikationsprinzip

Das Falsifikationsprinzip lautet: *Eine erfahrungswissenschaftliche Theorie muss an der Erfahrung scheitern können!* Man kann es auch anders formulieren:

- Sie muss *falsifizierbar* sein.
- Sie muss einen *potentiellen Falsifikator* (potential falsifier) haben.
- Es müssen Erfahrungen *denkbar* sein, die ihr *widersprechen.*
- Sie muss bestimmte denkbare Erfahrungen *ausschließen.*
- Sie muss sich dem *Risiko der empirischen Widerlegung* aussetzen.

Offenbar handelt es sich hier um eine *Forderung*, also um eine normative Aussage. Das wird an dem Wort „muss“ besonders deutlich. Natürlich gibt es dazu Varianten, denen man auch gelegentlich begegnet, z.B.: „Erfahrungswissenschaftler formulieren ihre Hypothesen so, dass sie an der Erfahrung scheitern können.“ Diese Behauptung ist jedoch deskriptiv falsch. Und wenn wir Erfahrungswissenschaften darüber *definieren*, dass ihre Hypothesen an der Erfahrung scheitern können, dann ist die vermeintlich beschreibende Aussage „Erfahrungswissenschaftliche Hypothesen können an der Erfahrung scheitern.“ zwar wahr, aber eben analytisch wahr, weil andere Hypothesen dabei ja gar nicht als erfahrungswissenschaftlich angesehen werden dürfen. Dann hat man die genannte Forderung bereits akzeptiert und in die Definition hineingesteckt.

Das Falsifikationsprinzip wurde erstmals von Karl Popper ausgesprochen (1934/1994, § 6). Erstmals? Alle philosophischen Ideen haben Vorläufer. In unserem Falle ist der Oxforder Gelehrte Robert Grosseteste (etwa 1168–1253) ein besonders interessantes Beispiel. Nach Losee (1971/1977, S. 37) war er der erste mittelalterliche Denker, der die logischen und methodologischen Probleme von Induktion, Verifikation und Falsifikation systematisch untersuchte. (Bei Popper wird er, soweit ich sehe, nirgends erwähnt. Aber Kopernikus erwähnt seinen wichtigsten Vorgänger, Aristarch von Samos, ja auch nicht. Die Leistung von Aristarch schildert sehr unterhaltsam Bührke 2009.) Grosseteste benutzte und empfahl die Methode der Falsifikation, um mit Hilfe des *Modus tollens* von einer Gruppe konkurrierender Hypothesen alle bis auf eine zu eliminieren. Die wesentliche *Asymmetrie* zwischen Verifizierbarkeit und Falsifizierbarkeit scheint er jedoch nicht erkannt zu haben.

Diese Asymmetrie von Verifikation und Falsifikation hat *zwei* Gründe. Meist wird nur der erste, schwächere, genannt; der zweite, allgemeinere und für den Realisten wichtigere, wird dagegen meist übergangen.

Der erste Grund: Existenzaussagen sind verifizierbar (ein positives Beispiel genügt), aber nicht falsifizierbar; Allaussagen sind falsifizierbar (ein einziges Gegenbeispiel genügt), aber nicht verifizierbar. Bis hierher besteht völlige logische Symmetrie. Nun enthalten Theorien aber Naturgesetze, und Naturgesetze sind Allaussagen. Wir dürfen also nicht erwarten, dass wir Theorien verifizieren können. Für Naturgesetze – und insoweit für Theorien allgemein – kann somit die Prüfbarkeitsforderung im strengen Sinne nur eine Falsifizierbarkeitsforderung sein.

Der zweite Grund: Im Allgemeinen können wissenschaftliche Hypothesen (und somit auch Theorien) nicht unmittelbar, sondern nur an ihren logischen *Konsequenzen* überprüft werden. Die wissenschaftlichen Hypothesen lassen sich also nicht beweisen (weil von der Wahrheit einer Konklusion nicht auf die Wahrheit der Prämissen zurückgeschlossen werden kann), sondern allenfalls widerlegen (da über den *Modus tollens* sehr wohl von der Falschheit der Konklusion auf die Falschheit der Prämissen geschlossen werden darf).

Dieses zweite Argument ist offenbar ein rein logisches. Mit dem All-Charakter der Naturgesetze hat es nichts zu tun; es ist also von dem ersten Argument unabhängig, und es gilt in gleicher Weise für All- wie für Existenzaussagen. Auch deshalb kann die Prüfbarkeitsforderung *im Allgemeinen* nur eine Falsifizierbarkeitsforderung sein.

Dass eine Theorie (oder eine Hypothese) an der Erfahrung *gescheitert* sei, bedeutet für einen Realisten wie Popper, dass anerkannte Beobachtungsaussagen ihr widersprechen. Ihr Scheitern hat dann offenbar mit Wahrheit und vor allem mit erkannter oder vermuteter *Falschheit* zu tun. (Für Instrumentalisten dagegen haben die Begriffe „Wahrheit“ und „Falschheit“ keinen oder jedenfalls nicht den üblichen Sinn; sie müssen dann auch das „Scheitern“ anders definieren, z.B. über mangelnde Anerkennung oder Verwendung.)

Das Falsifikationsprinzip ist in zweierlei Hinsicht bedeutsam. *Einerseits* präzisiert es die übliche Prüfbarkeitsforderung. *Andererseits* hat es wichtige forschungsstrategische Konsequenzen: Wissenschaftler sollten gar nicht erst versuchen, ihre Theorien zu beweisen oder zu verifizieren (weil das nicht geht), sondern versuchen, sie zu widerlegen, zu falsifizieren. Sie sollten nicht einmal nach Bestätigungen suchen. (Die werden sie zwar immer finden; sie sagen jedoch wenig über die Wahrheit von Theorien.) Vielmehr sollten sie nach widerlegenden Instanzen suchen, ihre Theorien sogar immer dem *härtest möglichen Test* aussetzen. Eine Forscherin mag dabei hoffen, dass die Theorie den Test besteht (weil es ihre Theorie ist) oder dass sie den Test nicht besteht (weil sie ihrem Kollegen den Erfolg neidet). Diese *psychologische* Haltung sollte jedoch *forschungslogisch* keine Rolle spielen.

Dieser Forderung (oder diesem Rezept) „Suche den härtest möglichen Test!“ stehen freilich Schwierigkeiten entgegen. Erstens neigen wir dazu, solche Fakten zu registrieren, die unserer Erwartung entsprechen, und solche zu übersehen, die ihr widersprechen. Das hat schon Francis Bacon betont. Bei Pseudowissenschaftlern lässt es sich fast regelmäßig nachweisen; aber auch Wissenschaftler sind nicht dagegen gefeit. Zweitens fällt es uns sehr schwer, unserer eigenen Theorie ein Bein zu stellen: Zwar leuchtet das Falsifikationsprinzip unserem wissenschaftstheoretischen Gewissen durchaus ein; aber emotional können wir die Widerlegung unserer eigenen Theorie (oder einer Vermutung, die wir persönlich für wahr halten) natürlich nicht wünschen und deshalb auch kaum betreiben. Drittens kann ein Test, der eine Theorie an einer besonders verwundbaren Stelle prüfen soll, auch besonders aufwendig sein. Wissenschaftler versuchen wohl eher, das Verhältnis von Nutzen und Kosten zu optimieren; sie werden also die Chance, die fragliche Theorie zu widerlegen, mit dem dafür erforderlichen Aufwand verrechnen.

Verlangen wir also von unseren Wissenschaftlern zu viel? Machen deren allzu menschlichen Wünsche jede wissenschaftliche Rationalität zunichte? Ganz allgemein: Können Menschen, die sich gelegentlich oder immer von Emotionen leiten lassen, ein dem Anspruch nach rationales Unternehmen verwirklichen? Poppers Antwort ist eindeutig: Ja, sie können! Was der einzelne nicht leistet, das schafft wenigstens die Gruppe, *die wissenschaftliche Gemeinschaft*, die Scientific Community. Entscheidendes Element dabei ist die *Intersubjektivität*. Wir müssen also die allgemeine Prüfbarkeitsforderung präzisieren zur *intersubjektiven* Prüfbarkeit.

Man kann diese Präzisierung als eine Folge des Falsifikationsprinzips deuten: Wenn es von einer Einzelperson zu viel verlangt ist, ihre eigenen Überzeugungen unerbittlich auf den Prüfstand zu stellen, so müssen eben andere diese Aufgabe übernehmen. Demnach ist neuzeitliche Wissenschaft notwendig ein *soziales* Unternehmen.

Um das zu verdeutlichen, diskutiert Popper (1945/1992, Kap. 13 und 14), ob Robinson Crusoe allein Wissenschaft betreiben könnte. Nach Popper kann er es nicht: Niemand bezweifelt seine Behauptungen, prüft seine Ergebnisse, korrigiert seine Vorurteile, erkennt seine subjektiven Grenzen, zwingt ihn zu klarer und vernünftiger Kommunikation oder gar zum Argumentieren.

Dass auch Wissenschaftler sich gelegentlich irrational verhalten, macht also Rationalität im Kollektiv noch nicht unmöglich. Diese Antwort ist nicht nur für den speziellen Fall eines wissenschaftlichen Robinson, sondern für Rationalitätsfragen ganz allgemein von Interesse:

7.2 Zur Reichweite des Falsifikationsprinzips

Offenbar ist das Falsifikationsprinzip forschungslogisch von großer Bedeutung. Doch darf man es nicht unkritisch verwenden:

- Wissenschaftliche Theorien enthalten auch Existenzaussagen (z.B. „Es gibt zehn Planeten.“), und solche sind *nicht* falsifizierbar, wohl aber verifizierbar.

- Wissenschaftliche Theorien enthalten auch Allaussagen, die nicht streng allgemein sind, sondern nur endlich viele Fälle umfassen. Solche lassen sich unter günstigen Umständen *verifizieren.* Das gilt etwa für die Kepler‘schen Planetengesetze in ihrer ursprünglichen Form. Diese wurden freilich durch Newton so verallgemeinert, dass sie für alle Massen gelten, die eine Zentralmasse umlaufen, also auch für weitere Planeten, für Planetoiden und – mit anderen Konstanten – für Begleiter anderer Himmelskörper.

- Wissenschaft macht, um überhaupt arbeiten zu können, durchaus auch Voraussetzungen, die nicht empirisch prüfbar sind. Popper nennt solche Voraussetzungen *metaphysisch.* Dann enthält auch die Erfahrungswissenschaft metaphysische Elemente. Das ist – auch und gerade nach Popper – keineswegs anrüchig oder gar verboten, sondern letztlich unvermeidlich. In einem naturalistischen Weltbild wird man grundsätzlich bestrebt sein, den metaphysischen Anteil deutlich herauszuarbeiten und zudem möglichst klein zu halten. Das empfiehlt sich aber auch schon aus methodologischen Gründen: Der Anspruch, *Erfahrungs*wissenschaft zu treiben, wird ja umso besser eingelöst, je geringer der empirisch nicht prüfbare Anteil ist.

- Auch Falsifikationen sind – wegen der Vorläufigkeit selbst der Beobachtungsaussagen – niemals endgültig. Unser Wissen ist fehlbar, auch unser Wissen darüber, was *nicht* der Fall ist.

- Zwar kann eine faktische Aussage immer nur in endlich vielen Fällen nachgeprüft werden. Aber es macht eben doch einen Unterschied, ob sie in wenigen oder in vielen Fällen geprüft wurde (und sich dabei bewährt hat, obwohl sie hätte scheitern können). Dieser Unterschied lässt sich quantitativ nur schwer präzisieren. Ein allgemein anerkanntes Bestätigungs- oder Bewährungsmaß gibt es bisher nicht. Dass es so etwas nicht geben könne, ist jedoch ebenfalls nicht gezeigt worden. Einen einleuchtenden Vorschlag in dieser Richtung macht Gadenne (1998).

Der Wissenschaftsjournalist John Horgan hat Popper einmal gefragt, ob seine Falsifikationstheorie falsifizierbar sei. Sein Bericht ist sehr anschaulich:

> „Während einer seiner kurzen Atempausen erwähne ich seine Forderung, eine Theorie müsse, wenn sie als wissenschaftlich gelten solle, falsifizierbar sein. Ist diese Falsifizierbarkeitstheorie, frage ich ihn, ihrerseits falsifizierbar? Popper legt seine Hand auf meine und durchbohrt mich mit einem strahlenden Lächeln. ‚Ich möchte Sie nicht kränken,' sagt er mit sanfter Stimme, ‚aber das ist eine dumme Frage.'" (Horgan 1992, S. 20; deutsch ähnlich in Horgan 1996/1997, S. 69)

Warum ist das für Popper eine dumme Frage („a silly question")? Es liegt nicht daran, dass es sich beim Problem der Falsifizierbarkeit vielleicht gar nicht um eine *Theorie* handelte. Popper selbst benützt den Theorie-Begriff eher großzügig; tatsächlich bietet er dafür nirgends eine anspruchsvolle Explikation, darin durchaus getreu seiner Maxime, „Was-ist?"-Fragen zu vermeiden. Fast jede erklärende Hypothese würde er als „Theorie" gelten lassen (wenn auch nicht gleich als gute, wahre, tiefe, gehaltvolle, erfahrungswissenschaftliche Theorie). Am Theoriebegriff liegt es also nicht.

Dass Horgans Frage unangemessen ist, hat einen anderen Grund: Die Falsifizierbarkeitsforderung gilt nur für *erfahrungs*wissenschaftliche Theorien, und Poppers Wissenschaftstheorie ist eben keine erfahrungswissenschaftliche, sondern eine metawissenschaftliche, eine *philosophische* Theorie. Das erkennt man am leichtesten daran, dass sie eine *Forderung* aufstellt, eben das Falsifikationsprinzip in seiner normativen Fassung; dann kann sie natürlich keine beschreibende oder erklärende Theorie sein. Für sie gilt die Falsifizierbarkeitsforderung also *nicht*, und deshalb ist es kein Mangel, wenn sie diese Forderung nicht erfüllt.

In der Sache hat Popper also Recht. Freilich hätte er es netter sagen können; schließlich ist er an dem verbreiteten Missverständnis, das sich in Horgans Frage spiegelt, nicht ganz unschuldig. Oft genug nämlich übersetzt auch er das engere englische

„scientific“ im Deutschen mit „wissenschaftlich“, und dann ist die Beschränkung auf die Erfahrungswissenschaften eben nicht mehr ohne weiteres erkennbar.

Poppers Falsifizierbarkeitstheorie ist nicht falsifizierbar. Das heißt jedoch nicht, dass sie jeder Kontrolle entzogen wäre. Für sie gilt vielmehr eine allgemeinere, die *Kritisierbarkeits*forderung: Alle wissenschaftlichen, noch allgemeiner: alle *rationalen* Unternehmungen müssen sich der kritischen Diskussion stellen. Falsifikation ist also nur eine besonders strenge Form der Kritik, und umgekehrt *verallgemeinert* Kritisierbarkeit die Falsifizierbarkeit für Bereiche, wo empirische Nachprüfungen nicht möglich sind. Diese Verallgemeinerung hat Popper in der Logik der Forschung noch nicht vorgenommen, sondern erst später, vor allem in „Die offene Gesellschaft und ihre Feinde“ (Popper 1945/1992, Band II, Kap. 13 und 14). Hätte Horgan Popper gefragt, ob seine Falsifikationstheorie *kritisierbar* sei, dann hätte Popper ihn für diese Frage sogar besonders loben müssen.

Poppers Falsifizierbarkeitsforderung soll kritisierbar sein. Wie könnte man sie kritisieren? Es könnte sein, dass sie anderen anerkannten Forderungen widerspricht. Es könnte sich auch herausstellen, dass sie unerfüllbar ist. Denkbar wäre schließlich, dass Wissenschaftler ihr nicht folgen und trotzdem erfolgreich sind; das würde eine solche Forderung als unnötig entwerten. Das tatsächliche Verhalten von Wissenschaftlern in Geschichte und Gegenwart spielt also für solche Betrachtungen eine wichtige Rolle. Besonders kurios ist es, wenn erfolgreiche Naturwissenschaftler wie Isaac Newton oder Charles Darwin versichern, sie seien nach streng induktiven Prinzipien vorgegangen. Da hilft wohl nur noch Einsteins Rat:

> „Wenn ihr von den theoretischen Physikern etwas lernen wollt über die von ihnen benutzten Methoden, so schlage ich euch vor, am Grundsatz festzuhalten: Höret nicht auf ihre Worte, sondern haltet euch an ihre Taten!“ (Einstein 1930/1997)

Auch die Kritisierbarkeitsforderung ist weder verifizierbar noch falsifizierbar; aber sie ist doch kritisierbar. Sie ist also *selbstanwendbar*. Selbstanwendbarkeit ist ein wichtiges Merkmal metawissenschaftlicher Kriterien. (Vollmer 1993)

Über das Falsifikationsprinzip ist viel diskutiert worden. Insbesondere wurde darauf hingewiesen, dass einzelne Theorien nur selten mit einfachen Beobachtungstatsachen konfrontiert werden; vielmehr erfolgen Widerlegungen in aller Regel im Lichte von Konkurrenztheorien. Poppers Methodologie wird dadurch jedoch nicht ernsthaft erschüttert. Um unsere Vermutungen zu prüfen, müssen wir eben nicht nur auf Erfahrungen zurückgreifen, sondern müssen Alternativen suchen oder selbst entwickeln; wir müssen eben alles tun, um unsere Theorien prüfbar zu *machen* und dann auch zu prüfen.

Was tut ein Wissenschaftler, wenn seine Theorie (oder die Theorie einer Kollegin) falsifiziert ist? Er wird nach einer besseren Theorie suchen. Auch sie sollte falsifizierbar sein; auch sie sollte dem härtest möglichen Test ausgesetzt werden; und auch sie kann diesen Test bestehen oder an ihm scheitern. Auf diese Weise schreitet Wissenschaft voran. Die Falsifizierbarkeitsforderung führt also „ganz von selbst" von Theorie zu Theorie und damit zu wissenschaftlichem Fortschritt, zur *Evolution* des Wissens und der Wissenschaft.

Mit der Kritisierbarkeitsforderung, dem Grundprinzip des Kritischen Rationalismus, ist es ähnlich: Berechtigte Kritik lässt uns nach Besserem suchen; dadurch und nur dadurch haben wir die Chance, Besseres auch zu finden. Poppers Methodologie führt somit fast zwangsläufig zum Wandel, nicht nur unserer Theorien, sondern auch unserer Überzeugungen, unserer Regeln, unserer Normen, unserer Institutionen, all dessen, was rationaler Kritik unterworfen werden kann.

Dass Popper Erkenntnistheorie betreibt, versteht sich von selbst. Schließlich taucht das Wort „Erkenntnistheorie" in vielen seiner Titel auf; schon sein erstes Buch, entstanden 1930 bis 1933, allerdings erst viel später veröffentlicht, behandelt „Die beiden Grundprobleme der Erkenntnistheorie" (Popper 1933/1979). Dass Poppers Kritischer Rationalismus mit dem Problem des Erkenntnisfortschritts eng verbunden ist, haben wir gerade gesehen. Verdient also Poppers Lehre den Namen *Evolutionäre Erkenntnistheorie*? Mit dieser Frage wollen wir uns im Weiteren beschäftigen.

7.3 Zwei Arten von Evolutionärer Erkenntnistheorie

Der Verhaltensforscher Konrad Lorenz (1903–1989) und der Wissenschaftstheoretiker Karl Popper (1902–1994) gelten beide als Vertreter der Evolutionären Erkenntnistheorie. Diese Konvergenz ist keineswegs selbstverständlich. Schließlich ist Lorenz Biologe, Popper dagegen Philosoph. Was verbindet sie?

Als Verhaltensforscher befasst sich Lorenz mit dem Verhalten von Tieren und Menschen, vornehmlich mit ihrem Sozialverhalten, aber auch mit ihren kognitiven Leistungen. Besonders interessiert ihn dabei die Frage, wie die kognitiven Fähigkeiten von Tieren und Menschen entstehen bzw. entstanden sind. Dieses Gebiet könnte man auch *kognitive Ethologie* nennen. Die Titel einiger Arbeiten von Lorenz sprechen dabei für sich: „Kants Lehre vom Apriorischen im Lichte gegenwärtiger Biologie" (1941), „Die angeborenen Formen möglicher Erfahrung" (1943), „Psychologie und Stammesgeschichte" (1954). Landläufig gilt Lorenz als der Begründer der Verhaltensforschung. Er selbst wird jedoch nicht müde, dieses Verdienst Oskar Heinroth (ab 1910) und Charles Otis Whitman zuzuschreiben. Immerhin dürfen wir ihn als Vater der kognitiven Ethologie bezeichnen.

Bei Lebewesen hat die Frage nach dem Werden eines Merkmals immer zwei Aspekte, einen ontogenetischen und einen phylogenetischen. Die *ontogenetische* Forschung hat es dabei vergleichsweise einfach: Sie kann die Entwicklung (development) an immer neuen, jetzt lebenden Individuen beobachten. So untersucht die Entwicklungspsychologie, was ein Neugeborenes schon kann und wie sich seine Fähigkeiten im Laufe seines Lebens entwickeln. Die einschlägigen Zeiträume umfassen Monate, vielleicht Jahre, höchstens Jahrzehnte. Da es viele Menschen gibt, kann man zahlreiche Individuen untersuchen, Mittelwerte bilden, Ergebnisse statistisch absichern.

Die *phylogenetische* Forschung hat es hier schwerer. Sie führt in die Vergangenheit, in die Stammesgeschichte, in die Evolution. Hier geht es also um Evolution im Sinne der Biologie, um die Evolution der Organismen. Die maßgeblichen Zeiträume umfassen Jahrmillionen. Da man diese Evolution nicht wiederholen und deshalb auch nicht unmittelbar beobachten kann, ist man auf indirekte Verfahren angewiesen, insbesondere auf den *Artvergleich*. Dabei will man nicht nur staunend zur Kenntnis nehmen, was es alles gibt, sondern hofft, bei jetzt lebenden Tieren Stufen zu finden, die der Mensch oder andere Tiere früher einmal durchlaufen haben könnten. Für die vergleichende Verhaltensforschung entspringt also der Artvergleich einem zutiefst evolutionären Interesse. So ist es kein Wunder, wenn Konrad Lorenz in seinem Buch „Die Rückseite des Spiegels“, dem Untertitel nach doch ein „Versuch einer Naturgeschichte menschlichen Erkennens“ (Lorenz 1973), nicht nur Menschen, sondern jede Menge Tiere bespricht. Hier geht es also vor allem um die Evolution kognitiver Systeme, um die Evolution der Erkenntnis*fähigkeit*.

Die beiden Aspekte – individuelle Entwicklung und organismische Evolution – sind natürlich eng verbunden: Die Individualentwicklung erfolgt aufgrund eines genetischen Programms, das in der Evolution entstanden ist. So können beide Forschungsrichtungen voneinander lernen. Insbesondere kann die Entwicklungspsychologie der Evolutionsforschung Anregungen vermitteln. Selbst wenn Ernst Haeckels biogenetische Formel, wonach die Ontogenese eine geraffte Wiederholung der Phylogenese sein soll, nicht den Rang eines Gesetzes hat, sondern bestenfalls den einer Regel, so hat sie doch großen heuristischen Wert. Und natürlich kann man auch auf indirektem Wege von der Entwicklung auf die Evolution zurückschließen. Selbst Jean Piaget, vielleicht der bekannteste Entwicklungspsychologe überhaupt, meint einmal:

> „Das fruchtbarste und sich am ehesten anbietende Feld der Untersuchung wäre natürlich die Rekonstruktion der menschlichen Geschichte – der Geschichte des menschlichen Denkens vom vorgeschichtlichen Menschen an. Doch leider wissen wir über die Psychologie des Neandertalers oder diejenige des *Homo siniensis* von Teilhard de Chardin nicht sehr viel. Da uns diese Dimension der

> Biogenese nicht zugänglich ist, werden wir uns wie die Biologen der Ontogenese zuwenden müssen.“ (Piaget 1970/1973, S. 21)

Umgekehrt ist Konrad Lorenz bei der Stammesgeschichte nicht stehen geblieben, sondern hat sich auch über wissenschaftliche Methoden, über ihre Leistungen und Grenzen, ausführlich geäußert. Man könnte sagen, er habe seine Interessen aus der Biologie in die Psychologie und bis in die Wissenschaftstheorie hinein verlängert.

Poppers Hauptinteresse gilt dagegen nicht der menschlichen Erkenntnis*fähigkeit*, sondern der menschlichen *Erkenntnis*. Auch sie zeigt eine Entwicklung: Wir wissen heute mehr als früher. Es ist verlockend, auch hier von einer Evolution zu sprechen. Doch ist dabei zunächst überhaupt nicht von Organismen und von biologischer Evolution die Rede, sondern von Erkenntnissen, von Hypothesen und Theorien und von Erkenntnisfortschritt. Die Schwerpunkte liegen dabei auf Wissenschaftsgeschichte und Wissenschaftstheorie. Doch wie Lorenz seine Interessen „nach vorne“ verlängert hat, so hat Popper seine Interessen „nach hinten“ in die Stammesgeschichte hinein ausgeweitet. So finden wir bei ihm Sätze wie: „Von der Amöbe zu Einstein ist es nur ein Schritt.“ (Popper 1972/1973, S. 273 f. und öfter)

Freilich: Dieser eine Schritt ist entscheidend: Es ist die *kritische Haltung*, die Einstein auszeichnet. Nur Wesen mit Sprache können zweifeln, können argumentieren, können Kritik üben. Das wichtigste Element des kritischen Rationalismus, die Kritik, ist also dem Menschen vorbehalten. Zwar ist es verlockend, die natürliche Auslese als evolutionäres Analogon zur Kritik anzusehen. Dabei darf man jedoch einen wichtigen Unterschied nicht übersehen: Die natürliche Auslese beurteilt nicht die *Wahrheit* einer Hypothese, sondern ihre *Brauchbarkeit*. Evolutionärer Erfolg wird nach rein *pragmatischen* Kriterien erzielt. Selbst wenn tatsächlich nur ein einziger Schritt von der Amöbe zu Einstein führen sollte – es ist ein gewaltiger, ein entscheidender Schritt.

7.4 Wieso dann der gleiche Name?

Dass beide, Lorenz und Popper, unter der Bezeichnung „Evolutionäre Erkenntnistheorie“ laufen, hat vor allem historische Gründe. Etwa 1968 schreibt Donald T. Campbell, ein Psychologe, für den Schilpp-Band über Popper (Schilpp 1974) einen Beitrag „Evolutionary epistemology“ (Campbell 1974). Das Erscheinen des Bandes verzögert sich jedoch noch bis 1974 (und es werden dann sogar zwei Bände). Zwischenzeitlich verschickt Campbell sein Manuskript großzügig an Interessierte. So kommt es, dass sowohl Popper als auch Lorenz Campbells Aufsatz schon vor dessen Erscheinen kennen und darauf Bezug nehmen: Popper in „Objektive Erkenntnis“ (Popper 1972/1973, S. 81; 1984, S. 68), Lorenz in „Die Rückseite des Spiegels“ (Lorenz 1973, S. 18, 30, 39). Nicht nur das: Beide fühlen sich durch

Campbell verstanden und akzeptieren den Ausdruck „Evolutionäre Erkenntnistheorie“ auch für ihre Auffassung. So schreibt Popper in der Antwort auf seine Kritiker:

> „Für mich ist das Verblüffendste an Campbells Essay die fast vollständige, bis in kleinste Details gehende Übereinstimmung zwischen Campbells Ansichten und meinen eigenen. [...]
>
> Wenn wir von einem kritischen Alltagsrealismus ausgehen [...], dann werden wir den Menschen als ein Tier unter vielen ansehen und menschliches Wissen als im Wesentlichen fast ebenso fehlbar wie tierisches Wissen. [...]
>
> Die wichtigste Aufgabe der Theorie menschlichen Erkennens ist es, die Kontinuität dieses Wissens mit tierischem Wissen zu verstehen, und ebenso seine Diskontinuität – falls sie existiert. Hierüber besteht, wie ich glaube, vollständige Übereinstimmung zwischen Campbell und mir.“ (Schilpp 1974, S. 1059, 1061)

Offenbar fühlt sich Popper von Campbell bestens verstanden. Mehr noch: Sein Buch „Objektive Erkenntnis“ trägt den Untertitel „Ein evolutionärer Entwurf“ und enthält eine „Skizze einer evolutionären Erkenntnistheorie“. Ist es dann nicht völlig legitim, Popper als Evolutionären Erkenntnistheoretiker anzusehen?

Andererseits bekundet auch Lorenz völlige Übereinstimmung mit Campbell:

> „In seiner Abhandlung ‚Essay on Evolutionary Epistemology‘ sagt Donald T. Campbell ‚[...] das Beispiel des durch Selektion bewirkten Wissenszuwachses kann auf andere Erkenntnisleistungen, wie Lernen, Denken und Wissenschaft, verallgemeinert werden.‘ [...] Ich stimme dieser Aussage nicht nur zu, sondern betrachte es als eine der Hauptaufgaben dieses Buches, den von Campbell vorgeschlagenen verallgemeinernden Vergleich zwischen den verschiedenen Mechanismen zu ziehen, mittels deren verschiedene lebende Systeme die für sie relevante Information erwerben und speichern.“ (Lorenz 1973, S. 39 f.)

Da er Campbell auch noch an anderen Stellen zustimmend zitiert, liegt es nahe, Lorenz ebenfalls als Evolutionären Erkenntnistheoretiker zu bezeichnen. Und wenn Popper und Lorenz beide Evolutionäre Erkenntnistheorie betreiben, machen sie dann nicht das gleiche? Dieser Eindruck wird noch dadurch verstärkt, dass Campbell neben Popper auch Lorenz ausgiebig zu Wort kommen lässt (Campbell 1974, S. 445 ff.). In einem Anhang nennt er zudem Vorläufer der Evolutionären Erkenntnistheorie; dabei machen die Schriften derer, welche – wie Lorenz – die Wahrnehmungs- und Denkkategorien des Menschen als Ergebnisse einer biologischen Evolution deuten, mit drei Seiten die Hälfte aller Hinweise aus.

Und dennoch: Lorenz und Popper machen eben nicht das gleiche. In einem Aufsatz „Was Evolutionäre Erkenntnistheorie nicht ist“ (Vollmer 1987) habe ich die

Gemeinsamkeiten und die Unterschiede zwischen Lorenz und Popper zusammengestellt. Dabei können die vielen Gemeinsamkeiten nicht darüber hinwegtäuschen, dass es entscheidende Unterschiede gibt. Diese Unterschiede lassen es geraten erscheinen, die beiden Disziplinen auch verschieden zu *benennen*. Wir nennen die eine Disziplin, die biologisch orientierte, Evolutionäre Erkenntnistheorie, die andere, die methodologisch orientierte, Evolutionäre Wissenschaftstheorie. Auch Popper hat es zuletzt vorgezogen, von einer „evolutionären Theorie des Wissens" zu sprechen: 1989 änderte er sogar den Titel eines Vortrags, den er zunächst noch unter „Evolutionary epistemology" angekündigt hatte, kurzfristig in „Auf dem Weg zu einer evolutionären Theorie des Wissens" (1989/1995, S. 55 f.) Übertreibend meint er einmal sogar, seine Ansicht über Kants Apriori sei „von der von Konrad Lorenz vor vielen Jahren entwickelten Meinung völlig verschieden" (Popper 1987, S. 29). Die Unterschiede sind in Tabelle 7.1 zusammengestellt.

7.5 Unterschiede zwischen Evolutionärer Erkenntnistheorie und Evolutionärer Wissenschaftstheorie

Tabelle 7.1: Unterschiede zwischen Evolutionärer Erkenntnistheorie und Evolutionärer Wissenschaftstheorie

	Evolutionäre Erkenntnistheorie	**Evolutionäre Wissenschaftstheorie**
Vertreter	Lorenz, Vollmer, Riedl	Popper, Toulmin
	Campbell gehört	zu beiden!
behandelt	Evolution kognitiver Systeme und kognitiver Fähigkeiten, Erkenntnis als Prozess	Evolution des Wissens (vor allem wissenschaftlicher Erkenntnis), Erkenntnis als Ergebnis
„Evolution" ist dabei Teil der	biologischen Evolution	kulturellen Evolution
Der Evolutionsbegriff ist	ganz spezifisch, nämlich biologisch	recht allgemein
Die Beziehung zur biologischen Evolution ist	stark (im wesentlichen identisch)	schwach, metaphorisch, versuchsweise, heuristisch
Zeitskala	Jahrmillionen	Jahrzehnte, höchstens Jahrhunderte
zugehörige wissenschaftliche Disziplinen	Biologie (Genetik, Evolutionstheorie, Verhaltensforschung, Neurobiologie), Psychologie, Linguistik	Geschichte der Wissenschaft und der Technik
philosophische Disziplin (insbesondere)	Erkenntnistheorie („Kognitologie")	Wissenschaftstheorie („Theoriendynamik")

	Evolutionäre Erkenntnistheorie	**Evolutionäre Wissenschaftstheorie**
Umfang (Erkenntnisstufen)	Wahrnehmung und Erfahrung (mesokosmische Erkenntnis)	theoretische (oder wissenschaftliche) Erkenntnis
Bezug (Einheiten der Selektion)	alle kognitiven Systeme (von der Amöbe bis zum Menschen, auch Marswesen, möglicherweise sogar Maschinen)	Hypothesen, Theorien (Popper: „Lasst Theorien sterben anstelle ihrer Anhänger!")
regulative Idee	Fitness	Wahrheit
näherungsweise erreicht durch	Anpassung	„Konvergenz" (Bavink), „Wahrheitsähnlichkeit" (Popper) „partielle Wahrheit" (Bunge)
Beziehung zur anderen regulativen Idee	weder Fitness noch Anpassung garantieren Wahrheit	Wahrheit (wahre Erkenntnis) erhöht Fitness
idealer (fiktiver) Endzustand	*viele* optimierte, einander in derselben Nische ausschließende, sonst aber koexistierende Arten	*eine* einzige, widerspruchsfreie, umfassende (wahre) Supertheorie
... nicht oder schwer zu erreichen wegen	fortwährend wechselnder Umweltbedingungen	Komplexität der Welt (verwickelte Hierarchien, schwache Kausalität, Zufallsereignisse, Nichtlinearität), Erkenntnisgrenzen
evolutives Verhalten im wesentlichen	darwinistisch (tolerant, viele ökologische Nischen)	nicht-darwinistisch (alles-oder-nichts-Entscheidungen)
verlorene Information	(ausgestorbene Arten) unwiderruflich verloren	(vergessene Theorie) kann neu formuliert werden
Vorgänge	unbewusst, opportunistisch	bewusst, kritisch
Variationen erfolgen	ziellos, blind, spielerisch	gezielt, nicht blind, systematisch
hervorgerufen durch	Kopierfehler	Probleme
Informationsübertragung	durch genetische Vererbung an die eigenen *Nachkommen*	durch Bekanntgabe gegenüber *allen* interessierten Wissenschaftlern
Fortschritt	ist unbeabsichtigtes, aber unvermeidliches *Nebenprodukt* evolutiver Prozesse	ist erhofft, im allgemeinen sogar *beabsichtigt*, kann aber verfehlt und, selbst wenn erreicht, nicht bewiesen werden
Neuerungen	quasi-kontinuierlich („graduell"), konservativ (Sprünge sind riskant)	meist sprunghaft, manchmal radikal
Wandel	„evolutionär"	„revolutionär"

	Evolutionäre Erkenntnistheorie	**Evolutionäre Wissenschaftstheorie**
Einschränkungen für Versuche	zahlreiche (wenige evolutive „Lizenzen“)	wenige („die Gedanken sind frei“)
Natur der Beschränkungen	hauptsächlich *historische* (z.B. keine sechsfüßigen Säugetiere), Evolution bedeutet „Umbau ohne Schließung des Betriebs“ (Osche)	vor allem *logische* (keine Zirkel, keine Widersprüche), aber auch *erkenntnistheoretische*: Formulierbarkeit in einer endlichen, rekursiven, intersubjektiven, argumentativen Sprache; Projizierbarkeit auf unsere physische Peripherie
Lernstrategie	„Die Natur“ (Evolution, Phylogenese) lernt nicht aus ihren Fehlern, sondern nur aus ihren Erfolgen (Lorenz) (Riedl: „poststabilierte Harmonie“).	(Einige) Wissenschaftler lernen aus ihren Fehlern und denen anderer, können sie zu vermeiden suchen und dabei Erfolg haben.
Weltbild	Für die Evolutionäre Erkenntnistheorie ist eine naturalistische Position konstitutiv.	für Evolutionäre Wissenschaftstheorie unerheblich
Leib-Seele-Problem	Die Evolutionäre Erkenntnistheorie ist naturalistisch, also monistisch; der Dualismus oder Poppers Drei-Welten-Lehre sind damit nicht vereinbar.	Diese Frage hat wenig Relevanz für eine Evolutionäre Wissenschaftstheorie.

Zusammenfassend halten wir fest: Die Evolutionäre Erkenntnistheorie darf man durchaus ein Kind des Kritischen Rationalismus nennen, genauso wie die Evolutionäre Wissenschaftstheorie. Aber sind sie auch zwei Geschwister, so sind sie doch nicht identisch und dürfen auch nicht miteinander verwechselt werden; sonst kann es passieren, dass man – um im Bilde zu bleiben – beide Kinder mit demselben Bade ausschüttet.

7.6 Poppers Beitrag zur Evolutionären Erkenntnistheorie

Wenn wir den Ausdruck „Evolutionäre Erkenntnistheorie“ im Lorenz‘schen, also in einem mehr biologischen Sinne verwenden, dann können wir sagen: Popper ist zwar ein Vorläufer der Evolutionären Erkenntnistheorie, aber inhaltlich kein Wegbereiter! Diese Behauptung ist nur auf den ersten Blick paradox; wir wollen sie nun begründen.

Poppers frühes Werk „Die beiden Grundprobleme der Erkenntnistheorie“, das ja letztlich Fragment geblieben ist, enthält ein längeres Kapitel „Kant und Fries“. Es ist vor allem der Kritik des Apriorismus gewidmet. Hier finden sich Sätze, die spätere Aussagen der Evolutionären Erkenntnistheorie in verblüffender Weise vorwegnehmen. Wir geben nur einige Beispiele:

> „Wie ist die Übereinstimmung der (subjektiven) Bedingungen unseres Erkenntnisapparates – der Funktionsgesetze unseres Intellekts – mit den (objektiven) Verhältnissen unserer Umwelt zu erklären?
>
> Es kann gezeigt werden, dass diese Frage auf die allgemein *biologische* Frage zurückgeführt werden kann, wie die *Anpassung* lebender Organismen an die objektiven Umweltbedingungen zu erklären sei. Diese Frage ist eine theoretisch-naturwissenschaftliche, sie ist eine Tatsachenfrage. [...]
>
> Die Tatsache, dass wir über Intellektualfunktionen verfügen, ist (nach dem gegenwärtigen Stand unseres biologischen Wissens) durch die Hypothese zu erklären, dass sich diese Funktionen im Laufe der Entwicklung durch Anpassung (selbstverständlich durch nicht-intellektuelle) ausgebildet haben. [...]
>
> Der *Apriorismus* der intellektuellen Grundfunktionen erweist sich als *genetischer* Apriorismus: jene Grundfunktionen sind uns *angeboren*, sie sind, als Bedingungen aller Wirklichkeitserkenntnis da. Die Frage, wieso sie *trotzdem* zu unserer Umwelt passen, wäre grundsätzlich auf eine Stufe zu stellen mit der Frage, wie denn ein Vogel zu seinen Flügeln kommen kann, noch ehe er Gelegenheit hat, sie in der Luft zu gebrauchen.
>
> Nach dieser Analyse der Kantschen *Fragestellung* müssen nun auch Kants *drei mögliche Antworten* untersucht werden.
>
> Die eben dargelegte Auffassung kommt einer Entscheidung für den *„Mittelweg"* gleich:
>
> Die intellektuellen Grundfunktionen sind präformiert, sie sind ‚subjektive, uns mit unserer Existenz zugleich eingepflanzte Anlagen zum Denken' [Kant: Kritik der reinen Vernunft, B 167]. Aber zur Erklärung dieses ‚Präformationssystems' müssen wir weder eine prästabilierte Harmonie, noch die *veracitas* unseres Schöpfers heranziehen: die Frage steht auf einer Linie mit den übrigen Fragen der ‚Präformation', das heißt der angeborenen Anpassung." (Popper 1933/1979, S. 87 ff.)

Es wäre verlockend, diesen Formulierungen solche bei Lorenz (1941, S. 99; 1943, S. 352; 1973, S. 19 f.) oder Vollmer (1975/2002, S. 54, 102, 128 f., 133) gegenüberzustellen; dieser Versuchung müssen wir hier widerstehen.

Bekanntlich ist Poppers „Logik der Forschung" ein stark gekürzter Auszug aus jenem alten Manuskript über die Grundprobleme der Erkenntnistheorie. Die Abschnitte über Kant und über die biologische Deutung des Apriori sind damals nicht in die Logik der Forschung eingegangen und daher bis 1979 unbekannt geblieben.

Merkwürdigerweise hat nicht einmal Popper selbst, etwa in seinem Gespräch mit Lorenz (Popper und Lorenz 1985), auf diese frühen Gedanken hingewiesen; dabei ist er doch sonst immer deutlich bemüht, seine Priorität zu betonen und zu belegen, so sehr, dass die Parodie, die Hans Peter Duerr Paul Feyerabend in den Mund legt, durchaus gelungen erscheint:

> „Man hatte mir angedeutet, ich könne mit höheren Ehrungen rechnen – ‚Sir Paul' und so, verstehn Sie! – aber dann hat mich der Popper abgespeist mit einem Sonderdruck seines Aufsatzes ‚I as a Precursor of Myself', in dem er allerdings überzeugend nachweist, dass er seine eigenen Theorien um Jahre vorweggenommen hat." (Duerr 1980, S. 180 f.)

Popper hätte also durchaus der Begründer der Evolutionären Erkenntnistheorie werden können. Er wurde es nicht, weil seine Gedanken nicht bekannt wurden. Damals war er einer ihrer Vorläufer, sogar ihr Vertreter, aber nicht ihr Wegbereiter.

Später dagegen, in den 1970er und 1980er Jahren, war es genau umgekehrt: Obwohl er sie gar nicht wirklich vertrat, wurde er ihr Wegbereiter! Wie kann das sein?

In den angelsächsischen Ländern hatte man von den Lorenz'schen Gedanken zur Evolutionären Erkenntnistheorie kaum Notiz genommen. Die Arbeiten von 1941 und 1943 waren im Krieg erschienen und kaum über Deutschland hinausgelangt. Das „Russische Manuskript", 1944 bis 1948 in sowjetischer Gefangenschaft entstanden, blieb zunächst ungedruckt und war von 1963 bis 1990 sogar gänzlich unauffindbar. Erst im Dezember 1990, zwei Jahre nach Lorenz' Tod, wurde es wiederentdeckt und dann – postum und mehr aus historischen Gründen – auch veröffentlicht (Lorenz 1944–1948/1992). Auch „Die Rückseite des Spiegels", sein Hauptwerk zur Evolutionären Erkenntnistheorie, erschien erst 1973, englisch sogar erst 1978 unter dem Titel „Behind the Mirror".

Poppers Verwendung des Ausdrucks „Evolutionäre Erkenntnistheorie" und seine Zustimmung zu Campbells Beitrag führten zu der irrtümlichen Vermutung, er sei auch ein *Vertreter* dieser Auffassung. Weil er so bekannt war und weil man sich mit ihm beschäftigte, wurden dann auch die Arbeiten der biologischen Richtung gelesen und diskutiert. So wurde Popper in den angelsächsischen Ländern zum Tor für die Evolutionäre Erkenntnistheorie. Durchaus zu Recht wurde sie dort als eine konkrete Durchführung des Programms angesehen, das Quine (1969/1975) unter dem Titel „Naturalisierte Erkenntnistheorie" entworfen hatte.

Es kam, wie es kommen musste: Viele Autoren fühlen sich berufen nachzuweisen, dass die Entwicklung der Wissenschaft nicht *darwinistisch*, ja nicht einmal *evolutionär* verlaufe. Sie werfen Popper und Lorenz in einen Topf und tadeln Popper dafür, dass er die Evolution der Erkenntnisfähigkeit und die Evolution des Wissens nicht genug unterscheide. Diese Kritik ist, soweit sie sich gegen Popper richtet, meist unberechtigt; denn er hat ja nur Evolutionäre Wissenschaftstheorie betrieben und dabei einige Ausflüge in die Evolutionäre Erkenntnistheorie gemacht.

Manchmal ist die Kritik aber auch berechtigt: Popper selbst hat den Unterschied oft nicht genügend betont. Schließlich finden sich bei ihm Sätze wie die folgenden:

> „Von der Amöbe bis Einstein ist der Erkenntnisfortschritt immer derselbe: wir versuchen, unsere Probleme zu lösen und durch Auslese zu einigermaßen brauchbaren vorläufigen Lösungen zu kommen." (Popper 1972/1973, S. 289)

> „Von Anfang an, wahrscheinlich durch Darwinsche Selektion, sucht das Leben eine bessere Welt." (Popper und Lorenz 1985, S. 17, 21)

> „Mein Ausgangspunkt ist [...] die Feststellung, *dass Tiere etwas wissen können: dass sie Wissen haben können.* [...] Wenn man, wie ich es hier tue, das Wissen in einem biologischen und evolutionären Sinn versteht, dann haben nicht nur Tiere und Menschen Erwartungen und damit (unbewusstes) Wissen, sondern auch Pflanzen, ja alle Organismen. Bäume wissen, dass sie das dringend benötigte Wasser finden können, indem sie ihre Wurzeln tiefer in die Erde strecken, und zumindest die großen unter ihnen wissen, auf welche Weise sie senkrecht emporwachsen können. Blühende Pflanzen wissen, dass bald wärmere Tage kommen werden, und sie wissen, wie sie ihre Blüten öffnen oder schließen müssen [...]. Und sie wissen beispielsweise, wie sie Bienen und andere Insekten anlocken können. [...]
>
> Ich bin sogar der Auffassung, dass sie [die Naturwissenschaft] nicht mehr ist als aufgeklärter bakterieller ‚*common sense*'." (Popper 1989/1995, S. 56 f., 64 f., 89)

Das Gegenteil von „gut" ist „gut gemeint", heißt es manchmal sarkastisch. So biologisch und so evolutionär das alles gemeint sein mag – da fragt sich eben auch der Popper-Anhänger, ob eine solche mentalistische Sprechweise nicht mehr Verwirrung stiftet, als sie hilft.

Jedenfalls geht auch Popper nicht so weit, alle Organismen als Kritische Rationalisten zu bezeichnen; auch bei ihm haben nur Menschen die Chance, Kritische Rationalisten zu sein. Diese Chance sollten wir nutzen.

7.7 Wann ist eine Theorie evolutionär? Wann ist sie darwinistisch?

Der Name *Evolutionäre Erkenntnistheorie* hat sich längst eingebürgert. Auch der Vorschlag, bei Popper von Evolutionärer Wissenschaftstheorie zu sprechen, ist bereits mehrfach aufgegriffen worden. Bei anderen, vor allem bei Popper selbst (Popper 1972/1973), ist nun sogar von einem Darwin'schen oder *darwinistischen* Konzept der Wissenschaftsentwicklung die Rede. Es ist klar, was damit gemeint ist: Weil Darwin das Prinzip der natürlichen *Auslese* eingeführt hat und weil auch Theorien einer *Auslese* unterliegen, liegt es nahe, diese Ausleseprozesse, ja die gesamte Entwicklung von Organismen und von Theorien miteinander zu vergleichen. Freilich haben wir schon in Tabelle 7.1 in Kapitel 7.5 wesentliche Unterschiede zwischen diesen beiden Bereichen ausgemacht. Die Frage, in welchem Sinne eine Theorie evolutionär ist und wann sie darwinistisch genannt werden kann, wollen wir nun noch etwas genauer betrachten.

Das Prädikat „evolutionär" vergeben wir heutzutage leicht. Meist schon dann, wenn sich nur irgendetwas entwickelt. So sprechen wir von kosmischer, chemischer, molekularer, biologischer, sozialer, kultureller, wissenschaftlicher Evolution, von der Evolution von Sternen (Kippenhahn), Galaxien (Arp; Oort), Quasaren (Schmidt/Bello), des Universums (Novikov), der Atmosphäre (Walker), aber auch von der Evolution der Komplexität (Bonner), der Sexualität (Smith; Michod/Lewin), des Verhaltens (Lorenz), der Kooperation (Axelrod 1984/1987), des Altruismus (Trivers), der Sprache (Schwidetzky; Stopa), der Liebe (Engeln), des Gewissens (Voland), des Denkens (Wuketits), ja sogar von der Evolution des Darwinismus (Stebbins und Ayala 1985).

Manche, vor allem Biologen, nehmen an dieser inflationären Verwendung Anstoß: Sie möchten den Begriff „Evolution" auf die Evolution der Organismen beschränkt wissen. Die chemische Evolution, also die Entstehung der chemischen Elemente im Urknall, im Sterninnern und bei der Explosion von Sternen, entspreche der biologischen Evolution noch nicht, erst recht nicht die kosmogonischen Prozesse beim und nach dem Urknall. „Wer das „Evolution" nennt, verlässt die begriffliche Redlichkeit.", meint dazu Friedrich Schaller (1996, S. 137) Über solche Bedenken ist jedoch der Sprachgebrauch, auch und gerade der wissenschaftliche, längst hinweggegangen. Es mag sein, dass die Biologie eine besonders charakteristische Phase der universellen Evolution behandelt; es mag auch sein, dass der Begriff von ihr mit besonders viel Inhalt gefüllt worden ist, es mag sogar sein, dass es zweckmäßig gewesen wäre, das Wort für die biologische Evolution zu reservieren, – das Wort gepachtet hat die Biologie nicht. So gibt es viele Versuche, in allen Phasen der Evolution Gemeinsamkeiten zu finden und der Rede von einer universellen Evolution auf diese Weise mehr Inhalt zu geben (etwa Jantsch 1981; Gläser 1987). Aber selbst wenn das nicht gelänge, bliebe doch mindestens eine Familienähnlichkeit, die diese Phasen miteinander verbindet.

In Tabelle 7.2 stellen wir Merkmale aller Evolution zusammen. Einige davon sind – aus begrifflichen oder aus faktischen Gründen – unerlässlich; andere finden sich fast immer; wieder andere sind charakteristisch für die biologische Evolution.

Tabelle 7.2: Welche Merkmale sind für evolutive Prozesse wesentlich?

Evolutives Merkmal	**Erläuterung**	**Beispiele und Gegenbeispiele, Bemerkungen**
Notwendig immer		
nicht statisch	Es geschieht etwas.	Heraklit ist unserem evolutionären Weltbild näher als Parmenides.
nicht stationär	Es geschieht nicht immer dasselbe.	Der geradlinige Flug eines Steins, die Bewegung eines Planeten, das Fließgleichgewicht eines Brunnens, der Kreislauf der Jahreszeiten, das Schwingen eines Pendels, der Gleichklang von Ebbe und Flut, die ewige Wiederkehr des Gleichen bei Nietzsche – das alles ist noch nicht Evolution.
nicht umkehrbar	Irreversibilität	Prozesse, die auch umgekehrt von selbst ablaufen, nennen wir nicht evolutiv. Dazu gehören auch einige der obigen Beispiele.
keine reine Zufallsfolge	Erforderlich ist ein Mindestmaß an kausaler Kohärenz.	Beim Münzwurf oder beim Würfeln nähern sich die Häufigkeiten der Gleichverteilung mehr und mehr an (Gesetz der großen Zahl). Trotzdem sprechen wir hier nicht von Evolution, vor allem wohl deshalb, weil die Zustände nicht kausal auseinander hervorgehen.
Kontingent immer oder fast immer		
Struktur-bildung	Komplexität nimmt im Durch-schnitt zu (Selbst-organisation).	Bei Strukturabbau, bei Zerfall, Zerstörung, Degeneration, Aussterben sprechen wir im Allgemeinen nicht von Evolution. Sie können jedoch durchaus Bestandteil evolutiver Prozesse sein.
Entropie-vermehrung	auch: dissipative Prozesse	Gilt allerdings für *alle* realen Prozesse, nicht nur für evolutive. Strukturbildung und Entropievermehrung schließen einander nicht aus. Das gilt insbesondere bei anziehenden Wechselwirkungen, etwa Gravitation.
Zufall und Notwen-digkeit	also stochastische *und* determinis-tische Elemente. Mit wachsender Komplexität nimmt der Einfluss des Zufalls zu, die Voraussagbarkeit ab.	*Planetenentstehung:* Die Zahlen und Massen der Planeten (und ihrer Begleiter) sind stark, ihre Abstände sind teilweise zufallsbedingt. *Biogenese:* Die Entstehung des Lebens auf der Erde war, wie Manfred Eigen immer wieder betont, unausweichlich, aber in Verlauf und Ergebnis nicht determiniert. *Biologische Evolution:* Mutation, Genrekombination, Populationswellen, Gendrift; aber auch Selektion, Annidation. *Wissenschaftsentwicklung:* Einfälle, Spekulation, Genialität einerseits; Prüfung, Experiment, Test, Kritik andererseits.

Evolutives Merkmal	**Erläuterung**	**Beispiele und Gegenbeispiele, Bemerkungen**
Meistens		
Stabilitäts-probleme	Komplexe Sys-teme können auch wieder zerfallen.	Durch äußere Einwirkung, mangelnde Energiezufuhr, Konkurrenz; Explosion, Kollaps, Tod, Aussterben, Vergessen.
Variation und selektiver Fortbestand		Die Varianten entstehen zufällig (besser: blind); der Fortbestand ist jedoch nicht zufällig, sondern erfolgt nach *Kriterien*, etwa nach Stabilität. (Campbell: Blind variation and selective retention.)
Optimierung	Nur wenn eine Bewertung vorliegt.	Liegt ein Bewertungskriterium vor, so kann man oft auch von *Fortschritt* sprechen. Nur von uns kann Evolutionsstrategie *bewusst* angewandt werden.
Nur bei der biologischen Evolution (oder wenn wir eine Evolution von Maschinen in Gang setzen)		
Selbstrepli-kation	also Vererbung	Sterne evolvieren, aber sie vermehren sich nicht ...
Erbänderun-gen	Mutationen	... und unterliegen deshalb auch keinen Erbänderungen.
Selektion	differentielle Reproduktion	Natürliche Auslese ist unterschiedliche Vermehrung *aufgrund unterschiedlicher Tauglichkeit (Fitness)*.
Anpassung		Dadurch kommt es zu besserer Anpassung, zu einem Zuwachs an *funktioneller* Komplexität.

Eine Theorie *evolutionär* zu nennen, fällt also nicht schwer: Dazu genügt es, dass sie evolutive Prozesse beschreibt, und davon gibt es offenbar viele, angefangen von der Evolution des Kosmos und weit über die Biologie hinaus. Für die Bezeichnung *darwinistisch* gilt das jedoch nicht. Was Darwins Theorie auszeichnet, ist gerade jener Faktor, den er neu eingeführt hat: die natürliche Auslese. Natürliche Auslese im Sinne Darwins kann es aber nur geben, wo es Selbstvermehrung gibt, wo also (Erb-)Information weitergegeben wird, wo diese sich verändern kann und dann auch wirklich zu unterschiedlicher Tauglichkeit führt; denn nur da kommt es zu *differentieller Reproduktion aufgrund unterschiedlicher Tauglichkeit* und nicht etwa aufgrund eines inneren Mechanismus oder aufgrund bloßen Zufalls.

Natürlich kann man erwägen oder sich entschließen, schon dann von einem darwinistischen Modell zu sprechen, wenn nur zufällige Variationen und selektiver Fortbestand vorliegen. Damit legt man jedoch etwas nahe, was eigentlich gar nicht gemeint ist: Man wird dann nämlich nach irgendeiner Art der Fortpflanzung oder der Vermehrung suchen. Aber wie sollten Theorien sich fortpflanzen? Wollte man ihren Erfolg nicht nach ihrer Bewährung in strengen Tests bewerten, sondern nach ihrer Anerkennung, also nach der Zahl der Menschen, die ihnen zustimmen, sie vertreten oder verwenden, dann könnte man nicht mehr zwischen Tauglichkeit und tatsächlichem Erfolg unterscheiden, weil die Tauglichkeit ja gerade über den Erfolg definiert ist. Ein synthetisches Selektionsprinzip ließe sich dann nicht mehr formulieren.

Für den Rat, den Theorienwandel *nicht* darwinistisch zu nennen, gibt es noch einen zweiten Grund, der ebenfalls schon in Tabelle 7.1 angesprochen ist. In der Biologie gilt – neben den Prinzipien der Variation und der natürlichen Auslese – das Prinzip der ökologischen Nischen. Danach können Arten mit ähnlichen Ansprüchen Konkurrenz vermeiden, wenn sie verschiedene Territorien besetzen (oder sich von verschiedenen Pflanzen ernähren, auf verschiedene Tiere Jagd machen, verschiedene Nistplätze beanspruchen usw.). Manche Arten, Biber etwa oder Bienen, können sogar geeignete ökologische Nischen *schaffen*. Theorien können einander dagegen in zweierlei Hinsicht Konkurrenz machen: im Hinblick auf Wahrheit *und* im Hinblick auf ihre praktische Anwendung. Im Hinblick auf ihre Wahrheit gibt es aber keine „Nische", keine Möglichkeit der Versöhnung: Wenn zwei Theorien einander widersprechen, dann können nicht beide wahr sein. Wohl aber können beide, obwohl sie einander widersprechen, für verschiedene Zwecke *brauchbar* sein und dort auch eingesetzt werden. So kommt man bei der Erklärung des Periodensystems der chemischen Elemente mit einem einfachen Schalenmodell für Atome aus; für die Erklärung der chemischen Bindung braucht man dagegen die genauere, aber eben auch schwierigere Quantentheorie. Selbst Theorien, die innere Widersprüche enthalten, also nicht einfach anderen in praktischer Hinsicht unterlegen, sondern mit Sicherheit falsch sind, mögen noch Anwendung finden in Bereichen, wo sich ihre Widersprüchlichkeit nicht auswirkt.

Unsere Empfehlung geht also dahin, von einer darwinistischen Theorie nur dann zu sprechen, wenn die beteiligten Systeme sich selbst reproduzieren. Theorien mögen zwar mehr oder weniger Anhänger haben – für diese Art der Ideen-"Fortpflanzung" hat ja Richard Dawkins die Mem-Theorie entwickelt. Das heißt jedoch nicht, dass sie sich fortpflanzen, Nachkommen haben, sich vermehren. (Nur gelegentlich können wir eine jüngere Theorie einen „Ableger" einer älteren nennen; das ist aber eher selten.)

Poppers Wissenschaftstheorie ist dann tatsächlich evolutionär. Auch spricht nichts dagegen, die Evolution von Theorien als Teil eines umfassenden Evolutionsprozesses zu deuten und bei den verschiedenen Evolutionsphasen und Evolutionsgesetzen nach Analogien zu suchen. Tatsächlich lassen sich dann auch zwischen der Evolution von Organismen und der Evolution von Theorien erhellende Analogien finden. Darwinistisch ist die Evolution von Theorien jedoch nicht. Aber vielleicht ist ja auch dieser Sprachgebrauch schon nicht mehr zu verhindern? Dann wird es allerdings nötig sein, in jedem Einzelfall zu sagen, ob und wie die Objekte, die der Selektion unterliegen, sich wirklich vermehren und wie sie dabei variieren. Den

Unterschied zwischen Wahrheit und Brauchbarkeit wird man dabei besonders beachten müssen; darauf hat schließlich auch Popper oft genug hingewiesen.

7.8 Literatur

Axelrod, R. (1984/1987), *Die Evolution der Kooperation.* München: Oldenbourg.

Bührke, T. (2009), *Die Sonne im Zentrum: Aristarch von Samos.* Roman der antiken Astronomie. München: Beck.

Campbell, D. T. (1959), Methodological Suggestions from a Comparative Psychology of Knowledge Processes. *Inquiry* 2, 152–182.

Campbell, D. T. (1974), Evolutionary Epistemology. In: Schilpp (1974), 413–463.

Duerr, H. P. (Hrsg.) (1980), *Versuchungen: Aufsätze zur Philosophie Paul Feyerabends.* Erster Band, Frankfurt: Suhrkamp.

Einstein, A. (1930/1997), *Zur Methodik der theoretischen Physik* (Vortrag 1930). In ders.: *Mein Weltbild,* München: Ullstein 1997.

Gadenne, V. (1998), Bewährung, Wahrheit und Akzeptanz von Theorien. In ders. (Hrsg.), *Kritischer Rationalismus und Pragmatismus,* Amsterdam: Rodopi, 89–110.

Gläser, H.-J. (1987), Allgemeine und biologische Evolutionstheorie. In: *Biologisches Zentralblatt* 106, 663–681.

Horgan, J. (1992), The Intellectual Warrior. *Scientific American* 267, 1992, 20–21.

Horgan, J. (1996/1997), *An den Grenzen des Wissens: Siegeszug und Dilemma der Naturwissenschaften.* München: Luchterhand (englisch 1996).

Jantsch, E. (Hrsg.) (1981), *The Evolutionary Vision: Toward a Unifying Paradigm of Physical, Biological, and Sociocultural Evolution.* Boulder: Westview Press.

Lorenz, K. (1941), Kants Lehre vom Apriorischen im Lichte gegenwärtiger Biologie. *Blätter für Deutsche Philosophie* 15, 94–125; mehrfach nachgedruckt (auch englisch).

Lorenz, K. (1943), Die angeborenen Formen möglicher Erfahrung. *Zeitschrift für Tierpsychologie* 5, 235–409; Nachdruck Hamburg: Parey, 1961.

Lorenz, K. (1954), Psychologie und Stammesgeschichte. In: Heberer, G. (Hrsg.), *Die Evolution der Organismen,* Jena, 1. Aufl. 1943, 105–127, 2. Aufl. 1954, 131–172; mehrfach nachgedruckt, insbesondere in: Lorenz (1965), *Über tierisches und menschliches Verhalten,* München: Piper, Band II, S. 201–254, und in: Lorenz (1968), *Vom Weltbild des Verhaltensforschers,* München: dtv, 35–95.

Lorenz, K. (1973), *Die Rückseite des Spiegels: Versuch einer Naturgeschichte menschlichen Erkennens*. München: Piper.

Lorenz, K. (1944–1948/1992), *Die Naturwissenschaft vom Menschen: Eine Einführung in die vergleichende Verhaltensforschung*. München: Piper.

Losee, J. (1971/1977), *Wissenschaftstheorie: Eine historische Einführung*. München: Beck.

Piaget, J. (1970/1973), *Einführung in die genetische Erkenntnistheorie*. Frankfurt: Suhrkamp.

Popper, K. (1933/1979), *Die beiden Grundprobleme der Erkenntnistheorie.* Tübingen: Mohr.

Popper, K. (1934/1994), *Logik der Forschung.* Tübingen: Mohr. 10. Aufl. 1994.

Popper, K. (1945/1992), *Die offene Gesellschaft und ihre Feinde*. Tübingen: Mohr. 7. Aufl. 1992.

Popper, K. (1972/1973), *Objektive Erkenntnis: Ein evolutionärer Entwurf.* Hamburg: Hoffmann und Campe. 2. Aufl. 1984.

Popper, K. und Lorenz, K. (1985), *Die Zukunft ist offen*. München: Piper.

Popper, K. (1987), Die erkenntnistheoretische Position der Evolutionären Erkenntnistheorie. In: Riedl und Wuketits (1987), 29–37.

Popper, K. (1989/1995), *Auf dem Weg zu einer evolutionären Theorie des Wissens.* In ders.: Eine Welt der Propensitäten, Tübingen: Mohr 1995, 55–93.

Quine, W. v. O. (1969/1975), *Naturalisierte Erkenntnistheorie*. In ders.: Ontologische Relativität und andere Schriften, Stuttgart: Reclam, 97–126.

Riedl, R. und Wuketits, F. M. (Hrsg.) (1987), *Die Evolutionäre Erkenntnistheorie.* Hamburg: Parey.

Schaller, F. (1996), Evolution: Entgrenzung eines Begriffs. In: *Naturwissenschaftliche Rundschau* 49 (4), 136–139.

Schilpp, P. A. (Hrsg.) (1974), *The Philosophy of Karl Popper.* La Salle: Open Court.

Stebbins, G. L. und Ayala, F. J. (1985), Die Evolution des Darwinismus. *Spektrum der Wissenschaft*, Sept. 1985, 58–71.

Vollmer, G. (1975/2002), *Evolutionäre Erkenntnistheorie*. Stuttgart: Hirzel. 8. Aufl. 2002.

Vollmer, G. (1987), Was Evolutionäre Erkenntnistheorie nicht ist. In: Riedl und Wuketits (1987), 140–155. Auch in: Vollmer (1995), 133–161.

Vollmer, G. (1990), Mehr oder weniger Vernunft? Kritisierbarkeit, Selbstanwendbarkeit und andere Rationalitätskriterien. In: Vollmer (1993), 141–160.

Vollmer, G. (1993), *Wissenschaftstheorie im Einsatz: Beiträge zu einer selbstkritischen Wissenschaftsphilosophie*. Stuttgart: Hirzel.

Vollmer, G. (1995), *Biophilosophie*. Stuttgart: Reclam.

Kapitel 8

Darwin, Popper und die Evolutionsbiologie

Peter Markl

8.1 Einleitung

Im folgenden Essay sollen einige Themen aufgegriffen werden, die in der Diskussion in den letzten Monaten eine prominentere Rolle gespielt haben, wobei zum Teil sehr alte Themenkreise wieder angeschnitten werden. Auf einige davon soll im Folgenden eingegangen werden, weil sie einen Bezug zur Arbeit Karl Poppers haben.

In Österreich stand die Diskussion im Schatten eines Briefes, den Kardinal Schönborn (Schönborn 2005) am 7. Juli 2005 in der „New York Times" veröffentlichen konnte, wobei die Frage der Stellung der Kirche zur Evolutionstheorie aufgegriffen und dabei versucht wurde, eine weit verbreitete Ansicht zu korrigieren.

Diese Auffassung geht auf Zitate von Papst Johannes Paul II zurück, der 1996 in einem Brief geschrieben hatte, dass „die Evolution mehr sei als eine bloße Hypothese".

Viele hatten seither den Eindruck gehabt, dass die katholische Kirche nunmehr die Evolutionstheorie als den heutigen Stand der wissenschaftlichen Vermutungen über die Selektionsmechanismen, die den Wandel der Arten bewirken, akzeptiert hätte – Erklärungen, die ohne einen Schöpfergott auskommen. Wie Kardinal Schönborn in dem Brief en passant anmerkte, überlässt die katholische Kirche heute viele Details der Rekonstruktion der Geschichte des Lebens auf der Erde „der Wissenschaft", bei der Selektionstheorie endet jedoch diese Toleranz.

Schönborn erinnerte daran, dass die Selektionstheorie auch heute noch im Gegensatz zum Katechismus der katholischen Kirche steht, wo es ganz unmissverständlich heißt:

> „Die Existenz eines Schöpfergottes kann von der menschlichen Vernunft mit Sicherheit aus seinen Werken erkannt werden".

> „Jedes Gedankensystem, welches den überwältigenden Eindruck des Geplantseins in der Biologie leugnet oder weg zu erklären versucht, ist Ideologie und nicht Wissenschaft".

8.1.1 Neuauflage einer alten Immunisierungsstrategie

Der Versuch, einer naturwissenschaftlichen Theorie, die einer Religion oder einer politischen Ideologie widerspricht, den wissenschaftlichen Charakter abzusprechen, ist eine alte Immunisierungsstrategie. Sie war in den frühen 1930er Jahren und später wieder in den 1970er Jahren ein Thema Karl Poppers.

Anfang der 1970er Jahre gab es eine Reihe von Symposien, bei denen es vor allem um die philosophischen Implikationen der neuen molekularen Biologie und molekularen Genetik ging.

Im September 1972 fand in der Villa Serbelloni in Bellagio am Comer See ein Symposium zu philosophischen Problemen der Biologie statt: Es ging um Reduktionismus und Probleme in seinem Umfeld. (Ayala und Dobzhansky 1974)

Es war ein denkbar prominent besetztes Symposium. Da diskutierten unter anderen Theodosius Dobzhansky, Gerald Edelman, Ledyard Stebbins, Peter Medawar, Karl Popper, John Eccles, Bernhard Rensch und Jacques Monod.

Im Mittelpunkt vieler der Diskussionen standen die Thesen, die Monod 1970 in seinem Buch „Zufall und Notwendigkeit" zur Diskussion gestellt hatte und in seinem Symposiumsbeitrag gegen Kritik verteidigte.

Viele der Diskussionspunkte waren ein Jahr später in Oxford am Linacre College wieder aufgegriffen worden, als dort 1973 im Rahmen der seit Jahren etablierten „Herbert Spencer Lectures" eine interdisziplinäre Serie von Vorlesungen zum Thema „Fortschritt in den Wissenschaften und was ihn behindert", stattfand.

Da sprachen Sir Hermann Bondi, Jacques Monod, Burhus Frederick Skinner, Jerry Ravetz und Karl Popper (Harré 1975).

Monod sprach über die „molekulare Evolutionstheorie". Er war anscheinend irritiert von der Art der Kritik, mit welcher Nicht-Biologen sein Buch attackiert hatten. Einer der Kritikpunkte war immer gewesen, dass sein Buch nicht streng „naturwissenschaftlich" sei, sondern das Dokument einer Weltsicht, die über die Naturwissenschaften hinausging und damit eigentlich „Ideologie"

Jacques Monod sprach aus, was viele Evolutionsbiologen vor und nach ihm immer wieder empfunden haben:

> „Die Evolutionstheorie ist schon eine besondere Theorie und das auch deshalb, weil sie unter den großen Theorien der Naturwissenschaften die einzige ist, von der jedermann glaubt, dass er sie versteht."

Er meinte damit

> „Philosophen, Sozialwissenschaftler und so weiter. In Wirklichkeit aber verstehen die Evolutionstheorie sehr wenige Leute und das gilt selbst für die Evolutionstheorie, so wie Darwin sie zu seiner Zeit formulierte, und noch mehr für das Verständnis der Evolutionstheorie, das uns heute in der Biologie möglich ist.“

Genau diese Fragen hat Karl Popper in derselben Vorlesungsreihe unter dem Stichwort „Hindernisse für den Fortschritt in den Naturwissenschaften“ aufgegriffen und darauf hingewiesen, dass die Evolutionstheorie auch die Besonderheit hätte, besonders oft zu einer Komponente einer Ideologie umfunktioniert zu werden (Herbert Spencer ist zu solchen Überlegungen ja ein besonders passender Anlass). (Harré 1975)

Popper erinnerte daran, dass große wissenschaftliche Revolutionen immer auch zu Komponenten einer „ideologischen“ Revolution werden können. Es war ihm wichtig zu betonen, dass er mit dem bewusst vage gewählten und viele Aspekte ansprechenden Begriff *„Ideologie“ Vermutungen, Glaubenssätze oder Haltungen* meinte, die auch Naturwissenschaftler – zum Guten oder Schlechten – stark beeinflussen oder sogar inspirieren können, obwohl sie mit Naturwissenschaften nichts zu tun haben.

Wenn eine umwälzende neue naturwissenschaftliche Theorie zu einer Komponente in einem neuen Weltbild wird, dann bekommt sie eine neue Rolle: Sie hat dann die Funktion, die Ideologie zu stützen.

Im schlimmsten Fall wird sie zu einer naturwissenschaftlich drapierten ideologischen Modeerscheinung.

Poppers Beispiel für eine ideologische Interpretation der Relativitätstheorie war Minkowski:

> „The views of space and time I wish to lay out before you are radical. Henceforth space by itself, and time by itself, are doomed to fade away into mere shadows, and only a kind of union will preserve an independent reality.“

Einstein war unglücklich damit:

> “One knows so much and comprehends so little. The four dimensionality with the Minkowski signature belongs to the latter category”.

Es ist jedoch entscheidend, einen Unterschied nicht zu übersehen: Die naturwissenschaftliche Theorie wird durch den Versuch, sie als Stütze eines Weltbildes einzusetzen, nicht auch selbst schon zur Ideologie. Immer noch unterscheidet sie sich ganz entscheidend dadurch von einer durch Ideologie geprägten Vermutung, dass sie durch empirische Prüfungen widerlegt werden kann.

Die Evolutionstheorie ist geradezu der Prototyp einer solchen naturwissenschaftlichen Theorie – immer wieder Versuchen ausgesetzt, in verschiedenen Ideologien – wie Sozialdarwinismus oder Materialismus – eine Funktion zugewiesen zu bekommen.

8.2 Anhaltende Irritation durch Design ohne Designer

Viele Wissenschaftlerinnen und Wissenschaftler halten aber gerade Darwins Erklärung der Entstehung strukturell und funktional komplexer Strukturen durch natürliche Selektion für die vielleicht wesentlichste Einsicht der Evolutionsbiologie – die Erklärung von Design ohne Designer. Wissenschaftler haben sich in der Folge weltweit dagegen verwahrt, und dass es einmal mehr Theologen sein sollten, welche zwischen Wissenschaft und Ideologie unterscheiden.

Janet Browne (2008), die heute in Harvard lehrende große Darwin-Biografin, war sich sicher, dass sich auch die Feiern zu Darwins 200. Geburtstag und 150. Jahrestag der Publikation seines Buches „Über den Ursprung der Arten“ in die Tradition der vorherigen Jahrestage einfügen würden – sie alle waren nicht nur Darwin selbst gewidmet gewesen, sondern auch der Propagierung neuer Forschungsrichtungen innerhalb der Evolutionsbiologie (was auch in diesem Essay versucht werden soll) und Gelegenheit für die Wissenschaftshistoriker, das zu präsentieren, was man über die kulturelle Vorgeschichte von Darwins Ideen an Neuem hatte aufspüren können.

Das war, was Darwin selbst betrifft, kein leichtes Unterfangen, da eine wahre „Darwin-Industrie“ seit mehr als drei Jahrzehnten alle erdenklichen Spuren zur Genese von Darwins Ideen und zur wechselvollen Rezeption der Evolutionsbiologie verfolgt hatte. Der im letzten Darwin-Jahr wichtigste Beitrag dieser Art war das im Jänner 2009 bei Penguin erschienene Buch der beiden berühmten Darwin-Biographen Adrian J. Desmond und James Moore (2009), in dem belegt wird, dass die Abschaffung der Sklaverei ein zentrales Motiv für Darwins späte Arbeit über die gemeinsame Abstammung aller Menschen war.

Wie immer ging es auch im letzten Darwin-Jahr um die Korrektur von immer neuen Darwin-Mythen, die sich zwischen den Jahrestagen angesammelt hatten. Dafür ist ein jüngst veröffentlichter Essay von Richard Dawkins (2010) ein gutes Beispiel. Richard Dawkins hat in einem Beitrag zu dem Sammelband, der anlässlich des 250. Jahrestags der Royal Society erschien, an einige weniger bekannte Details der Rezeption der Selektionstheorie erinnert (Bryson 2010).

Die Idee, dass heute lebende Spezies seit der Schöpfung nicht unverändert geblieben sind, sondern bereits Produkte einer langen Evolutionsgeschichte, lag damals schon in der Luft. Sie tauchte nicht erst mit Darwin auf. Schließlich war sie schon von Darwins Großvater Erasmus Darwin oder Lamarck vertreten worden.

Was umstritten war, waren das Ausmaß der „Transmutationen" und die Mechanismen, welche die Umwandlung einer Art in eine andere Art und damit die Genese der Vielfalt des Lebens auf der Erde bewirken könnten.

8.3 Brücken von Darwins Selektionstheorie zum Verständnis der heutigen Selektionstheorie

Richard Dawkins hat daran erinnert, dass die Selektionstheorie nicht nur unabhängig voneinander von Darwin und Wallace gefunden wurde, sondern dass es weitere Vorläufer gab, deren Selektionstheorien sich allerdings etwas von der Darwins unterschieden. Darwin war also auch nicht der Erste, der die Idee der natürlichen Selektion vertrat. Schon zu Darwins Zeit hatten drei Engländer davon geschrieben: Edward Blyth (1810–1873), Patrick Matthew (1790–1874) und Alfred Russel Wallace (1823–1913).

Dawkins Analyse zeigt, dass der Weg von diesen früheren Selektionstheorien zur heutigen Selektionstheorie über fünf Brücken führt, über die man zu den verschiedenen Stadien des Verständnisses der Selektionstheorie kommt.

Edward Blyth (1810–1873) war ähnlich Wallace ein Naturforscher und Sammler, der in Indien nach interessanten Spezies suchte. Auch er entdeckte die Selektionstheorie, über die er bereits 1835 schrieb. Blyth war ein hartgesottener Kreationist. Seine Selektionstheorie war ihm in Analogie zur künstlichen Selektion, wie sie alle Pflanzen- und Tierzüchter anwandten, eingefallen. Bei ihm war die natürliche Selektion nur ein stabilisierendes Werkzeug Gottes, mit dem er seine ursprünglichen Schöpfungen vor jedem evolutionären Wandel bewahren wollte. Was Blyth auch in der Natur am Werk sah, war einzig die stabilisierende Selektion der Tier- oder Pflanzenzüchter.

Patrick Matthew (1790–1874) ging schon darüber hinaus. Er veröffentlichte (Matthew 1831) ein Buch über „Naval Timber and Arboriculture", dem er einen Anhang anfügt, in dem er vorschlug, dass das Prinzip der künstlichen Selektion, mit dem man für den Schiffbau brauchbare Bäum züchtete, auf die Natürliche Selektion erweitert werden könnte. Als 1859 Darwins Buch über den Ursprung der Arten erschienen war, protestierte Matthew, weil er nicht erwähnt worden war. Darwin hat das dann ab der 3. Auflage berücksichtigt, wobei er ihm bescheinigt, dass er die kreative Reichweite der natürlichen Selektion so wie Darwin sie sah, erkannt hatte. Matthew beschrieb also, was man heute gerichtete Selektion nennt.

Der Fall von Alfred Russel Wallace (1823–1913) ist legendär geworden.

Besonders zu Beginn des Gedenkjahres 2009 konnte man als Fernsehzuschauer den Eindruck gewinnen, dass der junge Charles Darwin ein wissenschaftlich kaum vorgebildeter Abenteurer war, der auf einer – wunderbar zu photographierenden – Weltumseglung zu einem bahnbrechenden Wissenschaftler wurde. Fast das genaue Gegenteil war jedoch der Fall: Darwin war nicht nur ein außerordentlicher Naturbeobachter. Er hatte in seinen letzten Studienjahren in Cambridge, wo er in Ermangelung anderer Ideen zur Berufswahl Theologie studierte, persönlichen Kontakt mit einigen der führenden Wissenschaftstheoretikern seiner Zeit, vor allem mit William Whewell, den er einige Male nach Abendgesellschaften bei einem von Darwins Lehrern nach Hause begleiten durfte. Er hat die Gespräche mit ihm noch in seiner in hohem Alter geschriebenen Autobiographie erwähnt. Auch wenn Darwin seine ersten vagen Gedanken zum Wandel der Arten auf seiner Weltreise bestätigt sah, so waren es doch die Jahrzehnte nach seiner Rückkehr im Jahr 1836, in denen er sie ausarbeitete. Darwin war schon 1838 als Sekretär der Geologischen Gesellschaft zu einem Mitglied des wissenschaftlichen Establishments geworden.

Dass ihn 1858 ein Paket eines gelegentlichen Briefpartners, Alfred Russel Wallace, aus Borneo erreichte, hatte seinen Grund bereits in Darwins Verankerung im wissenschaftlichen Establishment. Es war von Wallace an Darwin gesandt worden, weil er auf diesem Weg hoffte, seine Ideen unter den führenden Wissenschaftlern bekannt zu machen. Für Darwin war der Inhalt des Pakets ein Schock: Es enthielt in einem kurzem Essay „genau die gleiche Theorie“, an der Darwin seit über zwei Jahrzehnten gearbeitet hatte. Wallace hatte sie zwar später als Darwin, aber unabhängig von ihm entwickelt. Darwin sah bereits jeden Anspruch auf die Priorität für seine ja noch nicht publizierte Theorie schwinden – vor allem auch, weil er keine hinnehmbar kurze Niederschrift seiner Selektionstheorie fertig ausgearbeitet hatte. Er war verzweifelt, aber seine Freunde inszenierten eine Präsentation einer Art Kollage aus Darwins vorliegenden Manuskripten Seite an Seite mit Wallaces Essay in derselben Sitzung der „Linnean Society“. Weder Darwin noch Wallace waren anwesend. Der Vorsitzende der Linnean Society scheint weder davon noch von dem Rang der beiden Arbeiten viel mitgekriegt zu haben: Im Jahresbericht findet man die Anmerkung, dass dieses Jahr wissenschaftlich nichts Besonderes zu verbuchen sei.

Am 24. November 1859 wurde dann Darwins Buch präsentiert. Darwin, sein Verleger und seine Freunde hatten die Präsentation mit einer ganz heutig wirkenden „Veröffentlichungsstrategie“ vorbereitet: Es gab „Vorabexemplare“ und ein vorbereitetes Vertriebssystem. Was folgte, war ein raffiniertes Public Relation Manöver. Darwin selbst trat nie persönlich auf, aber er war sein eigener „Spin Doktor“ – er schrieb und empfing an die 15.000 Briefe. Die „Origin of Species“ wurden zu einem „Work in Progress“, weil Darwin von Auflage zu Auflage daran feilte und auf Kritik einging: Von den 4000 Sätzen der ersten Auflage (1859) hatte er bis zur 6. Auflage (1872) nicht weniger als 3000 umgeschrieben. Eine „Seilschaft“, bestehend aus seinen Freunden, jungen, bereits international anerkannten und im Establishment fest verankerten Wissenschaftlern, verteidigte Darwins Thesen in unzähligen Auftritten vor dem verschiedensten Publikum, in brisanten Diskussionen mit „Darwins Bulldogge", Thomas Henry Huxley, als Mann fürs Grobe.

Dawkins vertritt die Ansicht, dass erst Darwin und Wallace die ganze Reichweite der gerichteten Selektion verstanden hätten und erst dann die große öffentliche Reaktion einsetzte. David Hume hatte zwar Reverend Paleys und Kardinal Schönborns Argument, dass man aus dem unmittelbaren Eindruck des Geplantseins auf einen Planer schließen müsste, demoliert. Aber erst Darwin und Wallace konnten eine Alternative zu einer Planung vorschlagen.

Viele empfanden diese Ideen als eine einzige Zumutung – und viele tun das noch heute.

R. B. MacKenzie hat das fast ein Jahrzehnt nach der Veröffentlichung des Buches einigermaßen empört festgehalten. Er schrieb damals, dass man es doch mit einer Theorie zu tun habe, die behauptet, dass das ganze Wunder Schöpfung eine Hervorbringung des blanken Unwissens sei: „Man behauptet, dass es zum Bau einer perfekten und schönen Maschine keineswegs Voraussetzung ist, auch zu wissen, wie man sie baut". In „einer seltsamen Umkehr jedes vernünftigen Denkens" sei Darwin der Ansicht, dass absolute Ignoranz völlig dazu ausreicht, auf dem Weg zu allen kreativen Errungenschaften absolute Weisheit zu ersetzen".

Dafür, dass Ereignisse in Darwins Biographie auch zur Propagierung von politischen oder philosophischen Thesen eingesetzt werden können, war – woran Janet Browne erinnerte – eigentlich schon Darwins Begräbnis ein gutes Beispiel. Als er am 19. April 1882 starb, hatte er verfügt, dass er am ländlichen Kirchhof in Dorne begraben werden wollte – neben seinem Bruder Erasmus und seinen beiden toten Kindern. Als Darwins Freunde von seinem Tod erfahren hatten, haben sie noch am selben Abend begonnen, jenes prunkvolle Begräbnis zu inszenieren, mit dem er am 26. April in der Kathedrale von Westminster unweit von Newton beigesetzt wurde – nicht nur als Symbol für den Sieg von Darwins Ideen und der Glorie der englischen Wissenschaft, sondern auch als Beleg dafür, dass die Evolutionstheorie zwar aus einem „gottesfürchtig" lebenden Mann einen Agnostiker machen kann, nicht aber notwendigerweise auch seine moralischen Vorstellungen untergraben muss.

Seither spekulieren besonders Theologen über Darwins Motive. Selbst 2007 mochte es sich Kardinal Schönborn nicht versagen, auf den naturwissenschaftskundigen Benediktinerpriester Stanley Jaki hinzuweisen, der gezeigt haben soll, dass Darwin von dem Willen „besessen" war, den Ursprung der Arten wissenschaftlich zu erklären – und daher ohne einmal mehr dazu gesonderte Schöpfungsakte Gottes zu bemühen.

Diesem Essay ist daher ein Anhang beigefügt, in dem Darwin in Originalzitaten zu Wort kommt, so dass man das Ausmaß von Darwins vermeintlich antireligiöser „Besessenheit“ ermessen kann.

8.4 Der politische Kontext in den USA

2009 war jedoch insofern eine Ausnahme, als eine intensivere Diskussion über die Evolutionstheorie schon Jahre vorher begonnen hatte, als die in den USA endemischen verfassungsrechtlichen Probleme um die Zulässigkeit des Religionsunterrichts in öffentlichen Schulen politisch erneut brisant geworden war. Das Thema ist eine amerikanische Besonderheit, weil dort in der Verfassung festgeschrieben wurde, dass Kirche und Staat in den öffentlichen Schulen getrennt sein müssten – Religionsunterricht sollte Aufgabe der Religionsgemeinschaften sein. Diese Trennung ließ sich aber auf der Ebene der lokalen Schulbehörden schwer durchsetzen, weil sich dort immer wieder Mehrheiten fanden, welche in der Evolutionstheorie ein Einfallstor für politische Überzeugungen sahen, denen sie ihre Kinder nicht aussetzen wollte. Der Ansicht dieser religiösen Gruppen nach wäre es natürlich am einfachsten gewesen, alle Theorien zu verbieten, welche den religiösen Überzeugungen irgendeiner Gruppe von Staatsbürgern widerspricht. Der amerikanische Oberste Gerichtshof hat das jedoch 1968 für verfassungswidrig erklärt. Dasselbe Schicksal hatte 1987 der Versuch, vorzuschreiben, dass der Biologieunterricht in den öffentlichen Schulen durch „Schöpfungswissenschaften“ ergänzt werden müsste, die man als „wissenschaftliche“ Alternative zum Biologieunterricht vorstellte und unter dem Slogan „Intelligent Design“ propagierte. Der Oberste Gerichtshof hielt die angebotene Fassung jedoch nur für einen durchsichtigen Versuch, die Verfassungsbestimmung zu unterlaufen. Die Bevölkerungsgruppen, die hinter solchen Manövern stehen, bilden in den USA ein so großes Wählerreservoir, dass konservative Politiker dauernd der Versuchung ausgesetzt sind, darin Fischzüge zu unternehmen. Es waren konservative Politiker, die 1991 das „Discovery Institute“ gründeten und für den Kampf „gegen den wissenschaftlichen Materialismus, wie ihn die modere synthetische Evolutionstheorie vertritt“, finanziell reich ausstatteten.

8.5 Die Grenzen von Darwins Evolutionsbiologie: Darwins irreführende Metaphern

Es war wiederum Janet Browne, welche die irreführende Rolle von Darwins Metaphern gerade auch bei der Rezeption der Selektionstheorie unterstrich, eine Rolle, welche diese Metaphern bis heute spielen.

Browne schrieb:

> „Zu vielen der Missverständnisse hat auch Darwins Sprache beigetragen, die ganz anders ist als die um objektive, wertfreie Terminologie bemühte Sprache

> von Naturwissenschaftlern. Die Sprache, die ihm zur Verfügung steht, ist die von Ziel- und Zweckgerichtetheit durchdrungene Sprache Miltons und Shakespeares; aber gerade das richtet sich gegen seine eigentlichen Intentionen. Darwin verwendet dem Alltag entlehnte eindrucksvolle und aussagekräftige Metaphern, aber oft evozieren gerade sie Assoziationen, die irreführend sind. Er schreibt von der ‚natürlichen Selektion' und betont, dass sie der ‚künstlichen Selektion' analog sei, welche Tierzüchter anwenden, um ein Zuchtziel zu erreichen. Besonders in seinem großen Buch vom Ursprung der Arten schreibt er dann oft Sätze, in denen die natürliche Selektion personifiziert wird und ein aktiver Faktor ist, der die natürliche Entwicklung steuert. Aber gerade durch diese Wortwahl ruft er die Frage hervor, wer es ist, der in der Natur die Auswahl trifft, und nach welchem Zuchtplan ausgewählt wird?"

Alfred Russel Wallace, der zweite Entdecker der „natürlichen Selektion", schrieb Darwin später, dass die Analogie zu dem, was Züchter tun, „grundfalsch" ist, und auch Darwin selbst hat später diese Vokabelwahl bedauert und eingeräumt, dass solche Assoziationen seinen Intentionen zuwiderlaufen – er hätte später die neutralere Vokabel „natürliche Erhaltung" (der überlebensfähigsten Individuen) vorgezogen. Ähnliche Schwierigkeiten ergaben sich bei anderen seiner Metaphern – von der „Anpassung" bis hin zum „Kampf" um das Überleben.

Wahrscheinlich wird sich der Begriff „natürliche Selektion" nicht ausrotten lassen, auch weil Biologen die Faktoren, deren Zusammenwirken ein Resultat hervorbringt, welches als Resultat einer geplanten Selektion missverstanden werden kann, im Bewusstsein immer präsent haben. Der Begriff „natürliche Selektion" ist dafür nur ein missverständliches Kürzel – missverständlich in allen Sätzen, in denen sie als aktives Prinzip gedeutet werden kann.

Dafür sollen hier – in Darwins Sprache – einige Beispiele zitiert werden.

> „It may be said that natural selection is daily and hourly scrutinizing, throughout the world, every variation, even the slightest; rejecting that which is bad, preserving and adding up all that is good; silently and insensibly working, whenever and wherever opportunity offers, at the improvement of each organic being in relation to its organic and inorganic conditions of life." (Darwin 6. und letzte Auflage)

> „Diese Erhaltung der vorteilhaften individuellen Unterschiede und die Veränderungen sowie den Abbau derjenigen, die nachteilig sind, habe ich natürliche Auslese (natural selection) oder Überleben der Bestangepassten (survival of the fittest) genannt."

Potentiell irreführend sind die Begriffe Kampf ums Dasein, natürliche Zuchtwahl, Überleben der Tüchtigsten.

Darwin war sich dessen bewusst. So schrieb er zum Beispiel:

> "I have hitherto sometimes spoken as if the variations [...] had been due to chance. This, of course, is a wholly incorrect expression, but it serves to acknowledge plainly our ignorance of the cause of each particular variation". (Darwin, Origin of Species)

Richard Lewontin, einer der führenden Evolutionstheoretiker der Welt und Bewunderer Karl Poppers, schrieb kürzlich in der Kritik eines neuen Buches von Jerry Fodor, einem der führenden Kognitionsphilosophen (Lewontin 2010):

> „Nichts erzeugt mehr missverstandene Forschungsresultate als die Verwendung von Metaphern durch die Forscher selbst, wobei es nicht nur die allgemeine Öffentlichkeit ist, welche mit Konfusion reagiert, es wird auch das eigene Naturverständnis in die Irre geführt."

In derselben Besprechung hat sich Lewontin dann bemüht, die vier Prinzipien von Darwins Evolutionsbiologie purgiert von missverständlichen Metaphern zu formulieren:

(1) Das Prinzip der Variation. Es gibt unter den eine Population bildenden Individuen Variationen in Form, Physiologie und Verhalten.

(2) Das Prinzip der Vererbbarkeit: Die Nachkommen ähneln ihren Eltern mehr, als sie nicht Verwandten gleichen.

(3) Das Prinzip der unterschiedlichen Reproduktion: In einer bestimmten Umwelt ist es wahrscheinlicher, dass bestimmte Formen überleben und mehr Nachkommen haben als andere Formen. Der evolutionäre Wandel ist daher immer dann die rein mechanische Konsequenz von vererbbaren Unterschieden, wenn diese Unterschiede zu größeren Überlebens- und Fortpflanzungswahrscheinlichkeiten führen. Wieviel an Evolution möglich ist, wird durch die jeweils verfügbare genetische Variation bestimmt, so dass man zur Erklärung von auf lange Frist fortgesetzter Evolution ein viertes Prinzip braucht:

(4) Das Prinzip der Mutation: Neue erbliche Variationen müssen immer wieder entstehen.

Lewontins von Metaphern gereinigte und von hier nicht hilfreichem Fachjargon befreite Skelettierung von Darwins Evolutionstheorie macht es leichter, die Grenzen von Darwins Biologie klar zu machen und in großen Zügen zu skizzieren, welche Entwicklung die Evolutionstheorie seit Darwin gemacht hat und was dabei offen blieb.

Das Problem mit dieser Skizze ist, dass sie die aktuellen Formen des Lebens nicht erklären kann. Da fehlt eine ungeheure Menge an Biologie. Die Skizze sagt nichts darüber, warum Organismen, die bestimmte Charakteristika entwickelt haben, wahrscheinlicher überleben und sich fortpflanzen werden als ihre Vorläufer. Warum mussten die Wirbeltiere, als sie Flügel entwickelten, ihre Vorderbeine verlieren? Schließlich können die Insekten zwei Paar Flügel und sechs Beine haben, das kann also nicht an einer tiefen allgemeinen einschränkenden biologischen Randbedingung für mögliche Entwicklung liegen. Vielleicht ist der Besitz der Eigenschaft *A* und nicht *B* die sekundäre Folge einer anderen Entwicklungseigenschaft oder einer anderen biochemischen Eigenschaft, die variabel und vererbbar war.

Es ist dabei notwendig, nie zu vergessen, dass die Evolutionsbiologie aus zwei Teilen besteht: der rationalen Rekonstruktion der Geschichte des Wandels der Organismen auf der Erde – also der Evolutionsgeschichte, und einer Theorie über die Mechanismen, welche diesen Wandel bewirkt haben.

Die Evolutionstheorie unterscheidet sich von den anderen großen Theorien der Naturwissenschaften wie Quantentheorie oder Relativitätstheorie auch dadurch, dass sie keine monolithische Theorie ist, sondern aus Teilgebieten besteht, die sich mit ihrer eigenen Geschwindigkeit entwickeln, je nach dem Interesse, das die offenen Probleme des jeweiligen Teilgebietes in der Gemeinde der Wissenschaftler finden. Und das ist davon abhängig, ob es dazu neue erhellende theoretische Vorstellungen gibt oder neue Experimentiertechniken entwickelt wurden, mit denen man die alten offenen Probleme in den Griff zu bekommen hofft.

Wenn beide dieser Komponenten fehlen, dann stagniert die Entwicklung, und die vorher für wichtig eingeschätzten Probleme treten in den Hintergrund des Interesses der Fachwelt. Zu bestimmten Zeitpunkten kommt es aber zu Synthesen, in denen Teilgebiete unter dem Dach einer gemeinsamen übergreifenden Theorie integriert werden.

Darwins Evolutionsbiologie war die erste der großen Synthesen der modernen Biologie. Die zweite Synthese gelang erst in den Jahren um 1900 und den ersten Jahrzehnten des 20. Jahrhunderts, als es nach der Wiederentdeckung der Mendelschen Gesetze gelang, die Mendelschen Gesetze und Darwins Selektionstheorie zu vereinen (Fischer 1930, Haldane 1932, Wright 1931).

8.6 Darwinismus und Mendelismus – die Periode der Verfinsterung von Darwins Selektionstheorie

Das Manuskript von Mendels großer Veröffentlichung aus dem Jahr 1865 ist nach einer abenteuerlichen Geschichte unlängst wieder aufgetaucht. Die Vorgeschichte dieses Manuskripts ist der erste große Beitrag der Universität Wien zur Anwendung mathematischer Methoden – bahnbrechend in der Biologie. Mendel wollte das Lehramt in Physik machen und war Assistent in einem physikalischen Lehreramtspraktikum bei Christian Doppler gewesen. Er wurde angeregt durch die Ideen des Botanikers Franz Unger, der bereits 1852 eine Theorie der Evolution angenommen hatte und an in natürlichen Populationen vorkommenden Varianten interessiert war und lehrte, dass sie sich zu Subspezies und Spezies weiterentwickeln können. Mendel hat die strenge Methodik des physikalischen Experimentierens in der Genetik angewandt (Mayr 1982). Mendel hat 1866 die Resultate von sieben Jahren Arbeit an Kreuzungsversuchen im Klostergarten in Brünn (Mendel 1866) veröffentlicht, wobei er aus seinen Daten einige allgemeine Gesetzmäßigkeiten ermittelt hatte. Das war 50 Jahre, bevor man den Unterschied zwischen Genotyp und Phänotyp verstand oder etwas von Chromosomen wusste. Seine Arbeit hatte wenig Resonanz, vielleicht auch, weil man vor der Wiederentdeckung der Mendelschen Gesetze vor allem drüber diskutierte, ob die Evolution in kleinen Schritten verläuft, so dass man an der Vererbung kontinuierlicher Merkmale interessiert war, während die frühen Mendelianer annahmen, dass das, was man bald genetische Mutationen nennen sollte, die Grundlage für neue Merkmale sei und auch die sprunghafteste Entstehung neuer Spezies erklären könnte.

Eine ganze Schule, die Biometriker, befassten sich dagegen mit der Charakterisierung der Veränderung der Größenverteilung kontinuierlicher Merkmale unter der Einwirkung der natürlichen Selektion, wozu erst statistische Instrumente geschaffen werden mussten. In Darwins letzten Lebensjahren schien die Mendel'sche Genetik mit der Darwin'schen Selektion in vielen kleinen Schritten unvereinbar. Dieser Einwand wurde erst in den ersten Jahrzehnten des 20. Jahrhunderts durch eine Reihe an Genetik interessierter hervorragender Mathematiker widerlegt. R. A. Fischer, J. B. S Haldane und Sewall Wright schufen damals die mathematischen Grundlagen der Populationsgenetik.

Im Jahr 1930 veröffentlichte R. A. Fischer sein Buch über die genetischen Grundlagen der natürlichen Selektion, um, wie er schrieb, zu zeigen, wie wenig fundiert die Ansicht ist, dass die Entdeckung der Mendelschen Gesetze der Vererbung ungünstig oder sogar tödlich sei für die Theorie der natürlichen Selektion.

Und 1932 erschien Haldanes Buch, das aus demselben Motiv geschrieben worden war. Das erste Kapitel trug die Überschrift „Der Darwinismus ist tot". Später dann findet man: „Die Kritik des Darwinismus war zwischen 1900 und 1930 so gründlich, dass einige Biologen und viele Laien die Selektionstheorie für mehr oder minder widerlegt hielten." Haldane belegt in dem einflussreichen Buch seine Überzeugung, dass die natürliche Selektion eine wichtige Ursache für die Evolution ist.

Fischer hat in seinem Buch übrigens bereit 1930 auf einen Brief Darwins aufmerksam gemacht, aus dem hervorgeht, dass Darwin selbst mit Ideen spielte, die in Richtung einer Vererbung ohne Verschmelzung der Erbanlagen gingen. Darwin schrieb 1857 an Huxley: „I have lately been inclined to speculate, very cuddly and indistinctly, that propagation by true fertilization will turn out to be a sort of mixture, and not true fusion, of two distinct individuals, or rather of innumerable individuals, as each parent has its parents and ancestors." Und 1867 schrieb er in einem anderen

Brief an Wallace als Illustration, dass schließlich jede Frau auf der Welt entweder Söhne oder Töchter gebiert und nicht zwischengeschlechtliche Wesen.

Dawkins sieht Darwin da bereits unterwegs in Richtung auf Gedanken ähnlich denen von Mendels digitaler Vererbung von Genen. Und das ohne langwierige Versuche, sondern nur durch Interpretation einfacher Beobachtungen im Licht einer anderen Vererbungstheorie, die schon Darwin möglich war.

8.7 Die moderne Synthetische Evolutionstheorie

Die dritte große Synthese – die Moderne Synthese – gelang in den Jahren von 1940 bis 1970 durch die Integration der in diesen Jahren entwickelten molekularen Biologie, Zellbiologie und molekularen Genetik. Eine besondere Rolle spielte dabei ein Buch von Julian Huxley, „Evolution, the Modern Synthesis", weil er darin zeigte, dass die Begriffe der Populationsgenetik von Fisher, Haldane und Sewall Wright Licht auf evolutionäre Fragen in die Synthese vordem nicht eingearbeiteter Teilgebiete der Biologie werfen. In den folgenden Jahren wurden diese Teilgebiete dann in grundlegenden Monographien von Ernst Mayr (1942), George Gaylord Simpson (1944) für die Paläontologie und Ledyard Stebbins (1950) für die Botanik behandelt.

Die moderne Synthetische Evolutionstheorie, wie die neue Synthese nach Huxleys Buch auch genannt wurde (der Neodarwinimus ist ein noch gebrauchter anderer Begriff), entwickelte sich in diesen Jahrzehnten zu einem grandiosen Triumph der Genetik. Theodosius Dobzhanskys 1970 veröffentlichtes Buch „The Genetics of the Evolutionary Process" ist eine neu geschriebene 4. Auflage von Dobzhanskys einflussreichem Klassiker aus dem Jahr 1937. Es gilt als eine Art Bilanz der Entwicklung der Evolutionsbiologie von 1937 bis 1950. Wenn im Folgenden von moderner Synthetischer Evolutionstheorie die Rede ist, wird auf dieses Buch Bezug genommen. Spätere Entwicklungen werden in eigenen Abschnitten diskutiert.

Hier soll versucht werden, den Geist der modernen Synthetischen Evolutionstheorie durch ein Zitat aus dem Einleitungskapitel dieses Buchs zu illustrieren und Details der Theorie kurz zu skizzieren, wozu ein Abschnitt gedacht ist, der auf einem derartigen Versuch von Douglas J. Futuyma (2007) aufbaut.

Was mit der neuen Synthese erreicht wurde und was auf dem Weg dahin auf der Strecke blieb, lässt sich nur skizzieren, wenn man versucht, ihren Inhalt auf etwas technischerem Niveau zu umreißen.

- Ein Einzelorganismus ist charakterisiert durch seinen Phänotyp (sein Erscheinungsbild – er besteht aus der Summe aller morphologischen Merkmale, physiologischen Merkmale und Verhaltenseigenschaften) und seinen Genotyp (alle Gene in einem Genom können auf genetische Unterschiede zurückgehen, zum Teil auch auf direkte Umwelteinwirkungen).

- Umwelteinflüsse auf den Phänotyp haben keinen Einfluss auf die Gene, die an die nächste Generation weitervererbt werden. Es gibt keine Vererbung erworbener Eigenschaften.

- Vererbbare Variationen haben ihre Ursache in Teilchen – Genen –, die ihre Identität nicht verlieren, wenn sie durch die Generationen weitergegeben werden. Sie vermischen sich nicht mit anderen Genen. Das gilt sowohl für diskret variierende Merkmale wie auch für kontinuierlich variierende Merkmale. Die Variation kontinuierlicher Merkmale geht auf mehrere oder viele diskrete Gene zurück, von denen jedes einen nur schwachen Einfluss auf die Ausbildung des Merkmals hat. Die Gene verändern sich – sie mutieren – meist ziemlich selten, wobei ähnlich stabile alternative Formen, sogenannte „Allele“ entstehen. Die phänotypischen Auswirkungen solcher Mutationen reichen von nicht nachweisbar zu sehr groß. Die durch Mutationen entstandenen Variationen werden durch Rekombination zwischen Allelen an anderen Genorten amplifiziert.

- Der evolutionäre Wandel ist ein Prozess innerhalb einer Population: In seiner einfachsten Form besteht er in Veränderungen der relativen Häufigkeit des Vorkommens von individuellen Organismen mit unterschiedlichem Genotyp (und daher oft auch unterschiedlichem Phänotyp) innerhalb der Population. Im Lauf vieler Generationen kann ein Genotyp schrittweise andere Genotypen ersetzen. Dieses Ersetzen kann entweder in nur einer Population oder auch in allen Populationen einer Spezies erfolgen.

- Für sich allein genommen ist die Geschwindigkeit des Auftretens von Mutationen zu klein, um eine ganze Population in eine Population mit einem anderen Genotyp umwandeln zu können. Eine solche Umwandlung kann im Prinzip durch einen oder zwei Prozesse erfolgen: zufällige Fluktuationen im Verhältnis der Genhäufigkeiten (genetischer Drift) oder nicht zufällige Veränderungen durch überlegene Überlebenschancen oder Fortpflanzungsvorteile, die ein Genotyp verglichen mit anderen hat (natürliche Selektion). Natürliche Selektion und genetischer Drift können zur gleichen Zeit wirksam sein.

- Selbst eine schwache natürliche Selektion kann unter bestimmten Umständen in realistischen Zeiträumen substantiellen evolutionären Wandel bewirken. Die natürliche Selektion kann schwache und starke Unterschiede zwischen Spezies erklären und auch die frühesten Stadien der Entwicklung neuer Merkmale. Adaptationen sind Merkmale, die durch natürliche Selektion geformt wurden.

- Natürliche Populationen sind genetisch variabel und können sich daher oft schnell anpassen, wenn sich die Umweltbedingungen ändern.

- Die Populationen von Spezies, die in einer bestimmten geographischen Region leben, unterscheiden sich von denen in anderen Regionen genetisch.

- Unterschiede zwischen verschiedenen Spezies sowie Unterschiede in den Charakteristika verschiedener Populationen einer Spezies gehen meist auf Unterschiede in einer Vielzahl von Genen zurück, welche alle für sich den Phänotyp nur wenig beeinflussen. Die Evolution verläuft daher meist in vielen kleinen Schritten.

- Die Unterschiede zwischen geographischen Populationen sind oft adaptiv und daher Resultate der natürlichen Selektion.

- Man findet oft phänotypisch verschiedene Genotypen innerhalb sich untereinander kreuzender Populationen. Spezies können daher nicht einfach durch phänotypische Unterschiede definiert werden. Verschiedene Spezies sind durch einen unterschiedlichen Gen-Pool (also die Gesamtheit aller Gene der Einzelorganismen in einer sich sexuell fortpflanzenden Population) unterschieden. Spezies sind daher Gruppen sich untereinander kreuzender oder zumindest potentiell kreuzender Populationen. Die Individuen tauschen mit Individuen anderer solcher Gruppen keine Gene aus.

- Artbildung (Speziation) ist der Prozess, bei dem aus einer einzigen Vorläuferspezies zwei oder mehrere Spezies entstehen. Die Artbildung geschieht sehr häufig durch genetische Differentiation von geographisch getrennten Populationen. Wegen der räumlichen Isolierung kann dann untereinander kreuzendes Fortpflanzungsverhalten die beginnende genetische Differenzierung nicht wieder kompensieren.

- Unter den lebenden Organismen gibt es phänotypische Charakteristika in vielen Abstufungen auch unter Spezies, die man derselben Gattung (genus) zuordnet. Solche Beobachtungen sind Belege dafür, dass höhere Taxa durch prolongierte Akkumulation kleiner Unterschiede entstehen und ihren Ursprung nicht in einem plötzlichen Entstehen eines drastisch neuen Typs durch eine Mutation haben.

- Die Fossilien zeigen viele Lücken unter ganz verschiedenen Arten von Organismen. Solche Lücken in den fossilen Belegen können durch die Unvollständigkeit der bisher gefundenen Fossilien erklärt werden. Auf der anderen Seite aber hat man in den Fossilien auch Beispiele für graduelle Abstufungen in der Evolution von Vorläuferspezies zu ganz unterschiedlichen Abkömmlingen. Solche Daten stützen die Vermutung, dass die Evolution großer Unterschiede in kleinen Schritten verläuft. Die Prinzipien, welche die Evolution von Populationen oder Spezis erklären, können daher auch auf die Evolution höherer Taxa extrapoliert werden.

Die moderne Synthese zeigte, so Gilbert und Epel (2009) in einem anderen Versuch einer Charakterisierung, dass

(1) sich die Evolution innerhalb einer Art mit mathematischen Modellen beschreiben lässt. Die Populationsgenetik wurde zur Basis der Evolutionstheorie, ihre Vorhersagen über die Änderung der Häufigkeit bestimmter Allele konnten durch DNA Sequenzanalyse betätigt werden;

(2) unter Selektion stehende Gene die evolutionären Einheiten sind, deren Häufigkeit im Genpool einer Population sich durch Darwin'sche Selektion ändert;

(3) die Organismen, deren Gene es ihnen erlauben, hohe Fitnesswerte zu erreichen, die materielle Basis von Darwins vererbbaren Merkmalen sind und sie mehr Nachkommen produzieren als die anderen (dass diese Nachkommen mit hoher Wahrscheinlichkeit die Gene erbten, die ihren Eltern und Großeltern erlaubten, überlegene Fitnesswerte zu erreichen).

Dawkins sieht in seinen fünf Brücken, die von Darwins Selektionstheorie mit pangenetischer Vererbung zu Mendels digitaler Vererbungstheorie führen, die letzte der Brücken, die man überschritten haben muss, um zur heutigen Synthetischen Evolutionstheorie zu kommen.

Dawkins hat auch eine Formulierung der natürlichen Selektion mit dem begrifflichen Instrumentarium der heutigen Theorie vorgeschlagen (Dawkins 2010).

Natürliche Selektion ist das nicht zufällige Überleben zufällig variierender, in verschlüsselter Form vorliegender Anleitungen zum Überleben. Was wir sehen und bewundern – die Phänotypen – sind die Produkte dieser erfolgreichen Bauanleitungen. Die Bauanleitungen sind in der Struktur von DNA Molekülen verschlüsselt. Ihre sichtbarsten Produkte sind Körper, die deshalb überleben, weil sie im Dienst der Reproduktion beeindruckende Fähigkeiten einsetzen können – die Fähigkeit zu fliegen, zu schwimmen, schnell zu rennen, zu graben oder zu klettern, Partner anzuziehen oder Konkurrenten abzuschrecken. Die Gene anderer Organismen sind ein wichtiger Teil der Umwelt, die sich jedes Gen zunutze machen muss, wenn es sein Überleben in Form einer Kopie seiner selbst sichern will, sei es als Sexualpartner oder in Konkurrenz mit den Genomen anderer Organismen derselben Population. Das läuft darauf hinaus, dass Kartelle einander wechselseitig unterstützender Gene Körper bauen, die für eine bestimmte Überlebensmethode spezialisiert sind. Verschiedene solche Kartelle sind der Gen-Pool verschiedener Spezies, zusammengehalten durch die bemerkenswerte Erscheinung der sexuellen Kombination und von allen anderen Kartellen, aus Populationen anderer Spezies, mit denen sexuelle Fortpflanzung nicht möglich ist. Gelegentlich – häufig durch zufällige geographische Trennung – auf so lange Zeit voneinander isoliert, dass sie sich nicht mehr kreuzen können.

8.8 Karl Popper und die Evolutionsbiologie

Es ist ein Charakteristikum von Karl Poppers Veröffentlichungen und Vorträgen zur Evolutionsbiologie, dass sie den ganzen Zeitraum von 1930 bis 1990 überspannen, also von der Synthese des Darwinismus mit dem Mendelismus bis hinaus über die 1970er Jahre, als Dobzhanskys Buch erschien, in dem viele eine Art Abschluss der Periode der modernen Synthese sehen. Popper hat in allen diesen Jahrzehnten trotz der überwältigenden Erfolge in entscheidenden Punkten in Bezug auf den tautologischen Charakter der Selektionstheorie seine ablehnende Haltung nicht geändert.

Popper war im Frühjahr 1936 von J. H. Woodger, einem englischen an Philosophie der Biologie interessierten Biologen, eingeladen worden, einige Tage mit einer Gruppe englischer Biologen in Hunstanton an der Küste von Norfolk zu verbringen. Popper hat dort D. Bernal, J. B. S. Haldane und unter anderen C. H. Waddington kennen gelernt – das waren nicht nur linksgerichtete Intellektuelle, sondern auch Biologen auf der Höhe ihrer wissenschaftlichen Schaffenskraft. Haldane hatte 1932 gerade sein noch heute legendäres Buch „The Causes of Evolution“ veröffentlicht. Es waren die Jahre, in denen sich eine Spannung entwickelte zwischen organistischen Biologen und den mathematisch versierten Evolutionsbiologen. Haldane und Fischer war gerade die Synthese von Darwinismus und Mendelismus gelungen. Man weiß nur wenig über den Inhalt der Gespräche in Hunstanton, bei denen es in erster Linie um die sozialen Implikationen der Naturwissenschaften gegangen zu sein scheint. Popper war ein idealer Gesprächspartner, denn er war nicht nur mathematisch genügend vorgebildet, um die Statistiker zu verstehen, sondern auch durch seine Arbeit an „Das Elend des Historizismus“ in die sozialen Aspekte der Wissenschaft eingearbeitet. Er hat in dem Buch dann Waddington und andere kritisiert, die Entwicklungsgesetze oder evolutionäre Trends gefunden haben wollten oder behaupten, dass Evolution und Fortschritt immer gut seien, wofür Popper auch ein Gegenargument Haldanes einsetzt (Hacohen 2000).

Vielleicht hat sich bereits in diesen Tagen seine Ansicht gebildet, dass die Populationsgenetiker in ihren mathematischen Modellen eine Definition von Fitness verwenden, die tautologisch ist. Popper hat das später vor allem Fischer zugeschrieben (Popper 1974).

Er hat diese Ansicht dann unabhängig von der Verwendung von Fitnesswerten in mathematischen Modellen 50 Jahre lang nicht geändert.

Popper war mit hervorragenden Biologen auch in den folgenden Jahrzehnten immer in persönlichem Kontakt. Einen von ihnen hatte er bereits gekannt, bevor er zu einem großen Biologen wurde: Mit Konrad Lorenz, der 1973 den Nobelpreis für Medizin erhielt, hatte Popper als Kind in der Altenberger Au gespielt. (Sie haben sich dann für Jahrzehnte aus den Augen verloren, bevor wieder ein Kontakt zustande kam.) Popper kannte John Eccles (Nobelpreis für Medizin 1963) noch aus seiner Zeit in Neuseeland, und er hatte Peter Medawar (Nobelpreis für Medizin 1960) 1946 im exklusiven „Theoretical Biology Club" getroffen, den J. H. Woodger ins Leben gerufen hatte. In diesem Klub versammelten sich eine Reihe hervorragender Biologen und andere an Biologie und ihren philosophischen Aspekten interessierte Naturwissenschaftler – darunter P. Medawar, C. H. Waddington, Joseph Needham. Medawar schrieb darüber in seinen Memoiren:

> „Dazu kam Karl Popper, der mit großem Ernst herauszufinden versuchte, was seine wissenschaftlichen Kollegen gefunden hatten und wie sie die Problemsituation einschätzten, was seine Gegenwart wertvoll machte". (Medawar 1988)

Später wurden Ernst Mayr und Alister Hardy zu persönlichen Freunden Poppers. Die engste Freundschaft verband Popper jedoch mit John Eccles und Peter Medawar, die beide auch wissenschaftlich einflussreiche Freunde Poppers wurden. Sie haben später immer wieder betont, wie viel sie den Gesprächen mit Popper, vor allem seiner Methodologie, verdanken.

Gerade unter den Biologen ist Poppers Methodologie jedoch weit über den engen Kreis der „Popperianer" hinaus verbreitet: Der große Biologe Ernst Mayr, nicht nur einer der Väter der Synthetischen Evolutionstheorie, sondern auch ein streitbarer Wissenschaftshistoriker, der die Philosophie der Biologie entscheidend beeinflusst hat, ist in seiner Skepsis gegen alle von der Physik inspirierte Methodologie schwer zu übertreffen. Seine Sicht der Biologie ist geprägt von seiner Arbeit als organismisch orientierter Biologe und Evolutionstheoretiker und seinem vehementen Eintreten für die methodische Eigenständigkeit der Biologie. Das macht ihn zu einem voreingenommenen und eiligen Leser Poppers, der ihn fast ebenso oft missversteht wie zitiert. Aber selbst er schrieb, dass in den 1950er und 1960er, als Popper „groß in Mode war", jeder ihm „bekannte Biologe behauptete, ein Popperianer zu sein" (Mayr 1988).

Soweit sich Molekularbiologen, Genetiker und Zellbiologen überhaupt explizit mit methodischen Fragen beschäftigen, gilt, was Ernst Mayr für eine Mode hielt, wahrscheinlich auch heute.

Für die nächste Generation von Evolutionstheoretikern gilt das jedoch nicht mehr. Trotz Poppers intensiven Interesses an den grundlegenden Fragen der Evolutionsbiologie haben sie in Poppers Veröffentlichungen kaum Spuren hinterlassen. Man findet zwar in Poppers Veröffentlichungen verteilt gelegentliche Anmerkungen, die aber zu skizzenhaft sind, um als substantielle Beiträge zur Diskussion von Problemsituationen zitiert zu werden. Die Probleme, die sie interessierten, überlappten sich immer seltener mit Poppers Hauptinteressen.

Poppers Hauptinteresse war in diesen Jahren sein „aktiver Darwinismus“. Es hat ihn sehr gefreut, dass es 1979 gelang, aus in den Jahren 1930–1933 entstandenen Manuskriptteilen den Band „Die beiden Grundprobleme der Erkenntnistheorie“ herauszugeben. Dort finden sich die Anfänge seiner Evolutionären Erkenntnistheorie – geschrieben in den Jahren, als Popper als Hauptschullehrer arbeitete. Popper bezieht sich dort auf Herbert Spencer Jennings Buch über „Das Verhalten niederer Organismen“ und interpretiert analog zu den Probierbewegungen der Einzeller bereits damals die Kernthesen seiner Erkenntnistheorie – seine Kritik am Induktivismus und seine umfassende Theorie des Wachstums des Wissens durch Vermutungen (Hypothesen, Anticipationen) und Widerlegungen:

> „Nicht durch Abstraktion oder Verallgemeinerung aus den Sinneswahrnehmungen kommen wir nach deduktivistischer Auffassung zu unserem Erfahrungswissen, sondern durch Ausprobieren von Anticipationen, die dem ‚Material‘ der Rezeption vorläufig zugeordnet werden. Ob diese vorläufige Zuordnung wieder aufgegeben wird oder nicht, darüber entscheidet ihr biologischer Wert. Die Methode der Entscheidung ist eine selektive: Erweisen sich die Anticipationen als wertlos, so werden sie ausgemerzt; sie werden entweder durch andere Reaktionen ersetzt oder ihr ‚Träger‘, der regierende Organismus, geht mit ihnen zugrunde. Die Bewährung an der Umwelt entscheidet über das Schicksal der präformierten Anticipationen. Es ist die Methode von Versuch und Irrtum, die Methode der Selektion”.

Das überlange Manuskript wurde dann auf Drängen des Verlages von Popper und seinem Onkel Walter Schiff gnadenlos auf etwa 240 Druckseiten zusammengestrichen und 1934 als „Logik der Forschung” (Popper 1934) veröffentlicht. Der drastischen Kürzung fiel leider auch der explizite Bezug auf die Evolutionstheorie zum Opfer. Über die Auswahl von Theorien heißt es da nur noch, dass man „das zu überprüfende System in jeder Weise einer Falsifikation aussetzt; nicht die Rettung unhaltbarer Systeme ist ihr Ziel, sondern: in möglichst strengem Wettbewerb das relativ haltbarste auszuwählen” (Popper 1979).

Als Popper die „Logik der Forschung” für die 1959 erschienene erste englische Ausgabe übersetzte, hob er die biologische Analogie wieder sehr deutlich hervor. Das Zitat heißt nun in sehr freier Übertragung:

> „According to my proposal, what characterizes the empirical method is its manner of exposing to falsification, in every conceivable way, the system to be tested. Its aim is not to safe untenable systems, but, on the contrary, to select the one which in by comparison the fittest, by exposing them all to the fiercest struggle for survival.” (Popper 1979).

In seinen letzten Jahrzehnten hat Popper die Analogien zwischen der biologischen Evolution und seinem Bild des Wachstums des Wissens stark betont. Jetzt trat in den Vordergrund, was in „Die beiden Grundprobleme der Erkenntnistheorie” nur angedeutet worden war. Mehr als fünfzig Jahre nach der Arbeit an dem Manuskript dieses Buchs schrieb er in seiner Antwort auf einen Essay von Donald T. Campbells:

> „Die Hauptaufgabe der Theorie der Erkenntnis besteht darin, sie als kontinuierliche Fortsetzung tierischen Wissens zu verstehen; und auch darin, ihre Diskontinuität zu tierischem Wissen zu verstehen – falls es sie gibt". (Popper 1974).

In den Jahren nach 1933 war es Popper, während der Arbeit an den Ideen, die später als „Das Elend des Historizismus" (Popper 1957) auch in Buchform erschienen, darum gegangen zu zeigen, dass vage Analogien zwischen der biologischen Evolutionstheorie und Theorien über „Entwicklungsgesetze" der Gesellschaft nicht dazu dienen können, historizistische Entwicklungsgesetze zu stützen, schon weil sie auf einem Missverständnis der Evolutionstheorie aufbauen. Dem späten Popper ging es dann vor allem darum, seine einheitliche Theorie des Wachstums des Wissens – von der Amöbe zu Einstein – auszuarbeiten. Seine Sicht der biologischen Evolutionstheorie war dazu einer der Bausteine. Den letzten Stand der Ausarbeitung dieser Theorie findet man in dem am 9. Juni 1989 gehaltenen Vortrag „Towards an Evolutionary Theory of Knowledge", der 1990 in „A World of Propensities" veröffentlicht wurde (Popper 1990).

Nachdem er 1982 in Alpbach Günther Wächtershäuser getroffen hatte, begann eine intensive Zusammenarbeit an Wächterhäusers Theorie der Entstehung des Lebens. Popper war froh, wieder näher an aktueller Forschung zu sein (Wächtershäuser 1988a, 1988b, 1990, 1992, 1993, 1994, 2007).

Auch Karl Popper gehört zu den Kritikern der Theorie der natürlichen Auslese. Seine Kritik setzt an methodischen Mängeln an, mit denen er die Theorie der natürlichen Auslese behaftet sah: Er hielt die Theorie für im Kern tautologisch.

Leider ist das, was er darüber schrieb, gelegentlich etwas verwirrend formuliert – den vielbeachteten Widerruf seiner lange Zeit vertreten Ansicht, dass die Theorie im Kern tautologisch sei und daher nicht eigentlich eine naturwissenschaftliche Theorie, eingeschlossen.

Poppers Zweifel am empirisch wissenschaftlichen Status der Theorie der natürlichen Auslese war Wasser auf den Mühlen nicht so sehr der Biologen unter den Kritikern, sondern vor allem derjenigen, die Darwins Theorie aus ideologischen oder religiösen Motiven ablehnten. (Es war sicher auch die Irritation durch so viel Beifall von der falschen Seite, die Popper 1977 schließlich dazu bewog, seine mittlerweile geänderten Ansichten klarzulegen.) In den frühen 1930er Jahren, als er an seinem Buch „Das Elend des Historizismus" (Popper 1957) arbeitete, fand er evolutionäre Philosophien wenig klar und uninteressant.

1965 in der zweiten Arthur Holly Compton Memorial Lecture gestand er, dass eine evolutionäre Philosophie, nämlich seine Theorie des Wachstums des Wissens „von der Amöbe bis Einstein“, mittlerweile zum Mittelpunkt seiner Interessen geworden war.

1974 hat er dann seiner in der Zwischenzeit noch weiter entwickelten Sicht des Darwinismus in seiner intellektuellen Autobiographie (Popper 1974) ein eigenes Kapitel gewidmet: Jetzt er sah in der Selektionstheorie ein umfassendes metaphysisches Forschungsprogramm, für das die biologische Theorie der natürlichen Auslese nur ein Beispiel war.

Aber 1977 korrigierte er in der ersten Darwin Lecture (Popper 1987) dieses Urteil über den Status der Theorie der natürlichen Auslese: Er sah sie jetzt nicht mehr nur als ein metaphysisches Forschungsprogramm, sondern als empirisch wissenschaftliche Theorie, die nur leider schwierig zu prüfen war und nur wenige Vorhersagen erlaubte.

Leider nahm er die Korrektur in einem etwas verwirrenden intellektuellen Manöver vor: Er formulierte dazu die nun auch empirisch und nicht nur wegen ihrer heuristischen Fruchtbarkeit respektable Theorie in „ihrer wagemutigsten Form“ – nämlich, dass alle Organismen, und im speziellen alle die komplexen Organe, deren Existenz man als Beleg für geplante Konstruktion deuten könnte, und darüber hinaus auch alle Formen tierischen Verhaltens sich als Produkt der natürlichen Selektion entwickelt haben. Popper erinnert dann daran, dass schon Darwin neben der natürlichen Auslese auch sexuelle Selektion als Triebkraft der Evolution anerkannt hatte, so dass ein derartiger Panselektionismus nicht nur empirisch widerlegbar ist, sondern bereits von Darwin als widerlegt angesehen wurde.

Seiner Diagnose der Mängel der Selektionstheorie war er auch 1993, ein Jahr vor seinem Tod, treu geblieben: Man findet sie in der autorisierten Überarbeitung der Kennan Lectures aus dem Jahr 1969 (Popper 1994) kaum abgewandelt wieder. Popper hatte zwar die Weiterentwicklung wichtiger Aspekte der Theorie verfolgt, hat aber darauf nur gelegentlich in kurzen Anmerkungen Bezug genommen.

Der nach 1977 stattfindende fruchtbare Dialog zwischen Evolutionsbiologen und Philosophen, der zu begrifflichen Klärungen geführt hat, welche von führenden Evolutionstheoretikern so verschiedener Sichtweisen wie Ernst Mayr und Richard Lewontin anerkannt werden, hat in Poppers Veröffentlichungen keinen Niederschlag gefunden. Ergiebige Quellen für die aus der Zeit vor 1984 stammende, außerordentlich umfangreiche Literatur sind Elliot Sobers fast schon „klassisch“ gewordenes Buch: „The Nature of Selection: Evolutionary Theory in Philosophical Focus“ (Sober 1984), die von ihm herausgegebene Anthologie: „Conceptual Issues in Evolutionary Biology“ (Sober 1994) mit Beiträgen von – unter anderen – Steven Jay Gould, Richard Lewontin, John Maynard Smith, Susan Mill und John Beatty,

Robert Brandon und Alexander Rosenberg, sowie als Einführung in die spätere Literatur Sobers „Philosophy of Biology“ (Sober 2000), Daniel C. Dennetts „Darwins gefährliches Erbe“ (Dennett 1995) oder die Sammelbände von Mark Ridley (1997), David Hull und Michael Ruse (1998) sowie das Buch von Elisabeth Keller und Elisabeth Lloyd (1992). Die Diskussion hat zu einem weitgehenden Konsens im Hinblick auf die Interpretation der Theorie der natürlichen Selektion geführt (Ridley 2004).

8.8.1 Natürliche Selektion als angewandte Situationslogik oder ein algorithmisches Prinzip: Popper, Eigen, Dennett

Man ist versucht, Dawkins fünf Brücken noch eine sechste Brücke hinzuzufügen, die von dem Verständnis der Digitalen Information der modernen Synthetischen Evolutionstheorie zu einem noch abstrakteren Verständnis führt – von Darwin geahnt und in verschiedenen Formen von Popper, Dennett und Eigen vorgeschlagen.

Wie der späte Popper sehen heute viele den Kern der Selektionstheorie in ihrer logischen Struktur, die „Wenn-dann-Beziehung“ einer Situationslogik. Darin stimmen mit ihm Daniel Dennett, der sie als einen Algorithmus sieht, und Manfred Eigen, der Darwins Begriff „Selektionsprinzip“ für weniger missverständlich hält, überein.

Für sich sind weder ein metaphysisches Forschungsprogramm (Popper 1974) noch ein Algorithmus (Dennett 1995) oder ein Ordnungsprinzip (Eigen 1981, 1987) empirisch falsifizierbar. Was vorliegt, ist eine logische Struktur zur Genese empirisch widerlegbarer Theorien. Naturwissenschaftliche Theorien entstehen erst, wenn man die logische Struktur anwendet, wobei das Selektionsprinzip nicht nur in der Biologie auf den verschiedenen Stufen der Komplexität von Organismen, sondern auch auf verschiedenen anderen Gebieten angewandt werden kann – überall, wo es um die Optimierung funktionaler Effizienz geht. Manfred Eigen sieht in ihr ein höchst subtiles Prinzip, das „auf den einzelnen Stufen zum Leben, wie auch auf den verschiedenen Emporen des Lebens, mit höchst originellen Tricks arbeitet“ (Eigen 1987, 1988).

Besonders klar werden die Gesetzmäßigkeiten bei der Anwendung des Selektionsprinzips auf die einfachsten chemischen Systeme, wie sie am Beginn der Evolution des Lebens gebildet worden sein müssen.

Es ist verblüffend, dass Charles Darwins wissenschaftliche Intuition ihn gerade in diesem Kontext daran denken ließ, dass das Selektionsprinzip eine tiefer liegende Begründung haben könnte. In einem Brief an Nathaniel Wallich (Eigen 1981) schrieb er 1881, dass er bisher keinen auch nur im geringsten vertrauenswürdigen Beleg für eine spontane Entstehung des Lebens gesehen hätte, und fügt dann an: „Ich glaube, dass es das Prinzip der Kontinuität wahrscheinlich macht, dass man später einmal zeigen kann, dass das Prinzip des Lebens ein Teil – oder eine Folge – eines allgemeinen Gesetzes ist".

Manfred Eigen und seine Gruppe haben das Selektionsprinzip auf molekulare Systeme angewandt und dabei gezeigt, dass dieses Prinzip aus den Gesetzen der Physik – nämlich der Thermodynamik und Kinetik – ableitbar ist.

Für molekulare Systeme, wie sie die Gene und ihre Übersetzungsprodukte darstellen, können die physikalischen Voraussetzungen und Randbedingungen für das Wirken des Selektionsprinzips theoretisch beschrieben, in Experimenten realisiert und die Voraussagen der Modelle geprüft werden.

Selektion wird mit naturgesetzlicher Notwendigkeit auftreten, wenn drei Bedingungen erfüllt sind, die analog sind zu den Voraussetzungen für die organismische Evolution, wie Darwin sie beschrieb:

- wenn in einem System selbstreproduktive Replikatoren vorhanden sind, die wie DNA-Moleküle, Viren, oder Bakterien Kopien von sich selbst herstellen können (die heutigen Vorstellungen über die Entstehung und Art der sich autokatalytisch reproduzierenden Komponenten solcher Systeme sind im Wandel, nicht zuletzt aufgrund der von Poppers Methodologie geleiteten und anfangs im Gespräch mit Popper vorangetriebenen Arbeiten von Günther Wächtershäuser und anderen (Wächtershäuser 1988a, 1988b, 1990, 1992, 1993, 1994, 2007));
- wenn beim Kopieren gelegentlich Fehler auftreten (Mutagenität);
- und wenn sich das System, dem Stoffe und Energie zugeführt werden, fernab vom chemischen Gleichgewicht befindet (Stoffwechsel).

Sind diese Bedingungen erfüllt, dann wird einer der Replikatoren – nämlich der dem System am besten angepasste – in seiner Häufigkeit hochwachsen. Welcher der Replikatoren das sein wird, lässt sich in diesen einfachen Systemen aus den dynamischen Eigenschaften des Systems vorausberechnen.

Heute sind solche Systeme über die Phase der Computermodelle hinaus; sie wurden auch experimentell realisiert und ihre Vorhersagen bestätigt. Manfred Eigen schreibt dazu: Der *Surviver* wird nicht erst durch die Tatsache des Überlebens definiert. Der *Surviver* zeichnet sich durch optimal angepasste Reproduktionseigenschaften aus, die ihrerseits in komplizierter Form von der Umwelt (und den in dieser Umwelt anwesenden Mitbewerbern) abhängt. Solche Eigenschaften sind in dynamischen Parametern wie Lebensdauer, Reproduktionsrate und Genauigkeit der Reproduktion begründet. In einfachen Systemen wie RNA- oder DNA-Molekülen oder bei Viren lässt sich eine Kombination dieser Parameter, die wir den Selektionswert nennen, direkt – das heißt unabhängig von der durch sie bedingten Konsequenz:

survival – messen. Die Vermutung, dass es sich bei Darwins Prinzip in der Formulierung „ *survival of the fittest*“ um eine Tautologie handeln könnte, ist damit endgültig widerlegt (Eigen 1988).

Die Anwendung des Selektionsprinzips auf komplexere lebende Systeme ist wesentlich schwieriger, weil auf solche Systeme neben der natürlichen Selektion noch viele andere evolutionäre Kräfte einwirken können und die äußeren und inneren Randbedingungen wesentlich komplexer sind. Es ist die komplexe Problemsituation beim Entwurf evolutionärer populationsgenetischer Modelle, die Elliott Sober analysiert. Er geht dabei – wie es auch Popper beschrieben hat (Popper 1987) – von einer Beschreibung der Änderungen im Genpool einer Population aus, die man auch dann beobachtet, wenn auf die Population keine evolutionären Kräfte einwirken – zum Beispiel Änderungen durch zufällige genetische Drift –, und analysiert dann, wie Populationsgenetiker in ihren Modelle die Einwirkung einzelner evolutionärer Kräfte und ihre Wechselwirkungen berücksichtigen.

Sobers Analyse liefert eine begriffliche Klärung von wichtigen Fragen um die Selektionstheorie: Fitness ist eine superveniente Dispositionseigenschaft der Entitäten, unter denen selektiert wird, wobei der Fitnesswert ein Maß für die Wahrscheinlichkeit des Überlebens ist. Man kann für jeden Fall von Selektion mehrere Modelle konstruieren, in denen die Selektion auf verschiedenen Komplexitätsniveaus ansetzt: bei Molekülen oder Genen oder Organismen. Der Fitnesswert selbst sagt nichts darüber aus, wo die Kräfte ansetzen, welche die Selektion bewirken – Fitness ist nicht kausal wirksam. Es gibt aber immer ein Organisationsniveau, auf dem eine kausale Wechselwirkung stattfindet – die anderen Modelle beschreiben dann nur „Artefakte“, welche durch die kausal verursachte Selektion erzeugt werden.

Richard Lewontin, einer der führenden Populationsgenetiker und in seiner Sicht der Evolutionstheorie Popper überraschend nah, hat die heutige Problemsituation vor kurzem sehr plastisch beschrieben (Lewontin 2000). Er konstatiert, dass es Parallelen gäbe zur Situation in den Jahren, in denen sich das philosophische Interesse auf die Physik konzentriert hatte – im Besonderen auf die erkenntnistheoretischen Probleme, welche Relativitätstheorie und Quantentheorie aufwarfen. In den Jahren, in denen diese Theorien entstanden, waren es die scheinbaren Widersprüche zwischen der mathematischen Struktur der Theorien, ihrer physikalischen Interpretation und dem Alltagsverstand, die für die Physiker selbst im Vordergrund ihres Interesses standen. Ähnlich dazu waren es in den letzten 30 Jahren die Evolutionstheoretiker und Populationsgenetiker selbst, die sich explizit auch mit den erkenntnistheoretischen und methodischen Aspekten ihrer Probleme befassten, noch bevor die Beiträge einer neuen Generation von Berufsphilosophen wesentlich zur begrifflichen Klärung beigetragen haben.

Es gibt aber auch Unterschiede: In der Evolutionsbiologie sind es nicht die fundamentalen paradoxen ontologischen Eigenschaften der Untersuchungsobjekte, die umstritten sind. Lewontin erinnert daran, dass sich

> „Organismen in ganz alltäglicher Art zu verhalten scheinen und ihre Geschichte keine Probleme aufwirft, welche die Rationalität in Frage stellen. Die philosophischen Probleme entstehen nicht, weil es keine intuitiv vernünftigen Erklärungen für das gibt, was man beobachtet, sondern im Gegenteil aus einem Überfluss an solchen Erklärungen. Das Problem besteht darin, in jedem einzelnen Fall zu entscheiden, welche der vernünftigen Erklärungen man glauben sollte. Für Erkenntnistheoretiker geradezu ein Paradies."

Genau das ist es jedoch, was Probleme schafft: „Man muss sich die Struktur der Evolutionstheorie in ihrer modernen, genetischen Form in Erinnerung rufen, um diesen Überfluss an Erklärungsmöglichkeiten zu verstehen. In der Populationsgenetik ist die Art der Erklärungen geprägt durch zwei Charakteristika unseres Verständnisses des Evolutionsprozesses: Auf der einen Seite ist dieser Prozess die Folge einer großen Menge von universellen grundlegenden biologischen Mechanismen, wobei die Art, wie sie in die kausalen Ketten eingehen, nichts Kontingentes ist, wohl aber das quantitative Ausmaß, in dem sie in jedem einzelnen Fall zur Wirkung kommen. Auf der anderen Seite aber ist Evolution ein irrreduzibel historischer Prozess, und das nicht nur, weil der gegenwärtige Zustand eines Organismus und seine künftige Entwicklung nur mit Hilfe universeller Mechanismen, deren Einwirken historisch kontingent ist, erklärt werden müssen, sondern auch wegen des Gewichts der Anfangsbedingungen und der autonomen äußeren Umstände, die ihrerseits wieder ihre Geschichte haben.

Das hat Folgen:

> „Wie alle anderen Wissenschaftler werden Populationsgenetiker zu dem Glauben an das naive, eindeutige Modell der Wissenschaften erzogen – nämlich jenes Modell, nach dem die Entdeckung eines universellen Gesetzes die letztgültige Bestätigung einer wissenschaftlichen Untersuchung ist, und die genaue quantitative Bewertung aller kausal relevanten Variablen das wahre Markenzeichen einer wirklich wissenschaftlichen Erklärung ist."

Lewontin betont, dass solche Erklärungen in der Evolutionsgenetik schlechthin nie erreichbar sein würden, weil man wegen der Komplexität der Systeme und der Wechselwirkungen zwischen den einzelnen, jede für sich meist nur schwachen evolutionären Kräften nie zu den Beobachtungsdaten kommen könnte, die man braucht, um im Einzelfall diesem Erklärungsideal zu entsprechen:

> „Viele Evolutionstheoretiker sind daher unbefriedigt von einer Wissenschaft, welche nur zu Schlüssen kommt wie: ‚X kann vorkommen' oder ‚Y kommt manchmal vor', oder sogar ‚Z kommt oft vor'. Sie empfinden es als eine Niederlage, zur Erklärung eines spezifischen Falles nicht mehr sagen zu können,

> als ‚X kann nicht die Ursache der Beobachtungen sein, Y könnte ein signifikanter Faktor gewesen sein, und Z hat sicher eine wichtige kausale Rolle gespielt.' Aber für evolutionäre Phänomene, mit so vielen nur schwach bestimmenden und kausal wechselwirkenden Einflusswegen sowie ihrer Abhängigkeit von einer historischen Kontingenz, ist es das Beste, was sich erreichen lässt."

Popper hat auch noch in seinen letzten Jahren Lewontins Gefühl des Ungenügens an dieser aus theoretischen und praktischen Gründen im Allgemeinen nicht zu verbessernden Problemsituation geteilt.

Eine Ausnahme sind die Fälle, in denen sich evolvierende Systeme unter einem andere Evolutionskräfte dominierenden starken Selektionsdruck stehen.

Für den Fall starker Selektionskräfte ist es oft nicht zu schwierig, den relativen Fitnesswert eines Organismus in einer bestimmten Umgebung – unabhängig von der Beobachtung des tatsächlichen Überlebenswerts – vorherzusagen. Steven Jay Gould merkt dazu an:

> „Bestimmte morphologische, physiologische und Verhaltensmerkmale sollten – beurteilt mit den Standards, die Ingenieure für gute technische Problemlösungen haben – a priori bessere Lösungen für das Problem sein, in einer bestimmten Umgebung zu überleben. Es sind diese Merkmale, die zur Tauglichkeit der Organismen führen, und nicht die Tatsache, dass sie überleben und ihr Verbreitungsgebiet vergrößern." (Gould 1994).

8.9 Plädoyer für eine erweiterte Synthetische Evolutionstheorie

Seit 1970, also dem Erscheinen von Dobzhanskys Buch, hat die Biologie durch die neuen Experimentiertechniken und neue Ergebnisse der Molekularbiologie, molekularen Genetik und Zellbiologie atemberaubende Fortschritte gemacht. Es ist bereits erwähnt worden, dass die extrem genzentrierte Sicht der Evolutionsbiologie auch Verluste mit sich gebracht hat, weil das Interesse an den offenen Fragen, etwa der Entwicklungsbiologie, gering war, da die bis dahin verfügbaren Untersuchungstechniken und Erklärungsmodelle wenig fruchtbar waren. Das hat sich jedoch in den letzten 20 Jahren geändert. Bis dahin hatte die Entwicklungsbiologie außerhalb des gemeinsamen Daches der modernen Synthese ein Randdasein führen müssen. Scott F. Gilbert und David Epel verfolgen in ihrem bewundernswerten Buch „Ecological Developmental Biology" (Gilbert und Epel 2009) auch dieses Kapitel der Geschichte der Biologie und beschreiben den eben stattfindenden Wandel des Paradigmas beispielhaft klar. Da Karl Popper seiner Methodologie zufolge immer an Alternativen zur modernen synthetischen Theorie interessiert war, hat sich sein Interesse auf Wissenschaftler und Theorien konzentriert, die am Rande des Mainstream mit irritierend offenen Problemen von unleugbarem Gewicht existierten. Eben diese Probleme und Wissenschaftler stehen jetzt im Zentrum der Diskussion um das neue Paradigma: die Möglichkeit einer Vererbung erworbener Eigenschaften, der Baldwin Effekt, die Rolle von Verhaltensänderungen als Speerspitze der Evolution, genetische Assimilation, Makromutationen und zur Hoffnung berechtigende Monstren, der Ursprung der phänotypischen Vielfalt, an der die Selektion ansetzen kann. Darwin hat es geahnt, als er 1876 an Moritz Wagner schrieb:

> „In my opinion the greatest error I have committed has not been allowing sufficient weight to the direct action of the environment, i.e. Food, Climate etc., independent of natural selection."

Dobzhansky hatte 1964 den im Darwin-Jahr tausende Male zitierten Slogan „Nothing in biology makes sense except in the light of evolution." kreiert. Der Entwicklungsbiologe Jukka Jernvall hat das 2006 abgewandelt zu „Nothing in variation makes sense except in the light of development." Eine der neuen Einsichten ist die Entdeckung neuer Mechanismen zur Steuerung der Genaktivität, von denen die klassischen molekularen Genetiker noch nichts wussten, und die Entdeckung übersehener Vererbungsmechanismen epigenetischer Vererbung, mit denen Vererbung erworbener Eigenschaften möglich ist.

Ein Teil der Faszination des neuen Erklärungsparadigmas liegt natürlich in den Details. Dazu sind das Buch von Gilbert und Epel (2009) sowie das Buch von Eva Jablonka und Marion Lamb (2005) nicht zu übertreffen.

Am Konrad-Lorenz-Institut für Evolutions- und Kognitionsforschung hat sich Gerd Müller dazu entschlossen, 16 Wissenschaftler nach Altenburg einzuladen und dort ihre Argumente für eine Erweiterung der modernen Synthese zu präsentieren. Die Essays sind mittlerweile bei MIT Press als Taschenbuch verfügbar (Pigliucci und Müller 2010). Das Bild der Evolution, das in dem neuen Licht sichtbar wird, unterscheidet sich von der Welt mit blutigen Zähnen und Klauen, für die man in der Vergangenheit immer wieder auch in der Evolutionstheorie eine Stütze erkannt haben wollte. Das Bild der Welt, das Karl Popper 1986 in seinem Vortrag über aktiven Darwinismus an der Wiener Gesellschaft der Ärzte zeichnete, ist dieser Sicht verwandt (Popper 1986).

8.10 Literatur

Ayala F. W. und Dobzhansky T. (Hrsg.) (1974), *Studies in the Philosophy of Biology*. London: McMillan.

Browne, J. (2008), Birthdays to Remember. *Nature* 456, 324–325.

Bryson, B. (Hrsg.) (2010), *Seeing Further: The History of the Royal Society*. London: Harper Press.

Dawkins, R. (2010), Darwin's Five Bridges: The Way to Natural Selection. In: Bryson (2010), 203–229.

Dennett, D. C. (1995), *Darwin's Dangerous Idea*. New York: Simon & Schuster.

Desmond, A. und Moore, J. (1994), *Darwin*. Reinbek: Rowohlt, Rororo Sachbuch 9574.

Desmond, A. und Moore, J. (2009), *Darwin's Sacred Cause: Race Slavery and the Quest for Human Origins.* London: Allen Lane.

Dobzhansky, T. (1970), *The Genetics of the Evolutionary Process*. New York, NY: Columbia University Press.

Eigen, M. (1981), Darwin und die Molekularbiologie. *Angewandte Chemie* 93, 221.

Eigen, M. (1988), Phasensprünge und Homunculus im Zeitalter der Biologie. In: *Perspektiven der Wissenschaft,* Stuttgart: Deutsche Verlagsgesellschaft.

Eigen, M. (1987), *Stufen zum Leben: Die frühe Evolution im Visier der Molekularbiologie*. München: Piper.

Fisher, R. A. (1930), *The Genetical Theory of Natural Selection.* 2. Aufl., New York, NY: Dover Books.

Futuyma, D. J. (2007), *Evolution*. Heidelberg: Spektrum.

Gilbert, S. F. und Epel, D. (2009), *Ecological Developmental Biology*. Sunderland, MA: Sinauer.

Gould, S. J. (1994), Darwin´s Untimely Burial. In: Sober (1994), Kap. 3.

Hacohen M. H. (2000), *Karl Popper: The Formative Years 1902-1945*. Cambridge: Cambridge University Press.

Haldane, J. B. S. (1932), *The Causes of Evolution*. Ithaca, NY: Cornell University Press.

Harré, R. (1975), *Problems of Scientific Revolutions*. The Herbert Spencer Lectures 1973. Oxford: Clarendon Press.

Hull, D. und Ruse, M. (1998), *Oxford Readings in Philosophy of Biology*. Oxford: Oxford University Press.

Jablonka, E. und Lamb, M. (2005), *Evolution in Four Dimensions: Genetic, Epigenetic, Behavioral, and Symbolic Variation in the History of Life*. Cambridge, MA: MIT Press.

Keller, E. und Lloyd, E. (1992) (Hrsg.), *Keywords in Evolutionary Biology*. Cambridge, MA: Harvard University Press.

Lewontin, R. (2000), What do Population Geneticists Know and How do they Know it? In: Creath, R. und Maienschein, J. (Hrsg.), *Biology and Epistemology*, Cambridge: Cambridge University Press, Kap. 9.

Lewontin, R. C. (2010), Not So Natural Selection. *New York Review of Books,* 27. Mai 2010.

Matthew, P. (1831), *On Naval Timber and Arboriculture*. Edinburgh: Black.

Mayr, E. (1942), *Systematics and the Origin of Species*. New York: Columbia University Press.

Mayr, E. (1982), *The Growth of Biological Thought*. Cambridge, MA: Harvard University Press.

Mayr, E. (1988), *Das ist Biologie: Die Wissenschaft vom Leben*. Heidelberg: Spektrum.

Medawar, P. (1988), *Memoir of a Thinking Radish: An Autobiography*. Oxford: Oxford University Press.

Mendel, G. (1866), Versuche über Pflanzen-Hybriden. *Verhandlungen des Naturforschenden Vereines Brünn* 4, 3–57.

Pigliucci M. und Müller, G. (2010) (Hrsg.), *Evolution: The Extended Synthesis*. Cambridge, MA: MIT Press.

Popper, K. R. (1934), *Logik der Forschung*, Wien: Julius Springer 1935 [1934], 10. Auflage, Tübingen: Mohr Siebeck, 1994.

Popper, K. R. (1954), *Miseria della Storica*. Milano: Editrice l'industria.

Popper, K. R. (1956), *Misère de L'Historicisme*. Paris: Librairie Plon.

Popper, K. R. (1957), *The Poverty of Historicism*. London: Routledge & Kegan Paul; Boston: Beacon Press.

Popper, K. R. (1959), *The Logic of Scientific Discovery*. London: Routledge. Englische Ausgabe von *Logik der Forschung*, Wien 1935 [1934].

Popper, K. R. (1972), *Objective Knowledge: An Evolutionary Approach*. Oxford: Clarendon Press.

Popper, K. R, (1974), *Autobiography of Karl Popper*. In: P. A. Schilpp (Hrsg.), *The Philosophy of Karl Popper,* Library of Living Philosophers, La Salle, IL: Open Court.

Popper, K. R. (1978), Natural Selection and the Emergence of Mind. *Dialectica* 22(3), 339–355.

Popper, K. R. (1979), *Die beiden Grundprobleme der Erkenntnistheorie*. Auf Grund von Manuskripten aus den Jahren von 1930–1933 herausgegeben von Hansen, T. E., Tübingen: Mohr Siebeck.

Popper, K. R. (1986), Festvortrag gehalten auf der Jahreshauptversammlung der Wiener Gesellschaft der Ärzte in Wien am 14. März 1986.

Popper, K. R. (1987), Natural Selection and the Emergence of Mind. In: Radnitzky, G. und Bartley, W. W. (Hrsg.), *Evolutionary Epistemology, Theory of Rationality and Sociology of Knowledge,* La Salle, IL: Open Court, Kap. 6, 139–154.

Popper, K. R. (1990), *A World of Propensities*. Bristol: Thoemmes.

Popper, K. R. (1994), *Knowledge and the Body Mind Problem: In Defence of Interaction*. Notturno, M. (Hrsg.), London: Routledge.

Popper, K. R. (1994a), *Alles Leben ist Problemlösen: Über Erkenntnis, Geschichte und Politik.* München: Piper.

Popper, K. R. und Eccles, J. C. (1977), *The Self and Its Brain*. London: Routledge.

Ridley, M. (Hrsg.) (1997), *Evolution*. Oxford: Oxford University Press.

Ridley, M. (2004), *Evolution*. 3. Aufl., Malden, MA: Blackwell.

Riedl, R. und Wuketits, F. M. (Hrsg.) (1987), *Die Evolutionäre Erkenntnistheorie: Bedingungen, Lösungen, Kontroversen*. Berlin: Parey.

Schönborn, C. (2005), Finding Design in Nature. *New York Times*, 7. Juli 2005.

Simpson, G. G. (1944), *Tempo and Mode in Evolution*. New York: Columbia University Press.

Sober, E. (1984), *The Nature of Selection: Evolutionary Theory in Philosophical Focus*. Cambridge, MA: MIT Press.

Sober, E. (Hrsg.) (1994), *Conceptual Issues in Evolutionary Biology: An Anthology*. Cambridge, MA: MIT Press (1. Aufl. 1984. 2. korr. Aufl. 1994).

Sober, E. (2000), *Philosophy of Biology*. 2. Aufl., Boulder, CO: Westview Press.

Stebbins, G. L. (1950), *Variation and Evolution in Plants.* New York: Columbia University Press.

Wächtershäuser, G. (1988a), Before Enzymes and Templates: Theory of Surface Metabolism. *Microbiological Reviews* 52, 452–484.

Wächtershäuser, G. (1988b), Pyrite Formation, the First Energy Source for Life: A Hypothesis. *Systematic and Applied Microbiology* 10, 207–210.

Wächtershäuser, G. (1990), Evolution of the First Metabolic Cycle. *Proceedings of the National Academy of Sciences USA* 87, 200–204.

Wächtershäuser, G. (1992), Ground Works for an Evolutionary Biochemistry: The Iron-Sulfur World. *Progress in Biophysics and Molecular Biology* 58, 85–201.

Wächtershäuser, G. (1993), The Cradle Chemistry of Life. *Pure and Applied Chemistry* 65, 1343–1348.

Wächtershäuser, G. (1994), Life in a Ligand Sphere. *Proceedings of the National Academy of Sciences USA* 91, 4283–4287.

Wächtershäuser, G. (2007), On the Chemistry and Evolution of Pioneer Organism. *Chemistry and Biodiversity* 4, 584–602.

Wright, S. (1931), Evolution in Mendelian Populations. *Genetics* 16, 97–159.

Anhang 1: Darwin und die Religion

1844 „Vestige of the Natural History of Creation": enthält Ideen über die Transmutation der Spezies. Ein Bestseller, aber in Akademischen Kreisen heftig kritisiert. Darwins Geologie-Lehrer, Reverend Adam Sedgwich, war fassungslos. Er hielt das Buch für so schlecht, „dass es auch von einer Frau sein könnte".

13. Juli 1856, Darwin an Hooker, Letter 1924:

„What a book a Devils Chaplain might write on the clumsy, wasteful, blundering low and horribly cruel works of nature!"

„Was für ein Buch könnte ein Kaplan der Teufels über das unbeholfene, Leben vergeudende, stümperhaft niederträchtige und entsetzlich grausame Wirken der Natur schreiben!"

19. November 1859, Review in Athenaeum, John Leifchild:

„If a monkey has become a man – what may not a man become?"

Darwin's book almost too dangerous to read. It should be put in safe hands of theologians and left „to the mercies of the Divinity Hall, the College, the Lecture Room and the museum".

Darwin: „The manner in which he drags in immortality and sets the Priests at me and leaves me to their mercies, is base. He would on no account burn me; but he will get the wood ready and tell the black beasts how to catch me." (Correspondence 7: 839; Francis Darwin, *Life and Letters of Charles Darwin*, Bd. 3)

13. Dezember 1866, Darwin und Mary Boole:

„Do you consider the holding of your theory of natural selection to be inconsistent … with the following belief:
That knowledge is given to man by direct Inspiration of the spirit of God.
That God is a personal and infinitely good Being.
That the effect of the action of the spirit of God on the brain of man is especially a moral effect.

My impression has always been – not only that your theory was quite compatible with the faith I have just tried to give expression."
(Mary Boole to Charles Darwin, Letter 5303)

„My opinion is not worth more than that of any other man who has thought on such subjects, and it would be a folly in me to give it.
I may however remark that it has always appeared to me more satisfactory to look at the immense amount of pain and suffering in this world, as inevitable result of the natural sequence of events, this is, general laws, rather than from the direct intervention from god though I am aware this is not logical with reference to an omniscient Deity…"

24. November 1880

„Die Hälfte aller Narren von ganz Europa schreibt mir, um mir die dümmsten Fragen zu stellen."
(Desmond und Moore, 1994)

„Do you believe in the New Testament?"
(McDermott, 23. November 1880, Letter 12845)

„Dear Sir,
I am sorry to inform you that I do not believe in the Bible as a divine revelation and therefore not in Jesus Christ as the son of God.
Yours faithfully, Charles Darwin"
(Reply by Darwin, 24. November 1880, Darwin an Frederic McDermott, Letter 12851)

18. Dezember 1880: Am 16. Dezember 1880 erreichte Darwin ein Brief, der im Auftrag des Erzbischofs von Canterbury geschrieben worden war. Der Erzbischof lud ihn darin ein, ein Memorandum zu unterschreiben und an einer privaten Konferenz teilzunehmen, die am 7. Jänner 1881 im Amtssitz des Erzbischofs stattfinden sollte.

Darwin antwortete nur zwei Tage später mit einem sehr offenen Brief (Darwinprojct.ac.uk, entry 12919, accessed 12. August 2010):

„Sir,
the state of my health will not allow me attend the meeting at Lambeth Palace, though I should feel it an honour to meet there so many distinguished men.
It would, however, not be sincere on my part to assign want of strength as the sole reason for not attending, in as much I can see no prospect of any benefit arising from the proposed conference.
I beg leave to remain, Sir, your obedient servant, Charles Darwin."

Der Sekretär des Erzbischofs wollte das so lakonisch jedoch nicht hinnehmen, und Darwin schrieb ihm am 22. Dezember einen zweiten Brief:

„I am much obliged for your very courteous note. I regret that it will be impossible for me to explain the causes of my disbelief in any good being derived from the conference, without treating the subject at inordinate length. I will only add that in my opinion, a man who wishes to form a judgment on this subject, must weigh the evidence for himself & ought not be influenced by being told that a considerable number of scientific men can reconcile the results of science with revealed or natural religion while others cannot do so."

Anhang 2: Stichworte zur Chronologie der Arbeiten und Vorträge Poppers mit Bezügen zur Evolutionstheorie

1930 – 1933	Arbeit am Manuskript von „Die beiden Grundprobleme der Erkenntnistheorie" (Popper 1979). Erster Entwurf von Poppers evolutionärer Theorie des Wachsens der Erkenntnis, beginnend mit den Probierbewegungen der Einzeller. Vorträge über „Das Elend des Historizismus" in Brüssel und London.
1944, 1945	„The Poverty of Historicism" in drei Teilen veröffentlicht in *Economica* (London).
1954	Italienische Ausgabe in Buchform unter dem Titel „Miseria della Storicismo" (Popper 1954).
1956	Französische Veröffentlichung in Buchform unter dem Titel „Misère de L'Historicisme" (Popper 1956).
1957	Erste englische Veröffentlichung von „The Poverty of Historicism" in Buchform (Popper 1957).
1959	„The Logic of Scientific Discovery" (Popper 1959).
1961	Evolution and the Tree of Knowledge: Herbert Spencer Vorlesung, gehalten am 31. Oktober 1961 in Oxford; am selben Tag als Manuskript in der Bodleian Library hinterlegt. Auf Grund von Peter Medawars Kritik wurde die Veröffentlichung elf Jahre lang verzögert, bis die Vorlesung 1972 als Kapitel 7 von „Objective Knowledge" veröffentlicht wurde. Die Veröffentlichung erfolgte im Wesentlichen unverändert, aber mit aus dem Jahr 1971 stammenden Zusätzen, in späteren Ausgaben vermehrt um 1974 angefügte weitere Literaturhinweise (Popper 1972).
1965	„Of Clouds and Clocks": Zweite Arthur-Holly-Compton Gedächtnisvorlesung, gehalten am 21.4.1965 an der Washington Universität; mit sieben Jahren Verzögerung veröffentlicht 1972 als Kapitel 6 von

„Objective Knowledge". Für spätere Ausgaben 1974 vermehrt um zwei weitere Literaturzitate.

1969 „Knowledge and the Body Mind Problem": Vorlesungsreihe, als „Kenan Lectures" im Frühling 1969 an der Emory University in Atlanta gehalten. Ein Transkript lag seit den frühen Siebzigerjahren vor und wurde von Popper eine Zeit lang weiter bearbeitet, bis es 1986 in seiner vorläufigen Form an die Hoover Institution on War, Revolution and Peace verkauft und dann in den Bestand der „Karl Popper Archives" an der Stanford Universität aufgenommen wurde. Das dort deponierte, bereits überarbeitete Transkript wurde von M. A. Notturno in Zusammenarbeit mit Karl Popper einer weiteren Revision unterzogen, 1993 durch ein Vorwort Poppers autorisiert und 1994 ergänzt durch eine Transkription der Diskussionen aus dem Jahr 1969 und angereichert durch das neue Vorwort Poppers, weiter ergänzt durch ein 1993 geschriebenes Vorwort Poppers unter dem Titel „Knowledge and the Body-Mind Problem" mit veröffentlicht (Popper 1994).

1972 „Objective Knowledge: An Evolutionary Approach" (Popper 1972): enthält als Kapitel 6 „Of Clouds and Clocks" (Erstfassung 1965) und als Kapitel 7 "Evolution and the Tree of Knowledge" (Erstfassung 1961).

1973 „The Rationality of Scientific Revolutions": Vorlesung in der Reihe der sechs „Herbert Spencer Lectures", die 1973 am Linacre College in Oxford gehalten wurden. Veröffentlicht 1975 in „Problems of Scientific Revolution" (Harré 1975).

1974 „Intellectual Autobiography" (Popper 1974): Autobiographie mit Kapitel 37 über „Darwinismus als metaphysisches Forschungsprogramm".

1977 „Natural Selection and the Emergence of Mind": Erste Darwin Lecture, gehalten am 8. 11. 1977 im Darwin College in Cambridge. Nach der 1978 erfolgten Veröffentlichung in *Dialectica* (Popper 1978) mit einem 1985 beigefügten Zusatz 1987 wieder veröffentlicht als Kapitel 6 in: „Evolutionary Epistemology, Theory of Rationality and Sociology of Knowledge" (Popper 1987).

1977 „The Self and its Brain" (Popper und Eccles 1977): Der erste Teil dieses Buchs wurde von Popper verfasst, der zweite Teil von John Eccles. Der dritte Teil ist ein Protokoll von Dialogen zwischen den beiden Autoren.

1986 Seminarvortrag gehalten an der Universität Wien am 12. April 1986. Ausführungen über aktiven Darwinismus, Metaphern und Teleologie.

1986 „Die erkenntnistheoretische Position der Evolutionären Erkenntnistheorie“: Vortrag, gehalten in Wien am Symposium über „Evolutionäre Erkenntnistheorie” (18.–20. April 1986); veröffentlicht 1987 in: „Die Evolutionäre Erkenntnistheorie”(Riedl und Wuketits 1987) und 1994 in „Alles Leben ist Problemlösen” (Popper 1994a).

1986 „Eine Weiterentwicklung der Darwinschen Theorie“: Festvortrag gehalten auf der Jahreshauptversammlung der Wiener Gesellschaft der Ärzte in Wien am 14. März 1986.

1986 „Eine Weiterentwicklung der Darwinschen Theorie“: Kamingespräch mit Karl Popper am 28. Juni 1986 in der Wiener Gesellschaft der Ärzte über den dort am 14. März gehaltenen Festvortrag zum selben Thema.

1986 „A New Interpretation of Darwinism“: Erste Medawar Lecture, gehalten am 12. Juni 1986 in der Royal Society in London. Bisher nicht veröffentlicht.

1988 „A World of Propensities: Two New Views of Causality”: Erweiterte Fassung eines am 24. 8. 1988 am World Congress of Philosophy in Brighton gehaltenen Vortrags. 1990 veröffentlicht in „A World of Propensities” (Popper 1990).

1989 „Towards an Evolutionary Theory of Knowledge“: Vortrag vor den Alumni of the School at the London School of Economics, gehalten am 9. Juni 1989. In erweiterter Form 1990 veröffentlicht in „A World of Propensities” (Popper 1990).

1990 „A World of Propensities“ (Popper 1990): Sammelband, enthält die beiden Vorträge „A World of Propensities: Two New Views of Causality” und „Towards an Evolutionary Theory of Knowledge”.

1994 „Knowledge and the Body Mind Problem: In Defence of Interaction“ (Popper 1994): Überarbeitete und autorisierte Form der Kennan Lectures aus dem Jahr 1969.

Kapitel 9

Der Sinn des Lebens: Was sagt die Evolutionsbiologie? *

Thomas Junker

Die Wissenschaften können, so lautet ein Glaubenssatz unserer Zeit, nichts über den Sinn des Lebens oder der Welt aussagen. Versucht sich einer ihrer Vertreter trotz alledem an dieser Frage, so muss er mit harscher Kritik, mit Hohn und Spott rechnen. So schrieb der Soziologe Max Weber Anfang des 20. Jahrhunderts:

> „Wer – außer einigen großen Kindern, wie sie sich gerade in den Naturwissenschaften finden – glaubt heute noch daß Erkenntnisse der Astronomie oder der Biologie oder der Physik oder Chemie uns etwas über den Sinn der Welt, ja auch nur etwas darüber lehren könnten: auf welchem Weg man einem solchen ‚Sinn' – wenn es ihn gibt – auf die Spur kommen könnte? Wenn irgend etwas, so sind sie geeignet, den Glauben daran: dass es so etwas wie einen ‚Sinn' der Welt gebe, in der Wurzel absterben zu lassen!" (Weber 1919, S. 597–598).

Wie Weber weiter erläutert, soll die Wissenschaft weder etwas über den Sinn der Welt noch über den Sinn des individuellen menschlichen Lebens aussagen können.

Es ist wenig verwunderlich, dass sich die Vertreter der Religionen gegen Versuche wenden, dem Sinn des Lebens mit wissenschaftlichen Methoden auf die Spur zu kommen. Denn schließlich handelt es sich um eine Frage, für die sie traditionellerweise die Deutungsmacht beanspruchten, und dieses Terrain soll nicht kampflos preisgegeben werden. Aber auch einige Wissenschaftler akzeptieren diese Grenze, wie das Zitat von Max Weber deutlich macht. Interessanterweise gilt dies sogar für ausgesprochen religionskritische Autoren. So schrieb Sigmund Freud in *Das Unbehagen in der Kultur*:

> „Die Frage nach dem Zweck des menschlichen Lebens ist ungezählte Male gestellt worden; sie hat noch nie eine befriedigende Antwort gefunden, läßt eine solche vielleicht überhaupt nicht zu. […] Es ist […] nur die Religion, die die Frage nach einem Zweck des Lebens zu beantworten weiß. Man wird kaum irren zu entscheiden, dass die Idee eines Lebenszweckes mit dem religiösen System steht und fällt'." (Freud 1930, S. 433).

Nun kann man Freud kaum besondere Sympathie für die religiöse Weltanschauung nachsagen. Und tatsächlich unterstützt sein weiteres Argument den Deutungsanspruch der Religionen in dieser Frage gerade nicht. In den Religionen, so führt er

* Verändert und erweitert nach dem Abschnitt „Evolutionäre Strategien" in Junker und Paul (2009).

aus, unternimmt „eine größere Anzahl von Menschen gemeinsam den Versuch [...], sich Glücksversicherung und Leidensschutz durch wahnhafte Umbildung der Wirklichkeit zu schaffen. Als solchen Massenwahn müssen wir auch die Religionen der Menschheit kennzeichnen. Den Wahn erkennt natürlich niemals, wer ihn selbst noch teilt" (Freud 1930, S. 440). Die Religionen geben zwar, so kann man Freuds Position zusammenfassen, eine Antwort auf die Frage nach dem Sinn des Lebens, aber bei dieser handelt es sich um eine Wahnidee.

Weder die Lehrsätze der Kirchen, noch die spöttische Arroganz mancher Theologen, noch logische Einlassungen, noch die pessimistischen Einschätzungen einzelner Wissenschaftler haben verhindert, dass sich Kosmologen und vor allem Evolutionsbiologen bis heute Gedanken über den Sinn des Lebens machen (Monod 1975, S. 145–151; Kanitscheider 2008; Wuketits 2009). Die Gründe sind leicht einzusehen. Denn warum sollte ausgerechnet die Biologie, die *Wissenschaft vom Leben*, keine kompetente Aussage über den *Sinn des Lebens* machen können? Wenn Charles Darwin Recht hat, dann wurde nicht nur der Körper der Menschen, sondern auch ihre Gedanken, Gefühle, Wünsche und ihr Verhalten von der Evolution geformt (Darwin 1871; Junker und Paul 2009). Dass der Wunsch nach einem gelungenen Leben aber eine zutiefst emotionale – instinktive – Dimension beinhaltet, lässt sich schwer bestreiten.

Und schließlich stellt sich die Frage, auf welche Weise es möglich sein soll, den Sinn des Lebens an der Wissenschaft „vorbei" benennen zu können. Denn dies würde bedeuten, dass es exklusive und geheime Quellen des Wissens gibt, die beispielsweise nur der Philosophie oder der Theologie zur Verfügung stehen. Die meisten Wissenschaftler werden dies bestreiten und darauf verweisen, dass die Generierung von Wissen durch Beobachtung und logisches Schließen sich als enorm erfolgreich erwiesen hat, während andere Wege („Eingebungen", „Offenbarungen") zu widersprüchlichen und unüberprüfbaren Ergebnissen führen. Und so wird sich vielleicht zeigen, dass die Wissenschaft tatsächlich nichts zur Frage nach dem Sinn des Lebens beitragen kann, aber das kann man erst sicher wissen, wenn man die Alternativen überprüft hat.

Wenn sich Philosophen oder Theologen Gedanken zum Sinn des Lebens machen, so kann man bei aller Unterschiedlichkeit im Detail eine auffällige Gemeinsamkeit beobachten: Die Frage nach dem „Sinn des Lebens" verwandelt sich stillschweigend und ohne weitere Erläuterung in die Frage nach dem „Sinn des menschlichen Lebens". Diese Vorgehensweise wurde in den letzten Jahrzehnten zwar nicht häufig, aber doch regelmäßig kritisiert:

> „Von einem Zweck des Lebens der Tiere wird nicht gesprochen, wenn deren Bestimmung nicht etwa darin besteht, dem Menschen zu dienen. Allein auch das ist nicht haltbar, denn mit vielen Tieren weiß der Mensch nichts anzufangen – außer, dass er sie beschreibt, klassifiziert, studiert – und ungezählte

> Tierarten haben sich auch dieser Verwendung entzogen, indem sie lebten und ausstarben, ehe der Mensch sie gesehen hatte." (Freud 1930, S. 433).

Kritisch äußerte sich auch Günter Anders über das vorgebliche „Sinnmonopol" der Menschen:

> „Offensichtlich war der Sinn von Sinn, da man nach der Rolle des Menschen im Kosmos, nicht dagegen nach dem der Mücke fragte, *anthropologisch eingeengt.* [...] Wenn man dieses Sinn-Monopol statt mit den Augen des Geisteswissenschaftlers mit denen des Naturwissenschaftlers, zum Beispiel eines Darwinisten ansieht, dann wirkt es freilich einfach albern. Ernsthaft kann doch niemand glauben, dass etwas so Fundamentales wie ‚Sinn' gewissermaßen als kontingentes Attribut ausgerechnet und ausschließlich derjenigen unter den Millionen Spezies, der man zufällig selbst zugehört, zukommen soll." (Anders 1980, S. 138).

Und schließlich konstatierten die Philosophen Richard Sylvan und Nicholas Griffin die allgemeine Verbreitung dieser Annahme:

> „Sehen wir von denjenigen ab, die die Frage als sinnlos, weil metaphysisch, abtun, sind die Standpunkte der Philosophen, die etwas zum Thema zu schreiben wussten, zu einem großen Teil *Menschheits-chauvinistisch*, insofern das einzige Lebewesen, dem auch nur die Möglichkeit eines sinnvollen Lebens zugestanden wird, der Mensch ist." (Sylvan und Griffin 1982, S. 445).

Die genannten kritischen Kommentare stammen sämtlich aus den letzten Jahrzehnten, und sie verweisen in ihren Begründungen direkt oder indirekt auf die Erkenntnisse der Evolutionsbiologie. Und tatsächlich kann man, seit Charles Darwin vor 150 Jahren sein berühmtes Buch über die *Entstehung der Arten* (1859) veröffentlicht hat, nicht mehr einfach ungeprüft davon ausgehen, dass eine für Menschen als charakteristisch angesehene Eigenschaft auch wirklich einzigartig ist (Junker 2008). Diese zentrale Erkenntnis der modernen Naturwissenschaften zu ignorieren und so zu tun, als lebten wir noch in den Zeiten von Aristoteles oder Kant, ist mit einer ernsthaften philosophischen Behandlung des Themas kaum vereinbar. Es mag sich erweisen, dass sich nur in Bezug auf Menschen sinnvoll von einem Sinn des Lebens sprechen lässt, aber dies setzt eine entsprechende vergleichende Untersuchung voraus.

Wie tief das Vorurteil vom Sinn-Monopol der Menschen verankert ist – denn meist beobachtet man in diesem Zusammenhang nichts anderes als eine vorgefasste Meinung ohne Prüfung der Tatsachen –, zeigt sich selbst bei den oben zitieren kritischen Autoren. Auch diese belassen es bei eher beiläufigen Bemerkungen, und vor allem fahren sie in ihren Ausführungen fort, als hätte die Darwin'sche Theorie tatsächlich keine konkrete Bedeutung. D.h. sie kritisieren den Menschheits-Chauvinismus der Philosophen und Theologen, ziehen aber selbst keine weitergehenden Konsequenzen daraus und machen sich den biologischen Blickwinkel nicht zu Nutze. Diese

Inkonsequenz könnte einer der Gründe dafür sein, dass die Kritik am vorgeblichen Sinn-Monopol der Menschen keine tiefgreifende Wirkung hatte und die überwiegende Mehrzahl der Philosophen und Theologen weiter so argumentiert, als hätte es in den letzten 150 Jahren keine neuen Erkenntnisse über die Natur der Menschen gegeben (vgl. die Übersichtsdarstellungen Gerhardt (1995) und Fehige et al. (2000)).

Mit der stillschweigenden Ersetzung des Begriffs „Leben" durch „menschliches Leben" korrespondiert eine zweite, nicht minder folgenschwere Bedeutungsverschiebung, die das Wort „Sinn" betrifft. Und zwar wird dieses *normativ* aufgeladen. Es ist richtig, dass Aussagen über den Sinn des Lebens vor allem in religiösen Schriften häufig als moralische Gebote vorgetragen werden. Entsprechend wird argumentiert, dass wissenschaftliche Thesen zum Sinn des Lebens einen logischen Fehlschluss beinhalten, da sie einen unzulässigen Übergang vom Sein zum Sollen, von deskriptiven zu normativen Aussagen vornehmen. Es soll sich also um einen „Kategorienfehler" und einen „naturalistischen Fehlschluss" handeln.

Dieser Einwand wäre aber nur dann von Gewicht, wenn Aussagen über den Sinn einer Handlung (oder allgemein des Lebens) grundsätzlich normativen Charakter hätten. Dies ist aber nicht der Fall, wenn es darum geht zu *beschreiben,* nach welchem Sinn Menschen (oder andere Organismen) ihr Leben ausrichten, und zu *erklären*, warum sie dies tun. Die moralische Bewertung eines konkreten Lebensziels oder einer bestimmten Lebensweise kann in einem zweiten Schritt erfolgen, genau wie man beliebige andere Ziele oder Handlungen bewerten kann. Ein Notwendigkeit besteht aber nicht und in vielen Fällen sind moralische Bewertungen sogar gänzlich fehl am Platz. Die normative Umformulierung von einem „der Sinn des Lebens ist ..." zu einem „der Sinn des Lebens soll sein ..." wird also weder durch den allgemeinen Sprachgebrauch nahegelegt, noch ist sie für das Verständnis des Problems notwendig oder förderlich.

Es ist kein Zufall, dass es zu dieser *doppelten Bedeutungsverschiebung* kommt: Da man Tiere, Pflanzen oder Bakterien nicht für moralfähig hält, führt die normative Aufladung der Frage notwendigerweise zum Sinn-Monopol der Menschen. Diese weitgehend unbewusste ablaufende Verschiebung der Fragestellung hat dazu geführt, dass sich der reflexhaft vorgetragene Glaubenssatz durchsetzen konnte, dem zufolge die Wissenschaften nichts über den Sinn des Lebens oder der Welt aussagen können.

9.1 Der biologische Sinn des Lebens

Zunächst aber ist es unerlässlich, die sprachliche Bedeutung der Rede vom „Sinn des Lebens" genauer zu bestimmen. Was ist mit „Sinn" gemeint? Zum einen wird damit die *Bedeutung eines sprachlichen oder anderen Symbols* (z.B. eines Wortes) bezeichnet. Zum anderen spricht man vom *Sinn einer Tätigkeit* und meint damit ihren *Zweck* oder ihr *Ziel*. So ist eine Handlungsweise sinnvoll, wenn sie ihren Zweck erfüllt; eine Maschine ist sinnvoll konstruiert, wenn sie funktioniert. Und umgekehrt sind ein Wort, eine Handlung oder eine Maschine sinnlos, wenn sie keine Bedeutung haben oder ihren Zweck nicht erfüllen.

Beim Sinn des Lebens geht es meist um letzteres, d.h. um die Frage, ob die als „Leben" bezeichneten chemischen Reaktionen und Verhaltensweisen von Bakterien, Pflanzen, Tieren oder Menschen einem übergeordneten Zweck oder Ziel dienen. Die verschiedenen Funktionen der Lebewesen – Ernährung, Stoffwechsel, Fortpflanzung, Wachstum, Empfindung, Denken und Bewegung – werden arbeitsteilig von speziellen Molekülen, Zellen, Organen oder Körperteilen ausgeführt, die dem Individuum als „Werkzeuge" dienen. Worin aber besteht der übergeordnete Zweck eines Organismus, was ist der Sinn seines Lebens?

Darwins Theorie hat diese Frage beantwortet: *Es ist die Fortpflanzung, die möglichst große Verbreitung der eigenen Gene* (nicht die der Art). Pflanzen, Tiere und Menschen existieren nur, weil sie von einer lückenlosen Reihe von Vorfahren abstammen, die diese Aktivität seit der Entstehung des Lebens vor mehr als 3,5 Milliarden Jahren erfolgreich ausgeführt haben. Im Gegensatz zu den Worten und Handlungen der Menschen oder bei den von ihnen gebauten Maschinen liegt diesem Zweck keine bewusste Absicht zugrunde, kein „intelligentes Design". Er entstand in der Evolution durch Variation und Selektion, da nur diejenigen Gene erhalten blieben, die bei ihren Trägern (den Individuen) die entsprechenden Verhaltensweisen und körperlichen Voraussetzungen hervorriefen. Alle anderen Gene, beispielsweise solche, die zu körperlichen Missbildungen oder zu einem reduzierten Sexualtrieb führten, wurden dagegen seltener oder verschwanden gänzlich. Wer dem biologischen Imperativ nicht gehorcht (einen anderen, keinen Zweck verfolgt), stirbt aus. Alle Lebewesen „wissen" instinktiv um diesen Sinn und verhalten sich entsprechend. Auch eine Pflanze hat also einen klar umschriebenen und eindeutig bestimmbaren Sinn des Lebens.

Wenn der Sinn des Lebens aber untrennbar mit den Phänomenen des Lebens selbst verknüpft ist, dann gab es ihn schon vor mehr als drei Milliarden Jahren – er ist also um Größenordnungen älter als das menschliche Bewusstsein und unabhängig von ihm. Tatsächlich laufen die meisten körperlichen und viele geistige Funktionen der Menschen automatisch und oft unbewusst ab – man denke nur an den Herzschlag, den Stoffwechsel oder das Hungergefühl –; zugleich sind sie höchst zweckmäßig. Bewusstes Verhalten kann also sinnvoll oder sinnlos, zweckmäßig oder unzweckmäßig sein; dasselbe gilt auch für nicht-bewusste Reaktionen.

Manchmal wird die Frage nach dem Sinn des Lebens in der Weise aufgefasst, dass mit „Leben" die Existenz von Lebewesen (d.h. von Genverbreitungsmaschinen) auf der Erde allgemein gemeint ist. Hat die Vermehrung der Gene als solche einen übergeordneten Zweck? Die Antwort der Evolutionsbiologie ist nein. Gene sind nichts anderes als komplizierte chemische Moleküle, und die Tatsache, dass sie nur auf der Erde und nicht auf dem Mond vorkommen, hat ebenso wenig einen höheren Sinn wie die Tatsache, dass es irgendein anderes chemisches Molekül, Wasser beispielsweise, nur auf der Erde gibt.

Ähnliches lässt sich über den Sinn der Existenz einer biologischen Art (z.B. *Homo sapiens*) sagen. Bis in die 1970er Jahre hatte man in der Biologie weithin angenommen, dass die Organismen dem übergeordneten Ziel der Erhaltung der Art dienen. Inzwischen hat sich die Überzeugung durchgesetzt, dass biologische Arten Fortpflanzungsgemeinschaften sind, die ihre Existenz der reproduktiven Interaktion von Individuen verdanken und keine übergeordneten, eigenständigen Ziele haben. Der Sinn des Lebens kann also nicht in der „Arterhaltung" bestehen, sondern nur in der Verbreitung der individuellen Gene.

Und so kann man zusammenfassend sagen, dass die moderne Evolutionsbiologie die These von Max Weber und Sigmund Freud bestätigt hat, dass sich kein übergeordneter Sinn der Existenz des Lebens auf der Erde feststellen lässt. Dies gilt auch für einzelne biologische Arten und damit auch für die menschliche Art Homo sapiens. Was es aber sehr wohl gibt, ist ein Sinn des Lebens der einzelnen Individuen – der Bakterien, Pflanzen, Tiere, Menschen –, und zwar als Vehikel ihrer Gene.

Die Tatsache, dass man von einem Sinn des Lebens nur in Bezug auf die Individuen (und ihre Gene) sprechen kann, hat einige Wissenschaftler dazu verleitet, die möglichen Antworten ins persönliche Belieben zu stellen. Dies ist insofern richtig, als die Individuen als Vehikel ihrer Gene versuchen müssen, ihren eigenen Interessen zu folgen. Aber: Aus der Tatsache, dass es nicht nur *eine* richtige Antwort gibt und geben kann, folgt nicht, dass die individuellen Präferenzen zufällig sind oder willkürlich gewählt werden. Wie andere Gefühle, Gedanken oder Verhaltensweisen werden sie von den genetischen Anlagen und den Erfahrungen (der Umwelt) geprägt. In dieser Hinsicht unterscheiden sich die Vorstellungen von einem gelungenen Leben nicht von anderen psychologischen Phänomenen. Nur weil Menschen oder andere Tiere unterschiedliche Geschmackspräferenzen beim Essen haben, bedeutet dies ja nicht, dass es keine Ursachen und statistischen Häufungen gibt. Den subjektiven Antworten auf die Frage nach dem Sinn des Lebens liegt also ein objektiver biologischer Kausalzusammenhang zugrunde, der zur Folge hat, dass der Sinn des Lebens auch von Menschen nicht „erfunden" sondern „gefunden" wird.

9.2 Der menschliche Sinn des Lebens

Die allgemeinen biologischen Prinzipien müssen auch auf Menschen zutreffen, aber etwas scheint zu fehlen. Zum einen verhalten sich viele Menschen nicht so, wie es nach den bisherigen Überlegungen zu erwarten wäre, wenn sie beispielsweise Verhütungsmittel verwenden, um sich gerade nicht fortzupflanzen. Zum anderen widerspricht die Charakterisierung als „Genverbreitungsmaschine" dem menschlichen Gefühl, eigene Ziele zu haben. Und schließlich gehören für viele Menschen gerade solche Dinge zu einem gelungenen Leben, die auf den ersten Blick wenig oder nichts mit der bloßen Existenzsicherung oder der Fortpflanzung zu tun haben, sondern bei denen es um geistige oder emotionale Bedürfnisse geht, um Wissenschaft und Kunst beispielsweise.

Bedeutet dies, dass sich der Sinn des Lebens der Menschen von dem anderer Organismen unterscheidet? Ein offensichtlicher Unterschied besteht darin, dass nur Menschen über den Sinn des Lebens nachdenken. Aber welche Konsequenzen hat diese geistige Reflexion? Erfinden sich Menschen auf diesem Weg einen neuen (nicht-biologischen) Sinn oder machen sie sich den vorgegebenen biologischen Lebenssinn lediglich bewusst? Und wie verhält sich der allgemeine biologische Sinn des Lebens zu den Antworten der Philosophen und Religionen?

Wenden wir uns einigen der wichtigsten Antworten zu, um zu überprüfen, ob und in welchem Maße sich diese durch die evolutionsbiologischen Erkenntnisse erklären lassen.

9.2.1 Kinderwunsch und Familiensinn

Bekanntermaßen werden eigene Kinder oft als wichtige Voraussetzung für ein gelungenes Leben empfunden. Wir haben hier also den unmittelbarsten Ausdruck des biologischen Imperativs vorliegen. Man sollte aber beachten, dass ein Mensch (oder ein anderer Organismus) nicht selbst Kinder zeugen oder austragen muss, da seine Gene auch in den Verwandten vorhanden sind. Daraus ergibt sich die Strategie der indirekten Fortpflanzung, bei der sich ein Individuum um die Kinder seiner Verwandten kümmert. Es wäre also ein Trugschluss anzunehmen, dass die persönliche Fortpflanzung notwendigerweise zu einem gelungenen Leben aller Menschen gehören muss (zur Frage, warum die Geburtenrate in den modernen Gesellschaften in den letzten Jahrzehnten relativ niedrig war, vgl. Junker und Paul (2009, S. 194–196)).

9.2.2 Wohlergehen, Lust und Glück

Wie lässt sich der Wunsch nach Wohlergehen, Lust und Glück erklären? Schon im antiken Griechenland gab es die Lehre des Hedonismus, nach der die Lust das höchste Gut des Lebens ist. Und auch heute empfinden wohl die meisten Menschen ihr Leben nur dann als gelungen, wenn es nicht zu seltene Momente des Glücks und des Vergnügens enthält. So verbreitet der Wunsch nach Glück ist, so schwierig scheint er zu verwirklichen:

> „Es ist, wie man merkt, einfach das Programm des Lustprinzips, das den Lebenszweck setzt. Dies Prinzip beherrscht die Leistung des seelischen Apparates vom Anfang an; an seiner Zweckdienlichkeit kann kein Zweifel sein, und doch ist sein Programm im Hader mit der ganzen Welt, mit dem Makrokosmos ebensowohl wie mit dem Mikrokosmos. Es ist überhaupt nicht durchführbar, alle Einrichtungen des Alls widerstreben ihm; man möchte sagen, die Absicht, dass der Mensch ‚glücklich' sei, ist im Plan der ‚Schöpfung' nicht enthalten." (Freud 1930, S. 434).

Warum ist dies so? Warum sollten Menschen darauf programmiert sein, nach Wohlergehen, Lust und Glück zu streben, wenn sich diese Suche nie dauerhaft erfüllt? Es gibt einige ganz offensichtliche Gründe. Zu nennen wäre zunächst die äußere Umwelt, in der andere Lebewesen, die Naturgesetze und die Begrenztheit der Ressourcen der Verwirklichung unserer Wünsche enge Grenzen setzen. Ähnliches gilt für die soziale Umwelt, in der es vielfältige Interessenkonflikte gibt, die dazu führen, dass mit dem Glück eines Menschen oft das Unglück eines anderen einhergehen kann. Und schließlich ist die (evolutionär entstandene) psychische Konstitution der Menschen nennen.

Wie Johann Wolfgang Goethe sehr eindrucksvoll im *Faust* gezeigt hat, gibt es wirkliche Zufriedenheit immer nur für einen begrenzten Zeitraum. Schon bald beginnt die Suche von neuem, setzt man sich neue Ziele:

> „Werd' ich zum Augenblicke sagen:
> Verweile doch! du bist so schön!
> Dann magst du mich in Fesseln schlagen,
> dann will ich gern zugrunde gehn!"

Und schließlich gibt es widersprüchliche biologische Anforderungen in den Organismen selbst (sog. Design-Kompromisse). Ende des 19. Jahrhunderts hat der Freiburger Zoologe August Weismann darauf hingewiesen (1885), dass die Organismen selbst sterblich, aber zugleich Träger des unsterblichen Keimplasmas sind (der Gene, wie man heute sagen würde). Dies bedeutet, wie Freud erläuterte, dass jedes Individuum

> „eine Doppelexistenz [führt] als sein Selbstzweck und als Glied in einer Kette, der es gegen, jedenfalls ohne seinen Willen dienstbar ist. Es hält selbst die Sexualität für eine seiner Absichten, während eine andere Betrachtung zeigt, dass es nur ein Anhängsel an sein Keimplasma [seine egoistischen Gene] ist, dem es seine Kräfte gegen eine Lustprämie zur Verfügung stellt." (Freud 1914, S. 143).

Letztlich kommt es zwar nur auf die maximale Verbreitung der Gene an. Organismen, die weniger Wert auf ihr Wohlergehen legen, werden jedoch durchschnittlich schlechter überleben und weniger Nachkommen hinterlassen. Aus diesem Grund sind Organismen auch darauf programmiert, für ihr persönliches Überleben und

Wohlergehen zu sorgen. Nicht selten geraten nun die beiden grundlegenden biologischen Ziele – Reproduktion und Wohlergehen – in Widerspruch. Etwa wegen der körperlichen Gefahren, die mit sexuellen Rivalitäten bzw. der Trächtigkeit verbunden sind, ist die Fortpflanzung bei vielen Arten lebensverkürzend. Und so macht der Wunsch nach persönlichem Wohlergehen vielfältige Designkompromisse notwendig.

9.2.3 Kunst und Wissenschaft

Gerade bei Menschen kann „Wohlergehen" natürlich sehr viel bedeuten, und es schließt auch geistige Genüsse ein. Warum gehören auch solche Dinge zu einem gelungenen Leben? In den meisten Fällen ist es nicht schwer zu zeigen, welche biologischen Vorteile mit ihnen verbunden sind. So ist beispielsweise die zutreffende Erkenntnis der Welt eine eminent lebenswichtige Fähigkeit. Und so wäre es schon sehr seltsam, wenn die Befriedigung der wissenschaftlichen Neugierde kein Element eines als sinnvoll empfundenen Lebens sein könnte. Ähnliches gilt für die Kunst, die zentrale Bedeutung für den Zusammenhalt einer Gruppe hat (vgl. Junker und Paul 2009, S. 144–188). Auch bei den „höheren" Freuden gibt also das biologische Lust-Unlust-Prinzip vor, welches Verhalten im Sinne der eigenen Gene richtig ist.

9.2.4 Das (Über-)Leben

Das Überleben des Individuums als solches ist ein wichtiges biologisches Ziel und eine notwendige Voraussetzung, um weitergehende Langzeitstrategien überhaupt verfolgen zu können. Aus Sicht der Gene handelt es sich aber nur um ein Mittel zum Zweck. Interessanterweise wird bloßes Überleben im Gegensatz zum Wohlergehen nicht als ein befriedigender Sinn des Lebens empfunden. Seinen sprachlichen Ausdruck findet das Unbehagen mit dieser Art von Minimalexistenz in der Rede vom „Dahinvegetieren". Aus der Perspektive der Gene ist das bloße Überleben in der Tat sinnlos. Sowohl eine gelungene Partnerwahl als auch die erfolgreiche Aufzucht der Kinder erfordern einen Überschuss an Ressourcen.

9.2.5 Religiöse Antworten: Von Genen und Göttern

Was sagen die christlichen Kirchen und der Islam zum Sinn des Lebens? Zunächst legen sie großen Wert darauf, ihre diesbezügliche Kompetenz hervorzuheben. Oft präsentieren sie sich auch als die einzigen oder besten Ansprechpartner in dieser Frage. So heißt es im *Katechismus der Katholischen Kirche*: „Gott hat sich aus Liebe dem Menschen geoffenbart und geschenkt. Er gibt so eine überreiche und endgültige Antwort auf die Fragen nach dem Sinn und Ziel des Lebens, die sich der Mensch stellt" (Ecclesia Catholica 1993, Nr. 68). Sehr viel zögerlicher sind die Kirchen aber interessanterweise an einem anderen Punkt: Informationen, worin dieser

Sinn konkret besteht, sind in ihren öffentlichen Verlautbarungen deutlich schwerer zu finden.

Kennzeichnend für religiöse Vorstellungen zum Sinn des Lebens ist die Forderung altruistischen Verhaltens; egoistische Ziele spielen zwar auch eine Rolle („Paradies“), aber sie treten deutlich zurück. Der geforderte Altruismus kann dabei bis zur Selbstaufopferung gehen. So hat Papst Johannes Paul II in der Enzyklika *Evangelium vitae* vom 25. März 1995 den „eigentlichen und tiefsten Sinn des Lebens“ darin gesehen, „in Nachahmung“ des christlichen Religionsstifters „zu dienen“ und das „Leben für die Brüder hinzugeben und so den Sinn und die Bestimmung unseres Daseins in ihrer Wahrheitsfülle zu verwirklichen“ (Johannes Paul II. 1995, Nr. 49, 51).

Der evangelische Theologe Friedrich Wilhelm Graf wiederum verneint, dass sich „durch besseres Erkennen Lebenssinn gewinnen“ lässt, und verweist stattdessen auf Martin Luther. Dieser habe „den ersten Artikel des christlichen Glaubensbekenntnisses existentialistisch gedeutet: „Ich glaube, dass Gott mich geschaffen hat ...“ [...] In Schöpfungsmythen werden überkomplexe Wirklichkeit und chaotische Vielfalt sinnhaft geordnet“ (Graf 2009). Der Lebenssinn soll sich also nicht durch Erkennen gewinnen lassen, sondern man soll die Antworten der Religionen unkritisch übernehmen („glauben“). Interessant und eine Bestätigung der oben erwähnten Beobachtung, dass religiöse Autoren zwar gerne ihre Kompetenz in der Sinnfrage betonen, aber deutlich verhaltener sind, wenn es darum geht, die Antwort zu konkretisieren, ist, dass Graf Luthers Gedankengang nicht zu Ende führt. Hier also die für das Verständnis unerlässliche zweite Hälfte des Zitats aus dem *Kleinen Katechismus* (1529):

> „Ich glaube, dass mich Gott geschaffen hat samt allen Kreaturen [...] für all das ich ihm zu danken und zu loben und dafür zu dienen und gehorsam zu sein schuldig bin.“ (Bekenntnisschriften 1998, S. 510–511)

Während Luther von einer moralischen Norm spricht, ohne ihre Erfüllung direkt als den Lebenszweck zu benennen, wird dieser Schluss im *Heidelberger Katechismus* der reformierten Kirchen gezogen: „Gott hat den Menschen [...] erschaffen [...], damit er Gott, seinen Schöpfer, recht erkennt und von Herzen liebt und in ewiger Seligkeit mit ihm lebt, um ihn zu loben und zu preisen“ (Frage 6). Eine ganz ähnliche Passage findet sich im Koran. Hier wird Allah die Aussage zugeschrieben: Ich habe „Menschen nur dazu geschaffen, dass sie mir dienen“ (Sure 51, Vers 56). Für viele Menschen wird das religiöse „ora et labora“ als Zweck des Lebens nicht besonders verlockend klingen, was erklären könnte, warum die christlichen Kirchen sich zwar als primären Ansprechpartner bei dieser Frage sehen, aber zugleich recht zögerlich sind, die von ihnen bevorzugte Variante offensiv zu propagieren.

Kann die Evolutionsbiologie erklären, warum Menschen aufopfernde Lebensstrategien akzeptieren? Ich spreche von „akzeptieren", weil dem oft, aber nicht immer körperlicher oder psychischer Zwang zugrunde liegt. Die Entstehung altruistischer Tendenzen bis hin zur Selbstaufopferung lässt sich biologisch mittlerweile gut erklären (vgl. Junker und Paul 2009, S. 78–104). Allerdings werden die genetischen Interessen der Individuen unter den Bedingungen der Zivilisation meist nicht gewahrt; aufgrund von Mängeln in der Verwandtenerkennung lassen sie sich für die fremden Zwecke von „Pseudofamilien" (Religionsgemeinschaften u.a.) missbrauchen. Dieser manipulative Aspekt ist sicher wichtig, aber die Religionen wären nicht so erfolgreich, wenn sie ausschließlich gegen den biologischen Sinn des Lebens ihrer Anhänger agieren und weder persönliche Gegenleistungen anbieten noch die genetischen Interessen ihrer Anhänger berücksichtigen würden.

Auch die Religionen müssen die biologisch vorgegebenen Lebensstrategien beachten, wenn sie Erfolg haben wollen. Und genau dies tun sie, wenn sie sich mit den egoistischen Genen gegen die Individuen verbünden, indem sie für überreichen Kindersegen sorgen oder wenn sie persönliches Wohlergehen versprechen – im Jenseits. Wenn der biblische Gott zu Noah und seinen Söhnen sagt: „Seid fruchtbar und mehret euch und erfüllet die Erde!", so lässt sich dies biologisch als Ausdruck der Intentionalität der Gene verstehen, die einem außerweltlichen Gott zugeschrieben wird, da ihre eigentliche Entstehung den Menschen des vor-Darwin'schen Zeitalters verborgen blieb.

Interessanterweise führen sowohl die Evolutionsbiologie als auch die genannten Religionen den Sinn des Lebens auf *fremde Zwecke* zurück: Im ersten Fall sind die Individuen Maschinen zur Verbreitung ihrer Gene, im zweiten Fall Untertanen des jeweiligen Gottes bzw. seiner Vertreter auf Erden. Der Anspruch auf Herrschaft über die Menschen, auf ihre Dienste und Lobpreisungen, wird sowohl im Christentum als auch im Islam damit begründet, dass Gott die Menschen und ihre Lebensgrundlagen erschaffen habe. Wenn die Evolutionstheorie recht hat, dann wurden die Menschen aber durch die natürliche Auslese „erschaffen" und sie werden in vielerlei Hinsicht durch die Gene beherrscht, die ihnen den Sinn des Lebens vorgeben.

Eine zweite interessante Parallele zwischen der biologischen und der religiösen Interpretation besteht darin, dass der Sinn *nicht durch Reflexion* entsteht, sondern durch das genetische Programm bzw. von Gott vorgegeben wird.

Dadurch dass Religionen den biologisch vorgegebenen Sinn des Lebens zwar aufgreifen, aber in erster Linie für die Zwecke anderer Individuen nutzbar machen, entstehen zugleich signifikante Unterschiede zur evolutionsbiologischen Bestimmung:

(1) Die Biologie sagt zwar, warum Menschen in einer bestimmten Situation eine konkrete Lebensstrategie bevorzugen und dass sie nicht völlig gegen diese handeln können, wenn sie glücklich werden wollen. Sie lässt aber *unterschiedliche Möglichkeiten* zu – körperliches Wohlergehen, wissenschaftliche oder künstlerische Arbeit, direkte oder indirekte Fortpflanzung –, unter denen ein Mensch wählen kann.

(2) Der Biologie zufolge dienen die Lebewesen zwar den Zwecken der Gene, aber es sind immerhin die *eigenen Gene*, während sich die Menschen in den Religionen auch für Pseudofamilien aufopfern sollen.

(3) Der Biologie zufolge ist es meist von Vorteil, wenn es einem Menschen auch tatsächlich gut geht. In den Religionen spielt das *persönliche Wohlergehen im Diesseits* dagegen nur eine untergeordnete Rolle und wird durch das Versprechen eines schönen Lebens im Paradies ersetzt.

(4) Während der religiöse Sinn des Lebens als moralische Norm präsentiert wird, geht es bei den biologischen Lebensstrategien um *rein funktionale (kausale) Vorgänge* („Klugheit“ statt „Moral“).

Und so lassen sich die religiösen Antworten als Umdeutung der biologischen Lebensstrategien und als Herrschaftsanspruch über sie verstehen. Im Zuge dessen werden sie zu moralischen Normen erklärt und den fremden Zwecken der religiösen Pseudo-Familien untergeordnet.

9.3 Strategien des Lebens

Die Suche nach einem Sinn ist die Suche nach einer optimalen Strategie und wird vor allem in Zeiten persönlicher Neuorientierungen vordringlich. Diese werden oft durch äußere Ereignisse ausgelöst, immer aber, wenn es zu den im Lebenszyklus der Menschen angelegten biologischen Veränderungen kommt. Die weitestgehenden Folgen haben in dieser Hinsicht der Beginn und das Ende der hauptsächlichen reproduktiven Phase (Pubertät bzw. Menopause). Entsprechend interessiert sind viele Menschen in diesen Zeiten an der Frage nach dem Sinn ihres Lebens. Das Gefühl der Sinnlosigkeit wiederum ist ein Ausdruck für den durch ungünstige Umstände hervorgerufenen Mangel an geeigneten Optionen. Das damit einhergehende Gefühl der Verzweiflung kann als extrem unangenehm empfunden werden und ist – wie körperlicher Schmerz – ein biologisches Warnsignal, welches zeigt, dass ein Mensch den von seinen Genen vorgegebenen Zwecken zuwider handelt. Zufriedenheit und das Gefühl eines erfüllten Lebens dagegen zeigen, dass man einen richtigen Weg verfolgt.

Ohne die Evolutionsbiologie, dies wurde deutlich, lässt sich die Frage nach dem Sinn des Lebens nicht adäquat beantworten, und so kann man umgekehrt fragen, ob nun die philosophischen Antworten weitgehend überflüssig wurden. Der Paläontologe George Gaylord Simpson war dieser Meinung. Er hielt alle Versuche, die Frage – „Was ist der Mensch?“ – vor Darwin zu beantworten, für „wertlos“ und empfahl, sie „völlig zu ignorieren“ (Simpson 1966, S. 472). Ich teile diese Ansicht nicht. Und zwar aus evolutionsbiologischen Erwägungen. Wenn die These korrekt ist, dass alle Lebewesen instinktiv „wissen“, worin der Sinn des Lebens besteht, weil es sich um einen zentralen Teil ihres genetischen Programms handelt, dann gilt dies auch für Menschen.

Das heißt aber: Wenn sich Philosophen, Theologen, Wissenschaftler oder Künstler entsprechende Gedanken machen, dann werden sie es kaum vermeiden können, den unbewussten Imperativen ihrer Biologie Ausdruck zu verleihen. Zu welchen konkreten Modifikationen dies führen kann, habe ich am Beispiel religiöser Antworten demonstriert. Allgemein ist zu erwarten, dass die Philosophie-, die Religions- und die Kunstgeschichte reiches Material enthalten, das auf oft verwickelte Weise oder auch in Form der Verneinung zeigt, wie Menschen versuchten, die biologischen Anforderungen auf die jeweils verschiedenen Lebensbedingungen abzustimmen und ihre Entscheidung anderen Menschen gegenüber zu begründen. Denn als „soziale Tiere“ (Darwin 1871, S. 70) müssen Menschen ihre Lebensentwürfe und Ziele koordinieren, wenn sie erfolgreich sein wollen. Dies ist der psychologische und sachliche Hintergrund der oben beschriebenen reflexhaften Moralisierung und Monopolisierung der Sinnfrage.

Die häufig anzutreffende Behauptung, dass die Evolutionsbiologie und damit die Naturwissenschaft nichts über den Sinn des Lebens aussagen kann, ist also offensichtlich falsch. Das Gegenteil ist der Fall. Zum einen kann die Evolutionsbiologie erklären, warum Menschen bestimmte Lebensentwürfe als sinnvoll erleben, andere dagegen nicht, indem sie zeigt, auf welchen biologischen Strategien diese beruhen. Zum anderen gibt sie recht gute Hinweise darauf, welcher Langzeitstrategie Menschen folgen sollten, wenn sie im Diesseits glücklich werden wollen. Damit macht sie zwar nur die in jedem Menschen vorhandenen, verschütteten biologischen Neigungen bewusst und gibt ihnen eine Begründung. In Anbetracht der Ratlosigkeit vieler Menschen bei der Suche nach dem Sinn des Lebens ist dies aber nicht wenig. Und schließlich kann die Evolutionsbiologie die Tendenz vieler Philosophen und Theologen zum Menschheits-Chauvinismus und zur normativen Umdeutung erklären, indem sie die Herkunft dieser sich aus unbewussten, „instinktiven“ Quellen speisenden Ideen aus der (biologischen) Notwendigkeit der Kooperation bei sozialen Tieren und damit auch bei Menschen nachweist.

9.4 Literatur

Anders, G. (1980), Die Antiquiertheit des „Sinnes”. In: Fehige et al. (2000), 130–141.

Bekenntnisschriften (1998), *Die Bekenntnisschriften der evangelisch-lutherischen Kirche*, 12. Aufl., Göttingen: Vandenhoeck & Ruprecht.

Darwin, C. (1859), *On the Origin of Species by means of Natural Selection, or the Preservation of Favoured Races in the Struggle for Life*. London: Murray.

Darwin, C. (1871), *The Descent of Man, and Selection in Relation to Sex*. 2 Bde., London: John Murray.

Ecclesia Catholica (1993), *Katechismus der Katholischen Kirche* [Weltkatechismus]. Neuübersetzung aufgrund der Editio typica Latina. München, Wien: Oldenbourg.

Fehige, C., Meggle, G. und Wessels, U. (Hrsg.) (2000), *Der Sinn des Lebens*. München: dtv.

Freud, S. (1914), *Zur Einführung des Narzißmus*. In: *Gesammelte Werke*, Bd. 10, *Werke aus den Jahren 1913–1917*, London: Imago Publishing Co., 1946, 137–170.

Freud, S. (1930), *Das Unbehagen in der Kultur*. In: *Gesammelte Werke,* Bd. 14, London: Imago Publishing Co., 1948, 419–506.

Gerhardt, V. (1995), Sinn des Lebens. In: Ritter, J. und Gründer, K. (Hrsg.), *Historisches Wörterbuch der Philosophie*, Bd. 9, Darmstadt: Wissenschaftliche Verlagsgesellschaft, 815–824.

Graf, F. W. (2009), Kulturkampf der Geschöpfe. *Süddeutsche Zeitung* (8. Mai).

Johannes Paul II. (1995), *Evangelium vitae*. Enzyklika vom 25. März 1995. Rom: Libreria Editrice Vaticana.

Junker, T. (2008), *Die Evolution des Menschen*. Reihe Beck Wissen, 2. Aufl., München: C. H. Beck Verlag.

Junker, T. und Paul, S. (2009), *Der Darwin-Code: Die Evolution erklärt unser Leben*. 2. Aufl., München: C. H. Beck Verlag.

Kanitscheider, B. (2008), *Entzauberte Welt: Über den Sinn des Lebens in uns selbst. Eine Streitschrift*. Stuttgart: Hirzel.

Monod, J. (1975), *Zufall und Notwendigkeit: Philosophische Fragen der modernen Biologie*. München: dtv.

Simpson, G. G. (1966), The Biological Nature of Man. *Science* 152, 472–478.

Sylvan, R. und Griffin, N. (1982), „Dem" Sinn des Lebens auf der Spur? In: Fehige et al. (2000), 445–478.

Weber, M. (1919), Wissenschaft als Beruf. In: *Gesammelte Aufsätze zur Wissenschaftslehre,* 3., erw. und verb. Aufl., Tübingen: J. C. B. Mohr, 1968, 582–613.

Weismann, A. (1885), *Die Continuität des Keimplasma's als Grundlage einer Theorie der Vererbung*. Jena: G. Fischer.

Wuketits, F. M. (2009), *Darwins Kosmos: Sinnvolles Leben in einer sinnlosen Welt*. Aschaffenburg: Alibri.

Kapitel 10

Auf der Suche nach einem evolutionären Vorteil: Handelsbeziehungen zu Wenigen, Einigen oder Vielen

Oded Stark und Doris A. Behrens

10.1 Einleitung

Die Entwicklung kooperativen Verhaltens innerhalb einer Population kann analysiert werden, indem man dazu das iterierte Gefangenendilemma heranzieht (vgl. Bergstrom und Stark 1993). Dann müssen die Bedingungen dafür, dass Kooperatoren nicht durch natürliche Selektion eliminiert werden, so beschaffen sein, dass eine Art „präferenzbegünstigter Interaktion“ stattfindet, wie zum Beispiel dann, wenn Wechselbeziehungen nur innerhalb von homogenen Mengen bzw. Clustern von Kooperatoren erfolgen.

Die Bildung von Kooperator-Clustern ermöglicht in einer räumlichen Anordnung des Gefangenendilemmas die langfristig fortbestehende Koexistenz kooperierenden und nicht-kooperierenden Verhaltens, wenn Kooperatoren im Inneren eines Clusters erfolgreicher sind (wobei „Erfolg“ durch die Höhe der Auszahlung bestimmt wird) als Defektoren an dessen Rand (vgl. Nowak und May 1993). Bergstrom und Stark (1993) identifizieren ein evolutionäres Umfeld, das den langfristigen Fortbestand kooperativen Verhaltens begünstigt: Unter der Annahme, dass Individuen, die angeordnet in einer kreisförmigen Struktur (rings um einen See) leben, mit den beiden unmittelbaren Nachbarn Handel treiben und dass deren Nachkommen die Strategie desjenigen imitieren, der innerhalb einer Gruppe von Vorfahren, bestehend aus dem Vater und dessen zwei bzw. vier Nachbarn, am erfolgreichsten ist, ziehen Bergstrom und Stark (1993) den Schluss, dass „Provinzialismus Kooperation fördern müsse” (S. 153). Handel und Information (über das Ergebnis des Handels) müssen sich vor dem Hintergrund des Gefangenendilemmas also nicht unbedingt symmetrisch „verhalten“: Handel erhöht die Information über die Handelspartner, jedoch kann über diese Information auch dann verfügt werden, wenn man nicht selbst am Handelsgeschehen beteiligt war (vgl. Hoffmann 1999; Alós-Ferrer und Weidenholzer 2008; Mengel 2009). Stark und Behrens (2010) erforschen diese Asymmetrie zwischen Handel und Information, um das Modell von Bergstrom und Stark (1993) diesbezüglich zu erweitern und dadurch deren Behauptung zu beweisen, dass „lokale Information“ den Fortbestand der kooperativen Strategie fördere: Während Stark und Behrens (2010) die Anzahl der Handelspartner konstant halten, lassen sie die Variation der Zahl derer zu, von denen Individuen lernen (was als „Informationsspanne“ bezeichnet wird), und zeigen, welche Auswirkungen diese Variation auf das Wohlergehen der Gemeinschaft hat.

Die vorliegenden Arbeit geht einen Schritt weiter und analysiert das „Schicksal“ der kooperativen Strategie und die entsprechenden Auswirkungen auf die Wohlfahrt der Gemeinschaft, wenn die Zahl derer variiert wird, mit denen ein Individuum interagiert (was als „Interaktionsspanne“ bezeichnet wird) und deren erfolgreiches Beispiel das Individuum nachahmt. Die Vorschrift, die die Entwicklung der Farmer-Population dabei im Laufe der Zeit bzw. im Laufe der Generationen regelt, kann als eine Art „Imitiere-den-Besten” Verhalten charakterisiert werden.[1] Man mag versucht sein zu glauben, dass der Handel mit vielen Nachbarn (anstatt mit nur wenigen) – vor diesem Hintergrund – der Erhöhung sozialer Wohlfahrt dient. Hier wird jedoch gezeigt, warum bzw. unter welchen Umständen das genaue Gegenteil der Fall ist. Dazu ist es vorteilhaft, sich in Erinnerung zu rufen, in welcher Beziehung Stark und Behrens (2010) zu dem steht, was in der vorliegenden Arbeit untersucht wird. Hier sind Informations- und Interaktionsspanne vollkommen identisch; beide Begriffe können synonym verwendet werden. Herzstück der Arbeit von Stark und Behrens (2010) war die Asymmetrie von Informations- und Interaktionsspanne, wobei Erstere nicht durch Letztere beschränkt war. Verblüffend ist, dass beide Studien besagen, dass eine „lokale“ Erweiterung der Informations- wie auch der Interaktionsspanne den langfristigen Fortbestand kooperativen Verhaltens begünstigt, eine „globale“ Ausdehnung dem Fortbestand kooperativen Verhaltens hingegen abträglich ist.[2]

Die vorliegende Forschungsarbeit bezieht sich auf eine Reihe verwandter Studien, die ebenfalls kreisförmige Strukturen untersuchen, wenngleich hier ein anderer Weg einschlagen wird als in der bestehenden Literatur: Die Analyse von Ellison (1993) wird dadurch ergänzt, dass auf Imitation anstatt auf eine „Best-Reply“ Strategie als treibende Kraft hinter der Selektion zurückgegriffen wird. Der Unterschied zu Eshel et al. (1998) besteht darin, dass in der vorliegenden Forschungsarbeit beliebig dimensionierte Interaktionsspannen untersuchen werden – anstatt Interaktion auf unmittelbare Nachbarn zu beschränken (eine Struktur, die auf Bergstrom und Stark (1993) basiert) – und dass der Zusammenhang zwischen der Dimension der Interaktionsspanne und der Wohlfahrt der Gemeinschaft umfassend analysiert wird.

[1] Alós-Ferrer und Weidenholzer (2008, S. 256) liefern eine wohlformulierte Begründung für die nur allzu menschliche „Tendenz, das Hauptaugenmerk eher auf herausragende Ergebnisse zu legen, d.h. auf solche, die zu hohen Auszahlungen führen”, als auf Durchschnittsergebnisse.

[2] Die Unterscheidung zwischen „lokalem“ und „globalem“ Handel geht konform mit bereits existierender Literatur (wie z. B. Hoffmann 1999). Eine formalere Definition, die auf der Relation zwischen Populationsgröße und der Anzahl derer basiert, mit denen ein Individuum Handel treibt, folgt in Abschnitt 10.4.

Generell unterscheiden das Stabilitätskonzept[3] und die Analyse der Wohlfahrtsimplikationen die vorliegende Arbeit von all jenen Studien, die explizit auf Eshel et al. (1998) und implizit auf Bergstrom and Stark (1993) beruhen, wie etwa Mengel (2009). Darüber hinaus besteht der Unterschied zu Ohtsuki und Nowak (2006) in der Analyse deterministischer und nicht stochastischer evolutionärer Spiele. Und wie bereits erwähnt, unterscheidet sich die vorliegende Arbeit dahingehend von dem, was Stark und Behrens (2010) untersucht haben, dass hier die Reichweite der Handelsbeziehungen – die Interaktionsspanne (die mit der Informationsspanne zusammenfällt) – variiert wird und nicht die Informationsspanne allein. Die zentrale Unterscheidung zu sämtlichen Forschungsarbeiten anderer Autoren (die sich hauptsächlich mit dem Thema der evolutionären Stabilität kooperativen Verhaltens beschäftigen) liegt jedoch in der Betrachtung/Messung der Wohlfahrt der Gemeinschaft. Daher vervollständigt die vorliegende Arbeit die bestehende Literatur, indem sie zeigt, dass – in Abhängigkeit von der relativen Höhe der Auszahlungen – Wohlfahrtsgewinne bzw. -verluste, die aus einer Ausweitung der Handelsbeziehungen resultieren, vom Ausmaß der ursprünglichen Interaktionsspanne abhängen. Dies steht im Widerspruch zu dem Grundsatz internationaler Wirtschaftsbeziehungen, der sich eindeutig für eine Ausweitung der Märkte ausspricht. Dieses Ergebnis resultiert aus der Tatsache, dass – unter bestimmten Bedingungen – eine Ausweitung der Handelsbeziehungen, ausgehend von „lokalem" Handel, den nachhaltigen Fortbestand kooperativen Verhaltens begünstigt, während dieselbe Ausweitung der Handelsbeziehungen, ausgehend von bereits „globalem" Handel, den nachhaltigen Fortbestand der kooperativen Strategie beeinträchtigt.

10.2 Das Modell

Im Zentrum der Betrachtung steht eine Gemeinschaft von $n \in \mathbb{N}$ Individuen, die rings um einen See leben, sodass jedes Individuum exakt zwei unmittelbare Nachbarn hat. Ohne Einschränkung der Allgemeinheit sei n eine gerade natürliche Zahl. Um den Lebensunterhalt zu sichern, ist es erforderlich, Handelsbeziehungen zu unterhalten: Die Farmer betreiben Tauschhandel mit Dingen wie Arbeitskraft oder landwirtschaftlichen Erzeugnissen, sie schließen sich in produktionsbezogenen Aktivitäten wie etwa Schädlingsbekämpfung zusammen, usw.

Weiters sei angenommen, dass jedes Individuum mit seinen m nächsten Nachbarn (d.h. mit $m/2$ Nachbarn zur Linken und mit $m/2$ Nachbarn zur Rechten) Waren und

[3] Wir führen hier den Term der *nachhaltig fortbestehenden Koexistenz kooperativen und nicht-kooperativen Verhaltens* ein. Diese tritt ein, wenn der Anteil der Kooperatoren, nach dem Erscheinen eines Defektors in einer reinen Kooperator-Gemeinschaft und nach einer kurzen Anfangsphase, über die Generationen hinweg unverändert bleibt.

Dienstleistungen tauscht, wobei m eine gerade natürliche Zahl ist.[4] Somit gilt $2 \leq m \leq n-2$. Die Anzahl dieser Nachbarn kann variieren und wird als „Handelsradius“ oder als „Interaktionsspanne“ bezeichnet. Die Gesetzmäßigkeiten, denen der Tauschhandel unterliegt, folgen jenen eines Gefangenendilemmas, sodass das Einkommen eines Individuums gleich der Summe der Auszahlungen aus den m „Spielen“ ist, die das Individuum mit seinen m nächsten Nachbarn (entsprechend den Regeln des Gefangenendilemmas) „spielt“. Hierbei ist die Auszahlungsmatrix für ein einmaliges Spiel folgendermaßen gegeben:

		Spaltenspieler(in)	
		C	D
Zeilen-spieler(in)	C	R, R	S, T
	D	T, S	P, P

wobei $0 \leq S < P < R < T$.[5]

[4] Wir richten unsere Aufmerksamkeit hier auf den Einfluss, den die m nächsten Individuen (die allesamt als Nachbarn bezeichnet werden) auf die Entscheidung haben, ob oder ob nicht kooperativ gehandelt werden soll. Wir tun dies nicht, weil wir denken, dass dies die einzigen Individuen sind, die bezüglich dieser Entscheidung eine Rolle spielen, sondern vielmehr als heuristisches Hilfsmittel, das es erlaubt, die Vorstellung miteinzubeziehen, dass unmittelbare Nachbarn eine größere Rolle spielen (Entscheidungen stärker beeinflussen) als weiter entfernte Individuen. Dies stützt sich wiederum auf die Prämisse, dass Information in gewisser Hinsicht mit der Entfernung abnimmt. In der Realität mag auf lange Frist einer der Gründe dafür, dass Farmer Nachbarn eher imitieren als weiter entfernte Individuen, darin zu finden sein, dass auch Nachbarschaft ein Ergebnis von Selektion ist und dass sich zwei unmittelbare Nachbarn, was einige unbeobachtete Eigenschaften angeht, ähnlicher sind als zwei zufällig aus der Gemeinschaft gezogene Individuen. Dies könnte auch erklären, warum das Verhalten benachbarter Farmer (nicht nur aus Gründen der Geographie) als zur Nachahmung geeigneter erscheint als das Verhalten weiter entfernter Farmer.

[5] Beim Gefangenendilemma handelt es sich um ein Zwei-Personen-Nicht-Nullsummenspiel, das 1950 von den beiden RAND-Wissenschaftlern Melvin Dresher and Merrill M. Flood formuliert wurde (Flood 1958), um zu zeigen, dass individuelle Optimierungsentscheidungen auf gesellschaftlicher Ebene zu suboptimalen Ergebnissen führen können. Es ist Konvention, dass im Gefangenendilemma der Buchstabe C für die Wahl der kooperativen Strategie steht, der Buchstabe D hingegen für die Entscheidung, von dieser kooperativen Strategie abzuweichen. Betrachten wir zwei Farmer, die die Strategie C spielen. Beide Kooperatoren beteiligen sich, zum Beispiel, am gemeinschaftsweiten Schädlingsbekämpfungsprogramm und jeder der beiden Farmer erhält eine Auszahlung R (wie in „*R*eward for mutual cooperation“). Betrachten wir weiters einen kooperierenden Farmer, dessen Nachbar Defektor ist, d.h. ein Farmer, der es ablehnt, sich am gemeinschaftsweiten Schädlingsbekämpfungsprogramm zu beteiligen. Dann verliert der kooperierende Farmer einen Teil der Auszahlung im Vergleich zu dem Fall, wenn er und sein Gegenspieler in der Schädlingsbekämpfung zusammenarbeiten, wohingegen der nicht-kooperierende Farmer hinzugewinnt. Dieser profitiert von dem Schädlingsbekämpfungsprogramm (wenngleich dieses auch auf reduziertem Niveau statt-

Zusätzlich sei angenommen, dass Defektoren (die die Strategie D spielen) in einer gemischten Population relativ erfolgreich sind (jedoch weniger erfolgreich als Kooperatoren (die die Strategie C spielen) in einer reinen Kooperator-Population oder innerhalb eines Kooperator-Clusters hinreichender Größe). Für $2 \leq m \leq n-2$ führt diese Annahme zu

$$(m-1)R + S < \tfrac{m}{2}(T+P) < mR\,, \tag{1}$$

was sicher stellt, dass ein Defektor am Rand eines Clusters, der aus mindestens $m/2$ Defektoren besteht, (eine Auszahlung in Höhe von $\tfrac{m}{2}(T+P)$ erhält und daher) schlechter gestellt ist als ein Kooperator, der von mindestens m Kooperatoren umgeben ist (d.h. von jeweils mindestens $m/2$ zur Linken und zur Rechten und daher eine Auszahlung in Höhe von mR erhält), jedoch besser als ein, auch nur von einem einzigen Defektor ausgenutzter, Kooperator (der nur mehr eine Auszahlung in Höhe von $(m-1)R+S$ erhält). In dem hier besprochenen Zusammenhang stellt die rechte Ungleichung in (1) eine durchaus gängige Konvention dar (vgl. z.B. Bergstrom und Stark 1993; Stark und Behrens 2010), die gewährleistet, dass kooperatives Verhalten bei der Interaktion zweier Individuen effizient ist, da $T+S<T+P$, wobei $T+P$ wiederum kleiner ist als $2R$. Die linke Ungleichung in (1) dient ausschließlich dazu, die analytische Handhabbarkeit der in Abschnitt 10.4 durchgeführten Wohlfahrtsanalyse zu erleichtern. Die Ergebnisse bezüglich des nachhaltigen Fortbestehens kooperativen Verhaltens würden jedoch auch dann ihre Gültigkeit behalten, wenn (1) durch die weniger restriktive Standardbedingung $T+P<2R$ ersetzt werden würde.

In das bisher präsentierte Modell einer Gemeinschaft von Farmern wird Dynamik eingeführt, indem man festlegt, dass, wenn ein Farmer stirbt, sein Sohn die Farm bzw. den Hof übernimmt. Der Sohn, der die Interaktionsspanne seines Vaters repliziert (m wird nicht gewählt), entscheidet sich dafür, ob er in all seinen Wechselbeziehungen kooperativ oder nicht-kooperativ spielt bzw. handelt (vgl. z.B. Bergstrom und Stark 1993; Stark und Behrens 2010), indem er die Strategien seines Vaters und seiner m Handelspartner sowie die jeweils mit der Wahl der Strategie verbundenen Auszahlungen berücksichtigt.[6] Optimierung (Maximierung unter der

findet), übernimmt jedoch keinerlei Kosten dafür. Der Kooperator erhält in diesem Fall die Auszahlung $S < R$ (S wie in „*S*ucker's payoff"), wohingegen der Defektor die Auszahlung $T > R$ (T wie in „*T*emptation to defect") bekommt. Wenn jedoch jeweils zwei Farmer beschließen, gar keinen Beitrag zum gemeinschaftsweiten Schädlingsbekämpfungsprogramm zu leisten, in der Erwartung dessen, dass es der jeweils andere tun wird, werden Schädlinge erst gar nicht bekämpft und beide nicht-kooperierenden Farmer landen bei der Auszahlung $P < R$ (P wie in „*P*unishment for mutual defection").

[6] Die Möglichkeit, dass die Menge der Individuen, von denen ein Sohn lernt, größer ist als die Menge, die aus dem Vater und dessen m Handelspartnern besteht, wird in Stark und Behrens (2010) diskutiert.

Nebenbedingung beschränkt verfügbarer Information) wird durch das Postulat eingeführt, dass, wenn die Nachfahren der n Farmer die Höfe ihrer Väter übernehmen, sie das Verhalten des wohlhabendsten Farmers aus jener Gruppe von Vorfahren replizieren, die aus dem Vater und dessen $m/2$ Nachbarn zur Linken und $m/2$ Nachbarn zur Rechten (d.h. den m Handelspartnern des Vaters) besteht.[7]

Was würde jedoch geschehen, wenn die Entscheidung eines Individuums für oder gegen kooperatives Verhalten auf dem Vergleich der Auszahlungen einer immer größer werdenden Zahl benachbarter Individuen (Handelspartner) beruhte? In diesem Fall könnte sich die Information über den scheinbaren Erfolg eines Defektors (vgl. Annahme (1)) wesentlich „weiter" in der Gemeinschaft (kooperierender) Farmer ausbreiten – das gleiche würde dann aber auch für die Information über das Vorhandensein erfolgreicher Kooperatoren gelten (die eingebettet in eine nur aus Kooperatoren bestehende Umgebung hohe Auszahlungen erhalten). Breitet sich dann die kooperative oder die nicht-kooperative Strategie „weiter" aus, wenn sich die "Interaktionsspanne" vergrößert? Und wie wirkt es sich auf die soziale Wohlfahrt aus, wenn die Anzahl der Handelspartner steigt? Der nächste Abschnitt der vorliegenden Arbeit beleuchtet die Beziehung zwischen der Interaktionsspanne und dem Wesen des (intertemporalen) Gleichgewichtszustands der Farmer-Gemeinschaft. In Abschnitt 10.4 wird der Einfluss der Interaktionsspanne auf das Wohlergehen der Gemeinschaft analysiert. In Abschnitt 10.5 werden die Erkenntnisse, die im Zuge der hier durchgeführten Untersuchungen gewonnen wurden, kurz zusammengefasst.

10.3 Die langfristige Struktur der Farmer-Gemeinschaft

In der Anfangskonfiguration der Gemeinschaft sind alle Farmer Kooperatoren und spielen die Strategie C (siehe Abb. 10.1); in Generation 1 ist der Anteil an Farmern, die Kooperatoren sind, somit gleich $x_1=1$. In den Abb. 10.1, 10.2 und 10.3 steht der Buchstabe C bzw. D jeweils für die Strategienwahl eines Farmers und der formale Ausdruck unmittelbar daneben für die gesamte Auszahlung des Farmers (die man als Output eines landwirtschaftlichen Gutes interpretieren kann).

Stellen wir uns nun vor, dass in der in Generation 1 ausschließlich aus Kooperatoren bestehenden Gemeinschaft von mindestens $m+2$ Farmern (d.h. wenn $n \geq m+2 \geq 4$ ist) einer der Kooperatoren spontan zum Defektor mutiert (siehe Abb. 10.2). Dann ändert sich der Anteil der Kooperatoren an der Farmer-Gemeinschaft zu

$$x_1 = \frac{n-1}{n} = 1 - 1/n \, . \tag{2}$$

[7] Im Zweifelsfall, d.h. wenn die Söhne feststellen, dass mindestens zwei Vorfahren trotz Wahl verschiedener Strategien identische Auszahlungen erhalten haben, wird das Verhalten des Vaters imitiert.

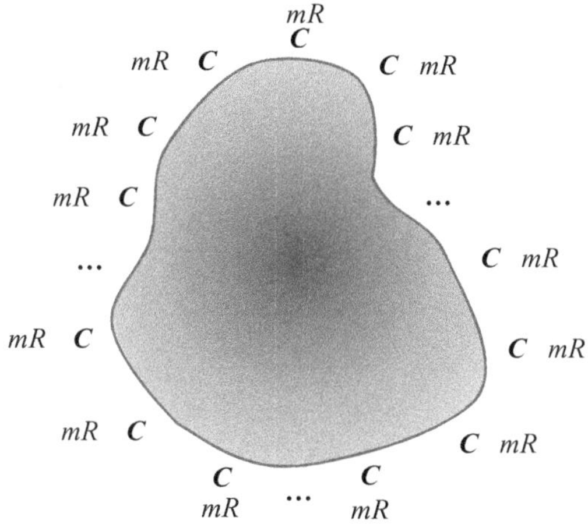

Abbildung 10.1: Struktur der ersten Generation einer Gemeinschaft n kooperierender Farmer (für die Interaktionsspanne m)

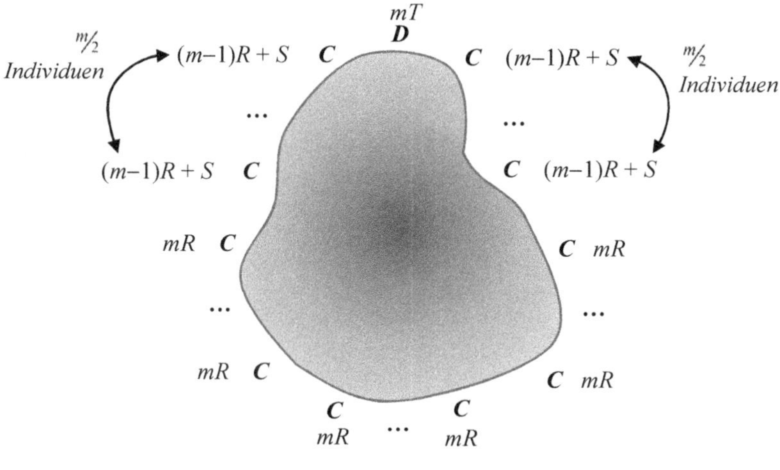

Abbildung 10.2: Struktur der ersten Generation einer Gemeinschaft von n Farmern (für die Interaktionsspanne m) nach dem Auftreten eines einzelnen Defektors

Die Information über die Höhe der Auszahlung mT, die das in Generation 1 vom Kooperator zum Defektor mutierte Individuum erhält (siehe Abb. 10.2), verbreitet sich in Generation 2 unter den Nachfahren der jeweils $m/2$ Nachbarn zur Linken und zur Rechten des zum Defektor mutierten Individuums (wobei $m = 2, 4, 6, \ldots$). Dementsprechend verbleibt in Generation 2 ein Anteil von

$$x_2 = x_1 - \frac{m}{n} = 1 - \tfrac{1}{n}(m + 1) \qquad (3)$$

Kooperatoren in der Gemeinschaft von Farmern (siehe Abb. 10.3).

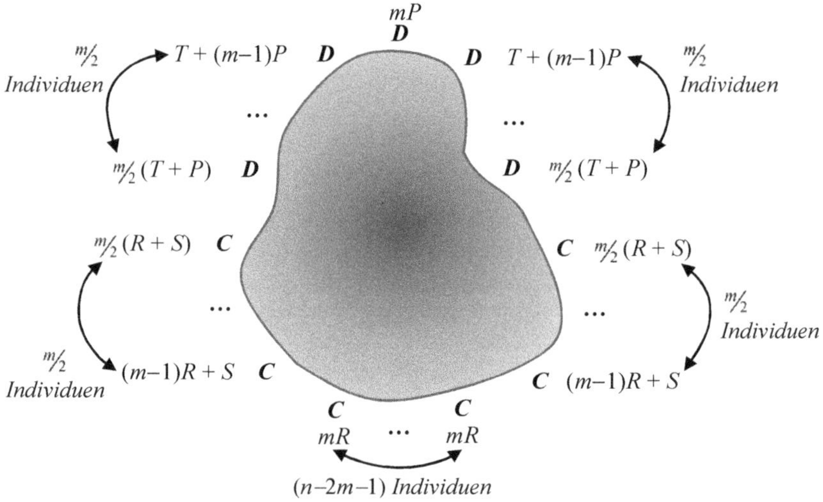

Abbildung 10.3: Struktur der zweiten Generation einer Gemeinschaft von n Farmern (für eine Interaktionsspanne m) als Reaktion auf das Auftreten eines einzelnen Defektors in der ersten Generation

Wenn $n < 2(m + 1)$, dann besteht die dritte (und damit auch jede weitere) Generation ausschließlich aus Defektoren. d.h. der Anteil der Kooperatoren an der Farmer-Gemeinschaft beträgt $x_3 = x_4 = x_5 = ... = 0$.

Wenn $n \geq 2(m + 1)$, muss in Generation 2 wegen (3) zumindest ein Kooperator existieren, der sich zwischen jeweils $m/2$ Kooperatoren befindet (und demzufolge eine Auszahlung in Höhe von mR erhält, siehe Abb. 10.3). Als nächstes sei die Umgebung eines Kooperators betrachtet, der durch genau $m/2 - i$ Kooperatoren von dem Cluster getrennt ist, der aus $m + 1$ Defektoren besteht (wobei $i = 1, \ldots, m/2$). Dieser Kooperator erhält die Auszahlung $(m - i)R + iS$, $i = 1, \ldots, m/2$. Da Annahme (1) und $S < R$ gelten (wobei Letztere $(m - i)R + iS < (m - (i - 1))R + (i - 1)S$ impliziert), verbreitet sich die Information über die (mit der Auszahlung $mR > (m - i)R + iS$, $i = 1, \ldots, m/2$, bedachte) Entscheidung für kooperatives Verhalten unter den Nachfahren der jeweils $m/2$ Nachbarn zur Linken und zur Rechten des erfolgreichsten Kooperators. Analog dazu verbreitet sich die Information über die Auszahlung des erfolgreichsten Defektors (der die Auszahlung $\frac{m}{2}(T+P)$ erhält) unter den Nachfahren der $\frac{m}{2}$ unmittelbar benachbarten, weniger erfolgreichen Defektoren (die die Auszahlung $(\frac{m}{2}-i)T+(\frac{m}{2}+i)P$, $i=1,\ldots,\frac{m}{2}$, erhalten). Demzufolge wird der Defektor-Cluster weder kleiner noch größer; in Generation 3 bleibt der Anteil der Kooperatoren an der Farmer-Gemeinschaft somit gleich

$$x_3 = x_2. \tag{4}$$

In Generation 4 wird der Erfolg des Kooperators, der die Auszahlung mR erhalten hat (da er durch $\frac{m}{2}$ weniger erfolgreiche Kooperatoren von dem Cluster $m+1$ benachbarter Defektoren getrennt war), von den Nachfahren dieser weniger erfolgreichen Kooperatoren (mit einer Auszahlung von jeweils $(m-i)R+iS$, $i=1,\ldots,\frac{m}{2}$) repliziert. Dies erlaubt den Schluss, dass der Anteil der Kooperatoren an der Gesamtpopulation konstant bleibt, d.h., $x_4=\ldots=\hat{x}=(n-m-1)/n$ (vgl. (3)), wobei $\hat{x}$ den Fixpunkt der durch die Differenzengleichung $x_t=x_{t-1}=(n-m-1)/n$, $t\geq 2$, induzierten „Dynamik" repräsentiert. Deshalb ist die Gleichgewichtskonfiguration der Farmer-Gemeinschaft, die sich langfristig infolge der Mutation ($C\rightarrow D$) eines einzigen Individuums ergibt, ebenfalls durch Abb. 10.3 gegeben. Wir beobachten unter Annahme (1) nur dann einen langfristig positiven Kooperator-Anteil, wenn $n\geq 2(m+1)$.[8]

Dies ist ein guter Zeitpunkt, ein Wort darüber zu verlieren, was geschehen würde, wenn die linke Ungleichung in (1) nicht erfüllt wäre und $(m-1)R+S>\frac{m}{2}(T+P)$. In diesem Fall wäre die „Antwort" der zweiten Generation von Farmern auf das Auftreten eines zum Defektor mutierten Kooperators in Generation 1, die durch x_2

[8] Untersucht man andere Anfangskonfigurationen von Defektoren, erkennt man, dass – sofern Annahme (1) gilt – Cluster von q benachbarten Defektoren (sofern $2\leq q\leq m/2$ ist) auf eine Größe von höchstens $q+m$ (benachbarten Defektoren) anwachsen, solange diese Cluster der Größe q durch mindestens $m/2+(m+1)+m/2=2m+1$ benachbarte Kooperatoren voneinander getrennt sind. Cluster von $(m/2)+1$ benachbarten Defektoren verändern ihre Größe (relativ zu ihrer Anfangsgröße) im Lauf der Zeit bzw. Generationen nicht, solange sie voneinander durch mindestens $m+1$ benachbarte Kooperatoren getrennt sind. Deshalb hängt das „Schicksal" der Gemeinschaft nicht nur von der Anzahl der vom Kooperator zum Defektor mutierten Individuen ab, sondern auch von deren Ausbreitung, d.h. vom „Platz", der zwischen den mutierten Individuen verbleibt (vgl. Stark und Behrens 2010). Gibt es nur wenige, voneinander isolierte Individuen, die vom Kooperator zum Defektor mutieren, dann bleibt eine große Gemeinschaft von Kooperatoren im Großen und Ganzen eine Gemeinschaft von Kooperatoren, ungeachtet weniger (verstreuter) Defektor-Cluster. Die Defektoren „übernehmen" dann keinesfalls die gesamte Population. Ist die Anzahl der Mutationen jedoch sehr groß, verbleibt nicht genug Platz zwischen den mutierten Individuen, um die Ausbreitung der nicht-kooperativen Strategie über die gesamte Population zu verhindern: Die Existenz von jeweils (mindestens) $2m+1$ benachbarten Kooperatoren zur Linken *und* zur Rechten zumindest eines isolierten Defektors ist daher die Minimalanforderung dafür, dass auch langfristig ein positiver Anteil kooperierender Individuen bestehen bleiben kann.

repräsentiert wird, durch (3) gegeben. Wenn $n \geq 2(m+1)$, würde der Cluster benachbarter Defektoren jedoch in Generation 3 von $m+1$ auf $m-1$ schrumpfen, da die Nachkommen jener Defektoren, die sich jeweils am Rand des Clusters befinden, eher das Verhalten der Kooperatoren, die eine Auszahlung in Höhe von $(m-1)R+S$ erhalten, nachahmen als das Verhalten der eigenen Väter, die eine Auszahlung in Höhe von $\frac{m}{2}(T+P)$ bekommen.[9] In Abhängigkeit von der relativen Höhe der Auszahlungen schrumpft der Defektor-Cluster von Generation zu Generation solange, bis die beiden Farmer jeweils am Rand des noch existierenden Defektor-Clusters keine geringere Auszahlung mehr erhalten als die beiden Kooperatoren $\frac{m}{2}$ Höfe entfernt, oder solange, bis nur mehr ein einziger Defektor übrig bleibt (wodurch die Anfangskonfiguration nach dem Auftreten der Mutation eines Kooperators zum Defektor repliziert wird). In beiden Fällen vergrößert sich der Defektor-Cluster in der folgenden Generation um m Defektoren, und der Schrumpfungsprozess beginnt von neuem. Dies führt letztlich auch langfristig zu einer Gemeinschaft, die aus kooperierenden und nicht-kooperierenden Farmern besteht, für die der Anteil an Kooperatoren periodisch dieselben Werte annimmt (die allesamt ungleich null sind und Elemente einer invarianten Menge von mindestens zwei, aber höchstens m verschiedenen Zahlenwerten). Das bedeutet, dass der Anteil kooperierender Farmer, x_t, für $t \to \infty$ gegen einen periodischen Punkt konvergiert, dessen Primalperiode größer oder gleich zwei ist. Somit ist erwiesen, dass kooperatives Verhalten in der Gemeinschaft von Farmern auch für $(m-1)R+S > \frac{m}{2}(T+P)$ langfristig bestehen bleibt, sofern $n \geq 2(m+1)$.

Mit diesen Argumenten im Hinterkopf berechnen wir als nächstes die gleichgewichtige Pro-Kopf-Auszahlung (das gleichgewichtige Durchschnittseinkommen) als Funktion der Informationsspanne *m*, um diese Durchschnittsgröße als Maßstab für die Wohlfahrt der Gemeinschaft der *n* Farmer heranziehen zu können.

10.4 Kann eine Ausweitung der Handelsbeziehungen zu einem Rückgang an sozialer Wohlfahrt führen?

Aus der vorangegangenen Diskussion ist abzuleiten, dass sich für $T+P<2R$ eine Gemeinschaft ursprünglich kooperierender, lokal lernender Individuen infolge der Mutation eines Kooperators zum Defektor – je nach Ausmaß der Informationsspanne – langfristig als heterogen oder als homogen erweisen kann (wobei letzteres eine reine Defektor-Gemeinschaft wäre). Heterogenität ist nur dann möglich, wenn die Farmer Handelsbeziehungen mit relativ wenigen Individuen unterhalten und von relativ wenigen Personen lernen (d.h. nur dann, wenn $2 \leq m \leq \frac{1}{2}(n-2)$ ist).

[9] Wenn zusätzlich noch $(m-i)R+iS > (m/2-i-1)T+(m/2+i-1)$ gilt, wobei $i \in \{2, 3, \ldots, m/2\}$, reduziert sich die Größe des Defektor-Clusters in Generation 3 auf $m+1-2i$, da die Farmer die beste Strategie ihrer Väter und deren m Handelspartner imitieren.

Die Koexistenz von kooperativem und nicht-kooperativem Verhalten ist daher auf lange Sicht nur dann möglich, wenn die Interaktionsspanne klein ist, wohingegen eine Vielzahl an Handelspartnern zum Verschwinden von Kooperation führt. Daraus folgt, dass – sofern $T+P<2R$ gilt – das Auftreten eines einzigen vom Kooperator zum Defektor mutierten Individuums die „Rückkehr“ zu einer reinen Kooperator-Population unmöglich macht.

Darüber hinaus haben wir gelernt, dass das Auftreten eines einzelnen Defektors eine Gemeinschaft von Kooperatoren nur dann „zum Kippen“ bringen kann, wenn die Populationsgröße n in Relation zur Informationsspanne m hinreichend klein ist. Das heißt, dass – nachdem sich die Information über die Auszahlung des vom Kooperator zum Defektor mutierten Individuums (in Höhe von mT) in der Folgegeneration ausgebreitet hat (und m Nachfahren zu zusätzlichen Defektoren gemacht hat) – $m+1$ benachbarte Kooperatoren in der Population verblieben sein müssen, damit gewährleistet ist, dass zumindest ein Kooperator (wegen seiner Handelsbeziehungen zu jeweils $m/2$ kooperierenden Farmern zur Linken und zur Rechten) die Auszahlung mR erhält und die kooperative Strategie somit attraktiv genug macht, sodass sie langfristig bestehen bleiben kann. Deshalb kann der Schluss gezogen werden, dass sich die nicht-kooperative Strategie (ausgehend von einem einzigen Defektor) genau dann flächendeckend über die Gemeinschaft ursprünglich kooperierender Farmer ausbreitet, wenn Individuen mit mehr als $1/2(n-2)$ Farmern Handelsbeziehungen unterhalten bzw. von mehr als $1/2(n-2)$ Vorfahren lernen. Was können wir nun aus der Besprechung dieser alternativen Konfigurationen für das Wohlergehen der Gemeinschaft schließen?

Aus Abschnitt 10.3 ist bekannt, dass die gleichgewichtige Konfiguration der Gemeinschaft, die sich bei Gültigkeit von (1) infolge der Mutation eines einzigen Kooperators zum Defektor entwickelt, für $n \geq 2(m+1)$ aus einem Cluster von $m+1$ benachbarten Defektoren und einem Cluster von $n-m-1$ benachbarten Kooperatoren besteht. Somit ist sichergestellt, dass es genau einen Defektor gibt, der auf beiden Seiten jeweils $m/2$ Defektoren als Nachbarn hat, zwei Defektoren, die auf einer Seite $m/2$ Defektoren als Nachbarn haben und auf der anderen Seite $m/2-1$ Defektoren und einen Kooperator, zwei Defektoren, die auf einer Seite $m/2$ Defektoren als Nachbarn haben und auf der anderen Seite $m/2-2$ Defektoren und zwei Kooperatoren, …, zwei Defektoren, die auf einer Seite $m/2$ Defektoren als Nachbarn haben und auf der anderen Seite zwei Defektoren und $m/2-2$ Kooperatoren, zwei Defektoren, die auf einer Seite $m/2$ Defektoren als Nachbarn haben und auf der anderen Seite einen Defektor und $m/2-1$ Kooperatoren, zwei Defektoren, die auf einer Seite $m/2$ Defektoren als Nachbarn haben und auf der anderen Seite $m/2$ Kooperatoren, zwei Kooperatoren, die auf einer Seite $m/2$ Kooperatoren als Nachbarn haben und auf der anderen Seite $m/2$ Defektoren, zwei Kooperatoren, die auf einer Seite $m/2$ Kooperatoren als Nachbarn haben und auf der anderen Seite einen Kooperator und $m/2-1$ Defektoren, …, zwei Kooperatoren, die auf einer Seite

$^m\!/_2$ Kooperatoren als Nachbarn haben und auf der anderen Seite $^m\!/_2 - 1$ Kooperatoren und einen Defektor, und $n - (2m + 1)$ Kooperatoren, die auf beiden Seiten jeweils $^m\!/_2$ Kooperatoren als Nachbarn haben. Diese Konfiguration impliziert folgende gleichgewichtige aggregierte Auszahlung für eine Gemeinschaft von $n\,(n \geq 2(m+1))$ Farmern (vgl. Abb. 10.3):

$$\begin{aligned}
&mP + 2((m-1)P + T) + 2((m-2)P + 2T) + \ldots + 2((^m\!/_2 + 1)P + (^m\!/_2 - 1)T) + m(P+T) \\
&+ m(R+S) + 2((^m\!/_2 + 1)R + (^m\!/_2 - 1)S) + \ldots + 2((m-1)R + S) + (n - (2m+1))mR \\
&= mP + 2\sum_{i=1}^{m/2}[(m-i)P + iT] + 2\sum_{i=1}^{m/2}[(m-i)R + iS] + (n-2m-1)mR \\
&= mP + 2(P+R)\sum_{i=1}^{m/2}(m-i) + 2(S+T)\sum_{i=1}^{m/2} i + (n-2m-1)mR \\
&= mP + \tfrac{1}{4}(3m-2)m(P+R) + \tfrac{1}{4}(m+2)m(S+T) + (n-2m-1)mR \\
&= \tfrac{1}{4}(3m+2)mP + \tfrac{1}{4}(m+2)m(S+T) + (n - \tfrac{1}{4}(5m+6))mR.
\end{aligned} \tag{5}$$

Die Pro-Kopf-Auszahlung für kleinere Informationsspannen, d.h. für $2 \leq m \leq \frac{1}{2}(n-2)$, kann direkt aus (5) berechnet werden, indem man die letzte Zeile durch die Populationsgröße n dividiert. Die linken fünf Säulen in Abb. 10.4 stellen das Ergebnis dieser Division für eine Populationsgröße von $n = 22$ und Auszahlungen in Höhe von $S = 0$, $P = 0{,}15$, $R = 0{,}60$ und $T = 1$ dar (wobei diese Annahmen willkürlich getätigt sind und, da (1) erfüllt ist, die Allgemeingültigkeit der Ergebnisse in keinerlei Art und Weise einschränken). Für größere Informationsspannen, d.h. für $\frac{1}{2}(n-2) < m \leq n-2$, ändert sich die Pro-Kopf-Auszahlung ziemlich dramatisch und nimmt den Wert mP an, was anhand der rechten fünf Säulen in Abb. 10.4 illustriert wird. Insgesamt ergibt sich somit für die Pro-Kopf-Auszahlung $Y(n,m)$, aufgefasst als Funktion der Populationsgröße n, und der Informationsspanne m (für $2 \leq m \leq n-2$), folgende Darstellung:

$$Y(n,m) = \begin{cases} \tfrac{1}{4}\,^m\!/_n[(3m+2)P + (m+2)(S+T) + (4n-5m-6)R] & 2 \leq m \leq \tfrac{1}{2}(n-2) \\ mP & \tfrac{1}{2}(n-2) < m \leq n-2\,. \end{cases} \tag{6}$$

Wenn $2 \leq m \leq \frac{1}{2}(n-2)$, beherbergt die Farmer-Gemeinschaft einen Cluster von genau $m+1$ Defektoren und einen Cluster von mindestens $m+1$ Kooperatoren. Die Auszahlung eines einzelnen Kooperators, der im Inneren des Kooperator-Clusters eingebettet ist (d.h. der von beiden Seiten durch jeweils mindestens $^m\!/_2$ Kooperatoren vom Defektor-Cluster getrennt wird), ist gleich mR und daher eine lineare Funktion der Informationsspanne. Die Anzahl derer, die gemeinsam den Kooperator-Cluster bilden (der langfristig bestehen bleiben kann), nimmt hingegen mit größer werdender Interaktionsspanne m ab. Wenn $\frac{1}{2}(n-2) < m \leq n-2$, liegt die Pro-Kopf-Auszahlung bei mP und ist somit ebenfalls eine lineare Funktion der Informationsspanne (die Funktion (6) zeigt dies). Diese Beobachtungen werfen eine nahe liegende Frage auf: Wann erreicht die Pro-Kopf-Auszahlung ihr Maximum? Bei $m = \frac{1}{2}(n-2)$ oder bei $m = (n-2)$?

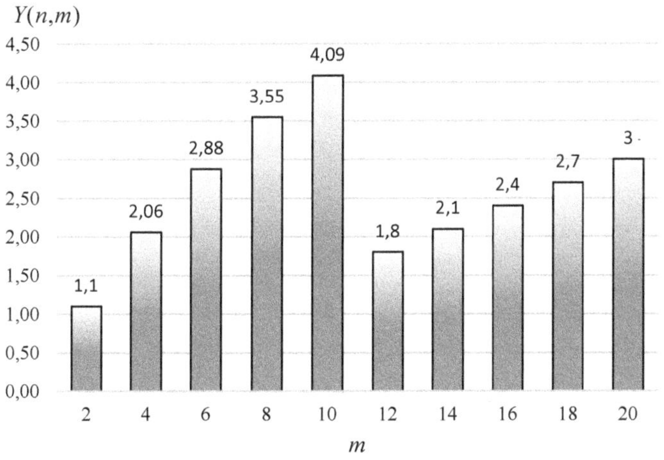

Abbildung 10.4: Die Pro-Kopf-Auszahlung als Funktion der Interaktionsspanne, $2 \leq m \leq n-2$, für eine Populationsgröße von n=22 und Auszahlungen in Höhe von S=0, P=0,15, R=0,60 und T=1.

Behauptung 1: Sei $S = 0$ und $\frac{1}{2}(n-2)$ eine gerade natürliche Zahl.[10] Bei Gültigkeit von Annahme (1) und $5P \leq T$, ist die Pro-Kopf-Auszahlung $Y(n, m)$ bei $m^* = \frac{1}{2}(n-2)$ maximal.

Beweis: Gilt Bedingung (1) und ist $\frac{1}{2}(n-2)$ eine gerade Zahl, so ist die größtmögliche Pro-Kopf-Auszahlung für $2 \leq m \leq \frac{1}{2}(n-2)$ gleich $Y(n, \frac{1}{2}(n-2))$. Um das zu sehen, betrachten wir zunächst die Differenz $[Y(n,m) - Y(n,m-1)]$ für $2 < m \leq \frac{1}{2}(n-2)$. Wir erhalten

$$\begin{aligned} &Y(n,m) - Y(n,m-1) \\ &= \tfrac{1}{4}\tfrac{m}{n}[(3m+2)P + (m+2)(S+T) + (4n-5m-6)R] \\ &\quad - \tfrac{1}{4}\tfrac{(m-1)}{n}[(3(m-1)+2)P + ((m-1)+2)(S+T) + (4n-5(m-1)-6)R] \\ &= \tfrac{1}{4n}[(3P+S+T-5R)m^2 + 2(P+S+T+(2n-3)R)m] \\ &\quad - \tfrac{1}{4n}[(3P+S+T-5R)(m-1)^2 + 2(P+S+T+(2n-3)R)(m-1)] \\ &= \tfrac{1}{4n}[(3P+S+T-5R)(2m-1) + 2(P+S+T+(2n-3)R)], \end{aligned} \tag{7}$$

[10] Wäre $\frac{1}{2}(n-2)$ eine *ungerade* natürliche Zahl, müsste die Bedingung $5P \leq T$ durch $7P \leq T$ ersetzt werden.

und

$$
\begin{aligned}
&Y(n,m)-Y(n,m-1)\\
&> \tfrac{1}{4n}[(3P+S-4R)(2m-1)+2(P+S+T+2(2m+2)R-3R)]\\
&=\tfrac{1}{4n}[(3P+S)(2m-1)+2(P+S+T)+(2m+2)4R-6R-(2m-1)4R] \qquad (8)\\
&=\tfrac{1}{4n}[\underbrace{(3P+S)}_{=3P}(2m-1)+2\underbrace{(P+S+T)}_{=P+T}+6R]\\
&=\tfrac{1}{4n}[(6m-1)P+2T+6R]>0,
\end{aligned}
$$

wobei das Ungleichungszeichen in der zweiten Zeile von (8) unmittelbar aus $R<T$ und aus $2 \leq m \leq \tfrac{1}{2}(n-2)$ folgt (da die letztere Ungleichung äquivalent zu $6 \leq 2(m+1) \leq n$ ist) und das Ungleichungszeichen in der letzten Zeile von (8) aus $S \geq 0$ und $P, R, T > 0$. Wenn $2 \leq m \leq \tfrac{1}{2}(n-2)$ und $\tfrac{1}{2}(n-2)$ gerade ist, wird die größtmögliche Pro-Kopf-Auszahlung bei $m = \tfrac{1}{2}(n-2)$ erreicht. Wenn $\tfrac{1}{2}(n-2) < m \leq n-2$, dann ist die Pro-Kopf-Auszahlung gleich mP (vgl. (7)), weswegen der größtmögliche Wert der Pro-Kopf-Auszahlung bei $m = n-2$ angenommen wird. Darüber hinaus ist es einfach zu sehen, dass $S = 0$ in Kombination mit $5P \leq T$ und $\tfrac{m}{2}(T+P) < mR$ (der rechten Ungleichung in (1)) $3P < R$ impliziert: Die Auszahlung eines Kooperators, der mit einem Kooperator handelt, ist mindestens drei Mal so hoch wie die Auszahlung eines Defektors, der mit einem Defektor handelt. Bei Verwendung dieses Resultats erhält man

$$
\begin{aligned}
&Y(n,\tfrac{1}{2}(n-2))\\
&=\tfrac{1}{4}\,\tfrac{(n-2)}{2n}[(3(\tfrac{n}{2}-1)+2)P+(\tfrac{n}{2}-1+2)(S+T)+(4n-5(\tfrac{n}{2}-1)-6)R]\\
&=(n-2)\tfrac{1}{16n}[(3n-2)(P+R)+(n+2)(S+T)]\\
&>(n-2)\tfrac{1}{16n}[(3n-2)4P+(n+2)5P] \qquad (9)\\
&=(n-2)P+\tfrac{1}{16n}(n^2-4)P\\
&>(n-2)P\\
&=Y(n,n-2).
\end{aligned}
$$

Für den Fall, dass $\tfrac{1}{2}(n-2)$ eine gerade natürliche Zahl ist, ist die Pro-Kopf-Auszahlung $Y(n,m)$ für $m = \tfrac{1}{2}(n-2)$ daher am größten. ■

Es mag plausibel erscheinen, dass die Pro-Kopf-Auszahlung in der Farmer-Gemeinschaft (d.h. das Durchschnittseinkommen) und die Informationsspanne (d.h. die Zahl derer, mit denen ein Individuum Handelsbeziehungen unterhält) positiv korreliert sind. Unter bestimmten Bedingungen (sofern Annahme (1), $S = 0$ und $5P \leq T$ erfüllt sind) belehrt uns Behauptung 1 allerdings eines Besseren: Ist die „Temptation to defect" hinreichend groß, wobei „hinreichend groß" hier damit assoziiert wird, dass die Auszahlung eines Defektors, der mit einem Kooperator handelt, mindestens fünf Mal so hoch ist wie die Auszahlung eines Defektors, der mit einem Defektor handelt, so erreicht die Pro-Kopf-Auszahlung genau dann ihr Maximum, wenn die Interaktionsspanne ihren größtmöglichen „lokalen“ Wert annimmt. Dahinter steht die Überlegung, dass, wenn die individuelle Optimierung auf der Auswertung einer geringeren Informationsmenge beruht (korrespondierend mit einer *lokalen* Informationsspanne, d.h. $2 \leq m \leq \frac{1}{2}(n-2)$), die scheinbar gute Botschaft über die Höhe der Auszahlung jenes Kooperators, der zum Defektor mutiert, manche Cluster von Kooperatoren nicht erreicht, die daher immun gegen den Einfluss der Mutation sind. Da die Pro-Kopf-Auszahlung monoton wächst (vgl. Beweis von Behauptung 1), wird die maximale Pro-Kopf-Auszahlung für die größtmögliche Informationsspanne (die in diesem Modell identisch zur Interaktionsspanne ist) erreicht, die noch als von „lokaler Natur“ bezeichnet werden kann. Abb. 10.4 illustriert dieses Resultat für eine Gemeinschaft von 22 Farmern: Die Pro-Kopf-Auszahlung steigt (beginnend mit $m = 2$) mit wachsender Informationsspanne auf den globalen Maximalwert $Y(22,10) = \frac{5}{88}[64(P+R)+24(S+T)] \cong 4{,}09$ an, fällt dann aber (d.h. für $10 = \frac{1}{2}(n-2) < m \leq n-2 = 20$) auf ein niedrigeres Niveau ab. Da dieses Niveau durch mP bestimmt wird, steigt die Pro-Kopf-Auszahlung zwar mit wachsender Informationsspanne auch für $10 = \frac{1}{2}(n-2) < m \leq n-2 = 20$ an, erreicht aber bei $(n-2)P = 20P = 3$ nur mehr ein lokales Maximum.

Daraus kann geschlossen werden, dass eine Erhöhung der Anzahl der Handelspartner die soziale Wohlfahrt vergrößern kann, solange die Interaktionsspanne in der Ausgangssituation nicht groß ist, d.h. solange sie ursprünglich hinreichend kleiner ist als $m^* = \frac{1}{2}(n-2)$. Mit anderen Worten, wenn Individuen in der Ausgangssituation relativ wenige Handelspartner haben (ein Umstand, der sich als lokaler Handel beschreiben ließe und der mit $2 \leq m \leq \frac{1}{2}(n-2)$ korrespondiert), so könnte das aus einer Vergrößerung der Interaktionsspanne resultierende soziale Wohlfahrtsergebnis jenes schlagen, das zu beobachten ist, wenn die gleiche Vergrößerung der Interaktionsspanne ausgehend davon statt fände, dass Individuen in der Ausgangssituation viele Handelspartner haben (ein Umstand, der sich als globaler Handel beschreiben ließe und der mit $\frac{1}{2}(n-2) < m \leq n-2$ korrespondiert). Sind Handelsbeziehungen beispielsweise derzeit auf die unmittelbare räumliche Umgebung beschränkt, so könnte eine Ausweitung dieser Beziehungen sehr wohl einen Gewinn an sozialer Wohlfahrt mit sich bringen; sind die Handelsbeziehungen hingegen schon sehr weit reichend, so könnte eine weitere Zunahme an Handelspartnern zu einem Rückgang der sozialen Wohlfahrt führen.

10.5 Schlussfolgerungen

Sofern Individuen, die rings um eine kreisförmige Struktur (wie etwa um einen See) leben, von ihren Vätern bzw. jenen Vorfahren lernen, mit denen ihre Väter wirtschaftliche Beziehungen unterhalten haben, können wir aus der intertemporalen

Entwicklung entscheidungsbedingter Wohlfahrt in unserem Modell eine Reihe praktischer Erkenntnissen gewinnen.

Erstens, zeigt sich, dass es einem zum Defektor mutierten Kooperator – selbst bei wachsender Interaktionsspanne – nicht möglich ist, die Gemeinschaft von Farmern dazu zu bringen, einheitlich sein Verhalten zu replizieren, solange es hinreichend große Enklaven von Kooperatoren gibt, die gegen seinen Einfluss immun sind. Eine lokale Ausdehnung der Interaktionsspanne stellt unter diesen Umständen keine Bedrohung für das langfristige Überleben der kooperativen Strategie bzw. für die langfristige Koexistenz von kooperierenden und nicht-kooperierenden Individuen innerhalb der Farmer-Gemeinschaft dar.

Zweitens, ist weltweiter Handel nicht unbedingt das Patentrezept für Wohlfahrtsmaximierung. Um dieses Resultat zu erlangen, hat sich die vorliegende Arbeit einer Informationsstruktur bedient, die mit der „Struktur der Interaktion" zusammenfällt. Das macht auch den entscheidenden Unterschied zur Forschungsarbeit von Stark und Behrens (2010) aus, in der gezeigt wurde, dass eine größere Informationsspanne die Überlebensfähigkeit der kooperativen Strategie stärkt – aber nur bis zu einem gewissen Punkt: „Globale Information" bewirkte dort nämlich die Auslöschung der kooperativen Strategie und eine entsprechende Reduktion der sozialen Wohlfahrt. Dazu wurde in Stark und Behrens (2010) angenommen, dass Individuen zwar Information über Erfolg bzw. Misserfolg weiter entfernter Individuen erhalten können, die Handelsbeziehungen aber auf ihre unmittelbaren Nachbarn beschränken. In der vorliegenden Arbeit kann die Zahl der Handelspartner m jedoch weit über die beiden unmittelbaren Nachbarn hinaus ansteigen, bis hin zu „globalem Handel". Aus dem Nachweis, dass die Pro-Kopf-Auszahlung in einer Population der Größe n ohne weiteres kleiner sein kann, wenn man $(n-2)$ anstatt $\frac{1}{2}(n-2)$ „Spiele" nach den Regeln eines Gefangenendilemmas spielt, lässt sich schließen, dass der Handel mit wesentlich mehr Personen (im Gegensatz zum Handel mit nur ein paar Personen mehr) die soziale Wohlfahrt nicht unbedingt erhöhen muss, trotz einer höheren Anzahl an Transaktionen. Anders ausgedrückt: Während eine Ausweitung des Marktes unter manchen Umständen durchaus wünschenswert sein mag, kann unter anderen Umständen das genaue Gegenteil der Fall sein.

Für eine zukünftige Weiterentwicklung des Modells bieten sich einige vielversprechende Richtungen an. Beispielsweise wären Erweiterungen der Netzwerkstruktur denkbar, d.h. eine Ausdehnung der Untersuchungen auf Stern- und Kristallstrukturen oder auch komplette Netzwerke, anstatt einer Beschränkung auf die Untersuchung kreisförmiger Strukturen. In diesem Zusammenhang wäre es denkbar, die Verbindung zwischen Netzwerkstruktur und Clusterbildung[11] zu analysieren. Von

[11] Siehe bspw. Ohtsuki et al. (2006) oder Jun und Sethi (2007).

speziellem Interesse wäre es dabei herauszufinden, ob eine systematische Beziehung zwischen der Netzwerkstruktur und der Differenz von Informations- und Interaktionspanne einerseits und der Netzwerkstruktur und Maßzahlen für soziale Wohlfahrt andererseits besteht.[12]

10.6 Literatur

Alós-Ferrer, C. und Weidenholzer, S. (2008), Contagion and Efficiency. *Journal of Economic Theory* 143, 251–274.

Bergstrom, T. C. und Stark, O. (1993), How Altruism Can Prevail in an Evolutionary Environment. *American Economic Review* 83, 149–155.

Ellison, G. (1993), Learning, Local Interaction and Coordination. *Econometrica* 61, 1047–1071.

Eshel, I., Samuelson, L. und Shaked, A. (1998), Altruists, Egoists, and Hooligans in a Local Interaction Model. *American Economic Review* 88, 157–179.

Flood, M. M. (1958), Some Experimental Games. *Management Science* 5, 5–26.

Hoffmann, R. (1999), The Independent Localisations of Interaction and Learning in the Repeated Prisoner's Dilemma. *Theory and Decision* 47, 57–72.

Jun, T. und Sethi, R. (2007), Neighborhood Structure and the Evolution of Cooperation. *Journal of Evolutionary Economics* 17, 623–646.

Nowak, M. A. und May, R. M. (1993), The Spatial Dilemmas of Evolution. *International Journal of Bifurcation and Chaos* 3, 35–78.

Mengel, F. (2009), Conformism and Cooperation in a Local Interaction Model. *Journal of Evolutionary Economics* 19, 397–415.

Ohtsuki, H. und Nowak, M. A. (2006), Evolutionary Games on Cycles. *Proceedings of the Royal Society B: Biological Sciences* 273, 2249–2256.

Ohtsuki, H., Hauert, C., Lieberman, E. und Nowak M. A. (2006), A Simple Rule for the Evolution of Cooperation on Graphs and Social Networks. *Nature* 441, 502–505.

Stark, O. und Behrens, D. A. (2010), An Evolutionary Edge of Knowing Less (or: On the „Curse" of Global Information). *Journal of Evolutionary Economics* 20, 77–94.

[12] Siehe z.B. Hoffmann (1999) für eine simulationsbasierte Diskussion des Effekts lokalen Lernens und lokaler Interaktion auf den nachhaltigen Fortbestand kooperativen Verhaltens.

Kapitel 11

Der evolutionsökonomische Ansatz des Neo-Schumpeterianismus: Ein Konzept zur Erklärung und Bewältigung der globalen Wirtschaftskrise

Horst Hanusch

Einem Nationalökonomen meines Alters ist die Weltwirtschaftskrise Ende der 1920er Jahre eigentlich stets wie ein Mythos, wie eine schlechte Saga aus uralten Zeiten vorgekommen. Natürlich hat man sich in seinem Berufsleben damit auseinandergesetzt, in analytischer und historischer Weise, aber keiner aus meiner Generation hätte je ernsthaft damit gerechnet, dass er sich, ganz aktuell in einem Aufsatz wie diesem heute, Gedanken machen müsste über eine ähnlich brisante Situation in der Gegenwart. Sicherlich gab es in der Zeit danach, wenn man die ganz große Katastrophe des Zweiten Weltkriegs einmal ausblendet – dessen Wurzeln sich zweifelsohne in vielfältiger Form ebenfalls in jener Krise verbergen dürften – immer wieder Auf und Ab im wirtschaftlichen Geschehen. Aber solche Konjunkturen bewertete man eigentlich als notwendige Prozesse der Reinigung, der Katharsis, die den enormen Erfolg des marktwirtschaftlichen Systems in den Industrieländern des Westens nicht ins Wanken bringen könnten. All jene Politiker und Intellektuelle, die auf einen Kollaps des freien kapitalistischen Systems gehofft hatten, sahen stattdessen den Untergang der staatlich regulierten und zentral verwalteten Volkswirtschaften Osteuropas. Ja noch mehr, sie konnten beobachten, wie gerade diese Länder im Ordnungsrahmen eines marktwirtschaftlichen Systems einen Aufschwung erlebten, der einen geradezu von „blühenden Landschaften" träumen ließ.

Was also ist, für die meisten Beobachter unbemerkt, in den letzten zwanzig, dreißig, vierzig Jahren geschehen, dass wir uns heute wieder in einer Art von „Weltuntergangsstimmung" befinden und darüber zu diskutieren haben, wie wir uns aus der sich abzeichnenden Misere befreien können? Hat die Wissenschaft, die Politik, das öffentliche Berichtswesen darin versagt, uns rechtzeitig und eindringlich auf mögliche Gefahren oder gar auf einen Absturz unseres Wirtschaftssystems hinzuweisen? Warum hat es uns nicht rechtzeitig davor gewarnt, dass unsere Art zu leben, zu arbeiten, zu konsumieren und zu investieren nicht nur ökologische, sondern in hohem Maße auch finanzielle Folgen haben könnte?

Lassen Sie mich versuchen, meine Gedanken zu diesen schwierigen und komplexen Fragen in vier Thesen zu formulieren. Ob ich als Wissenschaftler und Ökonom freilich vernünftige und überzeugende Antworten geben kann, möchte ich gerne Ihrem Urteil überlassen.

Meine **erste These** lautet:

Die gegenwärtige Finanzkrise, die sich offensichtlich bereits zu einer Weltwirtschaftskrise ausgeweitet hat, kam nicht völlig überraschend und unvorhersehbar auf uns zu. Sie hatte Vorläufer in anderen Ländern, etwa in Japan in den achtziger Jahren oder in Südostasien Mitte der 1990er Jahre (vgl. Hanusch and Wackermann 2009). Die Krisen dort hatten ähnliche Ursachen und einen ähnlichen Verlauf. Ihre Dimension und Wirkungsbreite war freilich mehr oder weniger regional beschränkt: Zum einen weil die weltweite Vernetzung der Wirtschaftsräume, also die Globalisierung, noch nicht so weit wie heute fortgeschritten war. Zum anderen weil die größte und wichtigste Volkswirtschaft der Erde, nämlich die der USA, nur am Rande, aber nicht zentral und aktivierend daran beteiligt war.

Diese Umstände mögen unter anderem auch dafür verantwortlich sein, dass man in der ökonomischen Wissenschaft, aber auch in der globalen Politik und Berichterstattung die Erschütterungen, die davon ausgingen, nicht wirklich ernst nahm und sich eher oberflächlich damit auseinandersetzte. Nun, Japan hat immerhin mehr als ein „verlorenes Jahrzehnt" des relativen wirtschaftlichen Niedergangs hinter sich, in einer Zeit als andere Nationen, etwa die USA, Großbritannien oder Irland sich stolz im Glanze ihres Wirtschaftserfolges sonnen konnten.

Dies bringt mich zu meiner **zweiten These**:

Krisen, wie wir sie in den 1920er Jahren weltweit sowie danach regional in Japan und heute wieder global erleben, sind nicht auf Fehler im marktwirtschaftlichen oder kapitalistischen System, also auf systemimmanente Mängel allein zurückzuführen, sondern sie sind vielmehr Ergebnis und Ausfluss eines überzogenen und übertriebenen Erfolges eben dieses Systems. Um es ganz hart und kantig zu formulieren: Das kapitalistische System geht, falls dies je geschehen sollte, nicht an seinen Fehlern, sondern an seinem erfolgsbestimmten Überschwang zugrunde.

Lassen Sie mich diese These etwas näher beleuchten und als empirischen Hintergrund dafür die Entwicklung der letzten 20 Jahre in den USA heranziehen. Ich hätte genauso gut jene in Japan in den 1970er und 1980er Jahren nehmen können, denn dort zeigte sich letztlich ein ebenso konformer Verlauf des Krisengeschehens.

Der eigentliche Ursprung der heutigen Krise liegt, wie gesagt, mehr als 20 Jahre zurück und er lässt sich ohne weiteres auf die USA lokalisieren. Dort entstand zu jener Zeit ein riesiger Wirtschaftsboom, der sich vornehmlich aus dem glücklichen Zusammentreffen von mehreren wirtschaftlichen Faktoren nährte: Zum einen einer sich unheimlich schnell verbreitenden innovativen Basistechnologie in der IT-Branche, zum anderen der Existenz von kreativen Unternehmern und schließlich dem Vorhandensein von genügend Risikokapital, um einen zukunftsorientierten

Aufschwung zu finanzieren. Daneben stellte der Staat die erforderlichen Rahmenbedingungen zur Verfügung, indem er eine Politik der niedrigen Steuern und der Deregulierung von Wirtschaftsabläufen betrieb.

Dieser technologiegetriebene Aufschwung beschränkte seine Wirkungskraft freilich nicht nur auf die USA, sondern er verbreitete seine Energien und seine Dynamiken in die gesamte Weltwirtschaft. Auf diese Weise war er auch maßgeblich beteiligt am Prozess der Globalisierung und des immensen wirtschaftlichen Fortschritts in aufstrebenden Ländern wie China, Indien und Brasilien. Er war begleitet von hohen Wachstumsraten des Sozialprodukts, von hoher Produktivität und, damit einhergehend, von niedrigen Inflationsraten in den industrialisierten Ländern. Dies wiederum ermöglichte eine sehr lockere Geldpolitik der Zentralbanken und weltweit ein enormes Anwachsen von Liquidität und Geldmenge.

Dieser Boom indessen gestaltete sich so erfolgreich, dass er nicht nur im engeren Bereich der IT-Branche alle bisher dagewesenen Skalen der Bewertung von Unternehmen im Sauseschritt durchbrach, sondern in diesen Höhenrausch auch viele andere Sektoren unserer Volkswirtschaften mitriss.

Es kam so, wie es kommen musste: Der Boom scheiterte um das Jahr 2000 an seiner eigenen Hybris, an seiner Überzogenheit, an seiner Maßlosigkeit und am grenzenlosen Optimismus aller daran beteiligten Akteure. Die aufgeblähte Blase platzte und es kam zum tiefen Fall der New Economy und der Internet-Wirtschaft.

Alle wichtigen Aktien-Indizes der globalen Finanzwirtschaft reduzierten sich daraufhin um zwei Drittel ihres vorher erreichten Werts und der Politik, insbesondere aber den Zentralbanken, blieb nichts anderes übrig, als nahezu panikartig darauf zu reagieren, die Zinsen zu senken und somit zu der bereits vorhandenen noch zusätzliche Liquidität hinzuzufügen. Wo aber sollte all das Geld hinfließen, wo doch die alten lukrativen Anlagemöglichkeiten im Unternehmenssektor nicht mehr zur Verfügung standen?

Das Geld suchte sich ein neues Eldorado und fand es im Immobiliensektor, also nicht mehr bei den Unternehmen, sondern vornehmlich bei den Konsumenten und privaten Haushalten. Hier wiederholte sich das gleiche unregulierte Spiel von Gier, Kurzsichtigkeit und überschäumendem Optimismus, besonders angefeuert durch innovative, angeblich risikolose Finanzprodukte aus dem Bankensektor. Daraus entstand eine enorme spekulative Blase (Case und Shiller 2003). Diese befand sich diesmal allerdings weniger im Unternehmens-, sondern mehr im Haushalts- und Konsumbereich. Die amerikanischen Hausbesitzer bekamen das Gefühl, mit steigenden Preisen ihrer Häuser immer reicher zu werden, und sie passten diesem gefühlten Reichtum ihr Konsum- und Sparverhalten an. Sie waren bereit, sich zunehmend zu verschulden und die aufgenommenen Kredite zu großen Teilen für den persönlichen Verbrauch einzusetzen.

In dieser Situation wuchs bei der Zentralbank, der Federal Reserve, natürlich die Furcht vor einer aufkommenden Inflation. Um dieser zu begegnen, reagierte sie seit 2004 mit rasch aufeinanderfolgenden Zinsanhebungen. Die aber waren für viele Hausbesitzer finanziell nicht mehr verkraftbar. Es kam zu überbordenden Zahlungsausfällen, welche nicht nur die wahre Situation des Immobilienmarktes widerspiegelten, sondern auch die Risiken erahnen ließen, die sich in den kreditbasierten „innovativen“ Finanzprodukten verbargen. Nachdem sich aber der Bankenbereich weltweit gerade von diesen Produkten auf kurze Frist eine leicht erzielbare, überdurchschnittliche Rendite erhofft und diese dementsprechend nachgefragt und gekauft hatte, waren von den Kreditausfällen Banken nicht nur in den USA, sondern in allen Regionen des Globus mehr oder weniger stark betroffen (vgl. Welfens 2008, S. 347–356). Es kam zu einer weltweiten Vertrauenskrise, zu Liquiditätsengpässen und als Folge davon zu Konkursen und Schließungen im Bankensektor, vor allem im Bereich des Investment Banking.

Auch alle Bemühungen der Zentralbanken, Liquidität in den Wirtschaftskreislauf hineinzupumpen, haben bis heute kaum gefruchtet. Wir befinden uns weiterhin in einer globalen Finanzkrise, die sich mittlerweile zu einer weltweiten Wirtschaftskrise ausgeweitet hat.

Dies bringt mich zu meiner **dritten These**, die sich vornehmlich auf die wissenschaftlich-akademische Sphäre der heutigen Krisensituation bezieht:

Warum fiel und fällt es dem „Mainstream“ in den Wirtschaftswissenschaften so schwer, einen zyklenhaften Entwicklungsprozess, wie den eben beschriebenen, zu durchleuchten, nach seinen Hintergründen zu forschen, dessen eigentlichen Charakter zu erkennen und daraufhin möglichst wirksame Maßnahmen gegen eine sich abzeichnende, drohende Wirtschaftskrise vorzuschlagen? Ein Hauptgrund dafür kann in der dort in Forschung und Lehre seit Jahrzehnten vorherrschenden Meinung gesehen werden, dass die Nationalökonomie zuvorderst eine Disziplin verkörpert, die ihr Hauptinteresse dem freien Spiel von Angebot und Nachfrage zu widmen hat. Dies wiederum mag der Fiktion des „Homo oeconomicus“ geschuldet sein, jener Vorstellung vom rational handelnden Wirtschaftssubjekt, das in der Interaktion mit anderen Agenten auf allen Märkten über das Preisprinzip eine effiziente und gleichgewichtige Allokation von Gütern, Diensten, Vermögen und sonstigen Ressourcen hervorzubringen vermag (vgl. bspw. Georgescu-Roegen 1981 oder Kahneman und Tversky 1979, S. 263–291).

In anderen Wissenschaftsdisziplinen und gerade in den Naturwissenschaften hat sich inzwischen der Mainstream von solchen eher mechanistischen Erklärungsmustern emanzipiert. Selbst in der Physik, in der die nach Gleichgewichten strebende Mechanik immer einen bedeutenden Platz einnahm, etablierte sich mittlerweile eine Forschungsrichtung, die sich intensiv mit Phänomenen komplexer oder chaotischer Natur auseinandersetzt. Diese zeichnen sich nicht durch ein Gleichgewichtsstreben aus, sondern sind eher durch ihren Drang nach einer ungleichgewichtigen, oft sprunghaften Prozessdynamik charakterisiert (vgl. Prigogine 2005). Die Klimaforschung, die Genetik und wesentliche Bereiche der modernen Biowissenschaften basieren heute grundlegend auf Vorstellungen mit einem derart qualitativ komplexen Hintergrund, so dass sie sich mit einfachen quantitativen Methoden nur schwer erforschen lassen. Der Mainstream der Wirtschaftswissenschaften hingegen stützt seine Erklärungsansätze zu großen Teilen weiterhin auf Gleichgewichtsmodelle, in denen man mathematisch formal in logisch stringenter Form systematisieren und analysieren kann. Ihm aber fehlt, und dies ist ein zentraler Vorwurf, in hinreichendem Maße das Verständnis für qualitative Größen des Wirtschaftslebens, wie sie sich in technologischen Vorgängen und Veränderungen oder in psychologischen Phänomenen entdecken und empirisch feststellen lassen. Vor allem ist der Mainstream in der Regel nicht zukunftsorientiert, sondern zumeist an Lösungen in der Gegenwart interessiert und stellt damit das Prinzip der statischen, allokativen Effizienz über alle anderen möglichen Strategien der Wohlstands- und der Wohlfahrtsmehrung in Wirtschaft und Gesellschaft (vgl. Sen 1985).

Um das kapitalistische System jedoch vollständig erfassen und darstellen zu können, muss man auch andere Kräfte und Impulse in die Betrachtung einbeziehen, wie etwa den risikobereiten Entrepreneur, der auf der Grundlage von Innovation und zukunftsgerichteter Gestaltung in seinem Unternehmen und auf Märkten agiert (vgl. Kirzner 1997). Die Bereitschaft, Risiken einzugehen, ist also ebenso erforderlich wie die Fähigkeit und Kreativität Neues hervorzubringen und auf Märkten durchzusetzen. In dieser Weise definiert, stellt sich der Kapitalismus als ein System dar, das in höchstem Maße mit Unsicherheit und Ungewissheit einhergeht, im positiven wie im negativen Sinne. Es kann und wird im Grunde alles geschehen, wenn man das System gewähren lässt. Es ist fähig, die größten Leistungen hervorzubringen, aber auch die schmerzlichsten Krisen zu verursachen. Es ist also kein System des Gleichgewichts und der Harmonie, sondern es schwankt, im Gegenteil, zwischen möglichen Extremen des höchsten Erfolges und des schmählichsten Niedergangs. Dies gilt für Unternehmen ebenso wie für Regionen, Nationen oder globale Wirtschaftsräume. Diese Ambivalenz zwischen Kräften, die einem Gleichgewicht zustreben, und solchen, die gerade und immer wieder ein neues Ungleichgewicht bewirken, stellt für eine moderne, vom Fortschritt im Bereich des Wissens und der Technologie geprägte Gesellschaft ein nahezu naturgegebenes Phänomen, aber auch ein existentielles Problem dar. Der große Ökonom Schumpeter prägte dafür in genialer Weise den Begriff der „kreativen Zerstörung“ (vgl. Schumpeter 1975, S. 89).

In den Wirtschaftswissenschaften gibt es eigentlich nur eine Richtung und ein Lehrgebäude, das auf obige Weise die Realität und Empirie kapitalistischer Systeme zu erkennen und zu erklären versucht, nämlich die Evolutorische Ökonomik. Die Heterodoxie dieser ökonomischen Denkrichtung zeigt sich in Vertretern wie Nicholas

Georgescu-Roegen, Friedrich August von Hayek, Thorstein Veblen, aber auch Karl Marx und nicht zuletzt Joseph A. Schumpeter. Vor allem letzterer gilt als wesentlicher Wegbereiter einer Forschungsrichtung, die auf dem evolutorischen Denkansatz basiert und die man heute als Neo-Schumpeterianische Ökonomik bezeichnet.

Entgegen dem neoklassischen Paradigma, das selten von der Reversibilitätsannahme des Standardmodells abweicht und grundsätzlich vom Streben nach einem Gleichgewicht ausgeht, beziehen Neo-Schumpeterianer explizit Irreversibilität und so genannte „far-from-equilibrium"-Zustände in ihre Modelle ein (vgl. Haken 2005 und Witt 1992). Erst dadurch kann eine für die Analyse von Krisen und Wandlungsprozessen entscheidende Realitätsnähe erreicht werden. Darüber hinaus weichen sie vom Idealbild des Homo oeconomicus ab, indem sie die vom Mainstream zumeist angenommene Homogenität der Akteure aufheben und in ihre Betrachtungen heterogene Agenten einbeziehen. Nur über unterschiedliche Akteure und die mit ihnen verbundenen Variations- und Selektionsprozesse des wirtschaftlichen Handelns können echte Neuerungen in ihrer Wirkungsbreite und -tiefe erfasst werden und in entsprechenden Modellen als endogenisierte Größen vor allem der Analyse und Erklärung von längerfristigen Vorgängen dienen (Nelson und Winter 1982). Schließlich erhält der mit echter Unsicherheit konfrontierte, kreative Entrepreneur eine Hauptrolle in der für die Neo-Schumpeterianische Ökonomik wichtigen Innovationsforschung.

Vielleicht liegt es an der Komplexität des neo-Schumpeterianischen Forschungsansatzes, dass die ökonomische Theorie weiterhin stark von der Neoklassik dominiert wird, obwohl diese gerade Krisenphänomenen gegenüber, was deren Analyse und Erklärung anlangt, offenbar an enge Grenzen stößt. Die neoklassische Vorherrschaft lässt sich jedenfalls auch für die Notenbanken und die dort verfolgte Philosophie sowie das eingesetzte Instrumentarium feststellen. Anstatt sich auf eine neoliberal orientierte, kurzfristige Politik der Bekämpfung von Inflation im Konsumgüterbereich zu konzentrieren, hätte man sich im Falle Japans und auch im Vorfeld der gegenwärtigen Finanzkrise viel früher schon um die längerfristig sich entwickelnde Vermögensinflation auf Aktien- und auf Immobilienmärkten und um deren Ursachen kümmern müssen. Denn diese ist in einem evolutorisch-Schumpeterianischen Kontext ein in sich eigenständiger Grund für Verwerfungen und krisenhafte Erscheinungen.

In einem solchen Theorierahmen nämlich stellen Krisen keine exogenen Schocks dar, die gleichsam vom Himmel herab fallen, wie in der neoklassischen Konjunktur- und Wachstumstheorie unterstellt. Sie treten vielmehr als endogene Phänomene auf und können dadurch in ihrem Wirkungsgefüge viel besser antizipiert und in ein wirtschaftspolitisches Konzept integriert werden. Die große Herausforderung für eine neo-Schumpeterianisch orientierte Wirtschaftspolitik besteht dann darin, etwa

Liquidität nicht in Investitionen und Märkte zu lenken, die ausschließlich die Vermögensbildung in einem rein statisch allokativen Sinne fördern, sondern die vielmehr dauerhaft die Entwicklungschancen einer Volkswirtschaft erhöhen (vgl. Hanusch und Pyka 2007a oder Wegner 2004).

An diese Erkenntnis schließt sich meine **vierte These** an:

Wegen der neoklassischen Grundeinstellung der wichtigen Entscheidungsträger und Meinungsbildner in Wissenschaft und Politik, die im Staat eine Art von „Reparaturbetrieb der letzten Instanz" sehen, laufen die Verantwortlichen derzeit Gefahr, völlig überzogen zu reagieren. Man glaubt nun, bestimmte Mängel im Marktsystem erkannt zu haben, und will diese durch forcierte staatliche Eingriffe beseitigen. Auf den Staat kommt dabei eine Rolle und eine Verantwortung zu, die weit über das bisher gekannte Maß hinausreichen. In den zurzeit vorgeschlagenen Maßnahmenkatalogen kumulieren sich Vorstellungen, die die gesamte Bandbreite staatlichen Handelns erschöpfend abbilden: Intervention, Regulierung, Kontrolle, Verstaatlichung sind die heute meist genannten Begriffe, wenn es darum geht, mit Hilfe des Staates die Finanz- und die sich anbahnende wirtschaftliche Krise zu meistern. Dies ist eine äußerst riskante Vorgehensweise, wenn dabei nur eine Politik des partialen „piecemeal engineering", also eine Stückwerkpolitik betrieben wird und darin die Gesamtzusammenhänge, die moderne Volkswirtschaften im Zeitalter der aufkommenden Wissensgesellschaft kennzeichnen, nicht beachtet werden.

Auch wenn Schumpeter mir nicht unbedingt zustimmen würde, so mag es doch als unstrittig gelten, dass erfolgreiche kapitalistische Volkswirtschaften nicht ohne ein gewisses Maß an Regulierung auskommen, wenn man in ihnen eine wirtschaftliche Entwicklung erzeugen möchte, die nachhaltig und weniger erratisch verläuft, als dies bei einem freien Spiel der Kräfte der Fall wäre. Der Staat als politischer Akteur kann und darf natürlich dazu beitragen, dass sich Höhen und Tiefen im Entwicklungsprozess einer Volkswirtschaft moderater und stetiger gestalten und ein gleichmäßigerer Verlauf erreicht wird.

In diesem Zusammenhang möchte ich Ihnen als Analyserahmen gerne ein Konzept vorstellen, das ich an anderer Stelle als „Neo-Schumpeterianischen Korridor" bezeichnet habe (vgl. Hanusch und Pyka 2007b). Ein solcher Korridor ist zukunftsorientiert angelegt und verkörpert eine Art von offenem Entwicklungsraum, der spitzwinklig zwischen zwei Achsen, einer Zeitachse und einer Achse des wirtschaftlichen Erfolgs verläuft. In ihm kann sich die innovations- und wissensgetriebene Dynamik moderner Volkswirtschaften in kreativer Weise ausgestalten. Darin dürfen sich Wirtschaftsgebilde, Unternehmen ebenso wie Volkswirtschaften, im Zeitablauf frei bewegen und abhängig von ihren spezifischen Voraussetzungen und Fähigkeiten ihre erfolgsbezogene und erfolgsbestimmte Position einnehmen (vgl. Hanusch und Pyka 2007c). Auf diese Weise bildet der Korridor zugleich das gegenwärtige Korsett für mögliche zukünftige Entwicklungen, in das sich auch die politischen Entscheidungsträger in ihren Handlungen einzufügen haben.

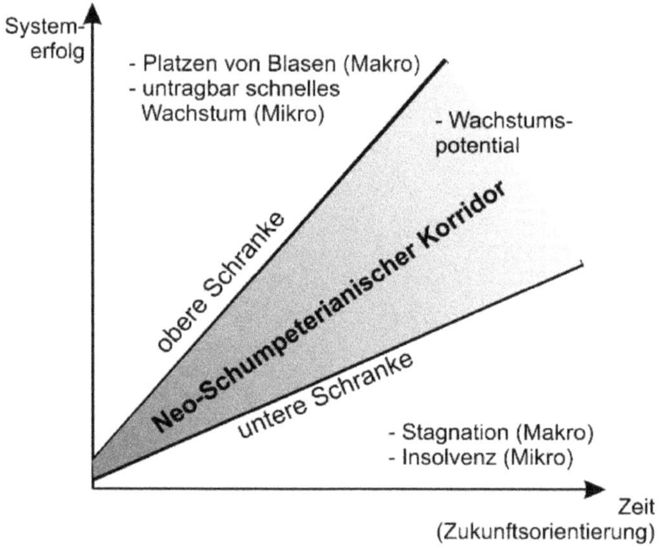

Abbildung 11.1: Neo-Schumpeterianischer Korridor

Essentiell an diesem Konzept ist fraglos sein auf die Zukunft ausgerichteter Fokus. Für die langfristige Stabilität eines Wirtschaftssystems ist es dabei von grundlegender Bedeutung, dass dessen Fortschritt weder zu stark noch zu schwach ausfällt. Ein zu schwaches Wachstum vermag keine vorwärtsdrängende Dynamik zu entwickeln und der Lebensstandard in einem Wirtschaftsraum kann nicht weiter steigen. Man wird mit einem zu geringen Zuwachs an Investitionen leben müssen, sowohl im privaten und im öffentlichen Sektor, wie auch im Bereich des physischen, humanen, geistigen und sozialen Kapitals. All dies mag in negativer Weise nicht nur die Einstellung der Bevölkerung zur zukünftigen Entwicklung berühren, sondern als Konsequenz davon auch den kreativen Zugang zu Innovation und Risikobereitschaft blockieren. Diese beiden Elemente aber verkörpern die treibenden Kräfte des evolutorischen Entwicklungsmotors einer kapitalistischen Wirtschaft. Am Ende einer Periode zu geringen Wachstums wird sich notwendigerweise ein relativer Rückgang in den Lebensbedingungen einstellen, der sich noch verstärken kann, wenn andere Regionen, Staaten und Volkswirtschaften ebenfalls ein zu geringes Wachstum und Entwicklungsniveau erreichen.

Aber auch der Fall eines zu großen Erfolges, gemessen an weit überdurchschnittlichen Wachstumsraten, ist unter dem Gesichtspunkt der Nachhaltigkeit und Stetigkeit als problematisch anzusehen. Er mag zwar die positiv-optimistische Grundeinstellung bei den Wirtschaftsakteuren erzeugen, die wiederum erforderlich ist für zukunftszugewandtes Handeln. Aber rasantes Wachstum ist immer auch mit einem beschleunigten Prozess im Wandel von Verhaltensweisen auf der Mikro- und von ökonomischen Strukturen auf der Mesoebene einer Volkswirtschaft verbunden. Gesunder Optimismus etwa verändert sich dann leicht und zusehends in maßlose Euphorie und ungezähmte Gier. Struktureller Umbruch wiederum erzeugt neue, rasch expandierende Sektoren, er belässt aber auch solche Wirtschaftsbereiche am Leben, die nicht so dynamisch wachsen und mit dem Entwicklungstempo der forsch voranschreitenden nicht mehr Schritt zu halten vermögen. Die realwirtschaftliche Entwicklung in einem solchen Wirtschaftssystem wird dann in der Regel von zwei Geschwindigkeiten bestimmt. Die Variablen, die das schnelle Tempo vorgeben, befinden sich in den innovations- und wachstumsstarken, häufig neuen Branchen und Unternehmen, die langsamen Veränderlichen treten in den wachstumsschwachen, zumeist alten Sektoren des Systems auf. Solange letztere, sowohl was die ökonomischen Verhaltensweisen anlangt als auch hinsichtlich der realwirtschaftlichen Charakteristika, die Funktion einer gleichsam natürlichen Bremse für eine überschäumende gesamtwirtschaftliche Dynamik abgeben, wird sich die Volkswirtschaft weiterhin im Korridor und möglicherweise sogar an dessen oberem Ende der Abgrenzung befinden. Eigentlich ist dies aus theoretischer Sicht die beste und wirtschaftlich erfolgreichste Situation für eine Volkswirtschaft (vgl. Saviotti und Pyka 2008). Allerdings wird sie in der Empirie nur in den seltensten Fällen über einen längeren Zeitraum hinweg auftreten.

Denn die strukturelle Auseinandersetzung zwischen den schnellen und den langsamen Entwicklungsbereichen in einer Volkswirtschaft kann – selbst wenn sie sich allein im Bereich der Realwirtschaft abspielt und dabei der Schumpeterianischen Vorstellung einer „kreativen Zerstörung" folgen würde – dazu führen, dass das Gesamtsystem auseinander bricht, weil die trägeren Bereiche das hohe Tempo der dynamischen Sektoren nicht verkraften können. Dies mag der Fall sein, wenn beispielsweise die Infrastruktur, die Mitarbeiterqualifikation oder die Kunden- und Zulieferausrichtungen sich nicht rasch genug anpassen können und als eine unüberwindbare Hemmschwelle für alle Sektoren auftreten.

Diesen Fall aber kann man sicherlich ebenso als einen Sonderfall betrachten wie den des „natürlichen" Ausgleichs der dynamischen und der retardierenden Kräfte in einer Volkswirtschaft oder in einem Wirtschaftsraum. Denn die Empirie und die Wirtschaftsgeschichte zeigen, dass es in der Regel zwei Wirkungsbereiche sind, die darüber entscheiden, welchen Zustand und welchen Platz im Entwicklungskorridor ein Wirtschaftsgebilde einnehmen wird, den des Normalmaßes, jenen der Überhitzung oder den der Stagnation. Die auslösenden Faktoren hierfür liegen neben dem von seiner ökonomischen Struktur bestimmten Real- vor allem im verhaltensdominierten Finanzbereich eines Wirtschaftssystems.

Der, oder die dynamischen Realsektoren, etwa der IT-Bereich in den 1990er Jahren, werden nämlich die Aufmerksamkeit und das Interesse all jener Wirtschaftssubjekte wecken, die an einem Boom in den wachstumsstarken Bereichen als Finanzanleger teilhaben und die dort erzielbaren Kapitalrenditen ebenfalls erreichen möchten. Der technologiegetriebene Aufschwung im dynamischen Teil des Realsektors wird dann durch einen Boom im Vermögensbereich des Finanzsektors zusätzlich angeheizt und künstlich aufgeblasen. Dies geschieht vor allem, wie man in Japan und in den USA gesehen hat, durch spekulative Verhaltensweisen der Finanzinvestoren, die Rationalität durch Gier und Kurzsichtigkeit ersetzen (vgl. Minsky 1990, S. 51ff).

Erst diese von der Finanzwirtschaft ausgehende Überhitzung kann die gesamte Volkswirtschaft in eine schwere Krise stürzen. Dies wird immer dann der Fall sein, wenn Inflationsängste aufkommen und die Geldpolitik sehr rasch von einer expansiven zu einer kontraktiven Strategie übergeht. Wie die Beispiele Japans und der USA ebenfalls recht gut zeigen, führt dies in den meisten Fällen zu einer hektischen, wenn nicht sogar panikartigen Reaktion der privaten Investoren auf den Finanzmärkten. Denn sie sehen plötzlich ihre Zukunftschancen sinken und wollen retten, was noch zu retten ist. Finanzblasen, die sich gebildet haben, werden platzen und im Gefolge, schlimmstenfalls, auch die reale Wirtschaft mit in den Abgrund reißen. Je bedeutender und schneller ein technologie-induzierter Aufschwung sich auch zu einem finanzwirtschaftlichen Boom entwickelt und je vernetzter Volkswirtschaften im weltwirtschaftlichen Geschehen agieren, umso globaler und dramatischer werden dann krisenhafte Erscheinungen auftreten.

Der einzige vernünftige Weg für eine zukunftssichere, stetige und nachhaltige Entwicklung einer Volkswirtschaft oder eines Wirtschaftsraumes führt aus meiner Sicht nur über ein durch die Politik gesteuertes moderates Gesamtwachstum und ein Entwicklungstempo, das sich diesem anpasst. Allein dies ermöglicht es allen Strukturen, den real- wie auch den finanzwirtschaftlichen, sich innerhalb des Neo-Schumpeterianischen Entwicklungskorridors in „gesunder", koevolutionärer Weise fortzubilden. Dem Staat also, aber auch den Zentralbanken, kommt die große Verantwortung zu, einen gleichsam natürlichen Ausgleich zwischen „Langsam" und „Schnell", zwischen „Dynamik" und „Statik", zwischen „Neu" und „Alt" zu schaffen. Die schnell wachsenden Branchen müssen sich entfalten können, ohne durch die trägeren Bereiche in ihrer Dynamik gefährdet zu sein. Umgekehrt sollten letztere eine Art von natürlicher Bremse bilden, die keine überzogene Dynamik aufkommen lässt, weder im Real- noch im Finanzsektor einer Volkswirtschaft. Der Politik fällt also die Aufgabe zu, Rahmenbedingungen vorzugeben, die in solcher Weise ausgestaltet sind, dass sie sowohl Belastungen in der Gegenwart – etwa bei immer wieder auftretenden konjunkturellen Abschwüngen – ertragen können wie auch für erfolgreiche Entwicklungen in der Zukunft sorgen werden. Nur ein Wirtschaftssystem, das sich innerhalb des „Neo-Schumpeterianischen Korridors", möglichst in dessen oberem Bereich bewegt, vermag eine langfristig sichere Strategie zu verfolgen, die das Risiko des aufgeblähten Booms ebenso wie jenes der drastischen Krise minimiert.

Die Vorstellung eines solchen Korridors setzt somit voraus, dass es der Politik möglich ist, Rahmenbedingungen zu setzen und Maßnahmen zu ergreifen, die rechtzeitig und effektiv jene Kräfte des Kapitalismus zu zähmen und zu bändigen vermögen, die immer wieder danach trachten, die Barriere nach oben zu durchbrechen. Andererseits muss die Politik aber auch dafür Sorge tragen können, dass eine Volkswirtschaft nicht nach unten aus dem Korridor herausfällt und in der wirtschaftlichen Stagnation landet. Diesen „Neo-Schumpeterianischen Korridor“ mit Leben, mit ökonomischem und politischem Inhalt zu füllen, ist zukünftig wohl die größte Herausforderung, die sich der ökonomischen Wissenschaft und der Politik stellt.

So groß diese Herausforderung auch sein mag, auf einige grobe und vermeidbare Fehler in der Politikberatung kann man heute schon verweisen. In den angesprochenen politischen Rahmen sollten keinesfalls nur einzelne, nicht tief genug durchdachte, reaktive Vorkehrungen Eingang finden, wie sie zurzeit für die Finanzwirtschaft in Europa und weltweit diskutiert werden, etwa im Zusammenhang mit Transparenz, Aufsicht, Kontrolle oder Verstaatlichung im Bankensektor. Im Fokus sollte vielmehr das dynamische Gesamtgeschehen in einer modernen kapitalistischen Wirtschaft stehen, die dabei ist, sich von einer Industrie- zu einer Wissensgesellschaft zu entwickeln und die neben der Finanz- und Wirtschaftskrise auch noch andere Herausforderungen zu bewältigen hat, etwa im Bereich des Klimawandels oder einer immer älter werdenden Bevölkerung.

In diesem Gesamtgeschehen nehmen die drei wichtigsten Säulen der Wirtschafts- und Sozialordnung von Volkswirtschaften, nämlich die reale Unternehmenswirtschaft, die Finanzwirtschaft sowie der öffentliche Sektor eine tragende Rolle ein, da sie allesamt im Dienste der zukünftigen Gestaltung von Wirtschaft und Gesellschaft stehen und eine dementsprechende Verantwortung zu übernehmen haben (vgl. Hanusch und Pyka 2007d).

Aufgabe der Realwirtschaft in einer solchen Konzeption ist es beispielsweise, durch Innovationen und entsprechende Investitionen zu jeder Zeit den wissensorientierten Fortschritt und den sich daraus ergebenden Wohlstand eines Landes oder einer Region voranzubringen. Hierzu benötigt sie Freiräume und auch die aktive Unterstützung der Politik etwa in Form einer wachstums- und fortschrittsorientierten Steuerpolitik auf der Einnahmenseite des öffentlichen Budgets oder in Form von Bildungs- und von Forschungsausgaben auf dessen Ausgabenseite (vgl. Barroso 2008).

In einer noch engeren, nahezu symbiotischen Verbindung zur Realwirtschaft steht die Finanzwirtschaft. Ihre Aufgabe besteht eben nicht, wie dies geschehen ist, in einer kurzfristigen, durch Spekulation angeheizten Abkoppelung vom Realsektor, sondern ganz im Gegenteil in der mittel- und langfristig orientierten, nachhaltigen finanziellen Begleitung und Unterstützung von innovativen und erfolgreichen Unternehmen und Branchen (vgl. Trichet 2009).

Aufgabe des Staates und der Politik wiederum ist es, wie wir eben schon betonten, die langfristig orientierte und zukunftszugewandte Symbiose von Real- und Finanzwirtschaft sowie deren koevolutorische Entwicklung im Auge und im Fokus zu behalten, das heißt sowohl Übertreibungen und Überhitzungen rechtzeitig zu verhindern wie auch Stagnation und Rezession möglichst rasch zu überwinden. Dass dies eine äußerst komplexe und schwierige politische Aufgabe darstellt, muss man nicht eigens betonen, sowohl was das Informations- und Kontrollsystem des Staates wie auch das einzusetzende Instrumentarium anlangt. Denn im obersten Bereich des Korridors gilt es, auf Signale und mögliche Entwicklungen zu achten, die eher von Variablen und Indikatoren des angebotsorientierten Schumpeterianischen Theorieansatzes erfasst und einer systematischen Analyse und Therapie zugeführt werden können. Im untersten Bereich erlangt sicherlich die nachfragebezogene Keynesianische Theorie und Politik mit ihren besonderen Systemvariablen einen eigenen und besonderen Stellenwert, vor allem wenn es darum geht, die deflationären Folgen ernsthafter Krisen in ihrer Wirkungsintensität kurz- und mittelfristig zu lindern oder zu beheben.

Schumpeter und sein Theorieansatz liefert sozusagen den ersten Teil einer „boom-bust“-Geschichte, nämlich die Kernerklärung erfolgreicher kapitalistischer Entwicklungsprozesse in der Realwirtschaft und parallel dazu auch in der Finanzwirtschaft, die sich bis zur blasenartigen Überhitzung aufschaukeln können.

Keynes und das damit verbundene wirtschaftspolitische Instrumentarium ist mehr auf den nachfolgenden Teil des Niedergangs oder gar des Zusammenbruchs eines Wirtschaftssystems konzentriert, wenn es darum geht, vor allem die finanzwirtschaftlichen Nachwirkungen bezüglich der Investitions- und Konsumnachfrage in einer Volkswirtschaft zu kurieren. Seinen eigentlichen Wirkungseinsatz erhält das keynesianische Konzept daher eigentlich erst am Ende eines „boom-bust“-Zyklus, wenn es darum geht, die aus dem Korridor herausgefallene Wirtschaft wieder hineinzuhieven und die auftretenden Defizite im Nachfragebereich durch stimulierende, kreditfinanzierte Fiskalmaßnahmen des Staates auszugleichen und additiv zu beleben. Diese Therapie kann in besonders schweren und heiklen Situationen der Erkrankung eines marktwirtschaftlichen Systems, wie wir sie gegenwärtig erleben, durchaus, zumindest aber kurzfristig und vorübergehend, Linderung und Besserung verschaffen.

Aber ich sollte vielleicht meinen Aufsatz nicht mit solchen, eher zuversichtlichen Worten beenden, sondern zum Schluss noch einige mahnende Sätze anmerken. Bei aller Euphorie, die sich in der gegenwärtigen Wirtschaftskrise wieder weltweit für den großen Ökonomen Keynes und sein Ideengut ausbreitet, sollte man nie außer Betracht lassen, dass sein Theoriegebäude einen gravierenden Nachteil aufweist. Es stellt nur ein kurzfristiges, auf die Gegenwart bezogenes Konzept dar. Die Gegenwart aber ist nichts anderes als die Vorstufe für die Zukunft, in die wir uns alle hineinentwickeln werden. Die ökonomische und politische Gestaltung der Gegenwart löst somit nicht nur Probleme, die sich heute auftun. Sie schafft zugleich Schranken, aber auch die sich öffnenden Potentiale für die Zukunft. Beide Aspekte sollte eine weitsichtige Krisenpolitik stets im Auge haben. Man sollte also, einerseits, die heute auftretenden Beschränkungen und Risiken genau beobachten und kalkulieren, die sich aus Übereifer und neuem Überschwang im Einsatz von politischen Instrumenten ergeben können. Ich denke hier insbesondere an die gewaltigen, ja fast unvorstellbar großen Finanzsummen, die der Staat zur Zeit bereit ist, als öffentliche Verschuldung aufzutürmen, um auf diese Weise marode, aber angeblich systemriskante Wirtschaftsakteure zu retten. Am Ende wird er damit nichts anderes erreichen, als private Verschuldung in eine öffentliche zu verwandeln. Hier entsteht ohne Frage ein neuer und gefährlicher Krisenherd: Die gegenwärtigen Maßnahmen des Staates, die darauf abzielen, Vertrauen und wirtschaftlichen Mut auf den Märkten wiederherzustellen, werden sich letztlich, vermutlich sogar eindeutig zu Lasten der zukünftigen Entwicklung von Wirtschaft und Gesellschaft auswirken. Dies gilt in besonderer Weise für Europa und in hohem Maße auch für mein Land, Deutschland. Um es darauf bezogen noch härter und drastischer zu formulieren, so wie dies unlängst auch der Philosoph und Querdenker Sloterdijk in einem Artikel in der Frankfurter Allgemeinen Zeitung formuliert hat (vgl. Sloterdijk 2009): Die Gegenwart von heute beutet augenscheinlich, ja vielleicht sogar auf rücksichtslose Art und Weise, die Zukunft von morgen aus!

Dabei könnte man, andererseits, die Krise nicht nur als eine große Gefahr, sondern auch als eine Chance begreifen, die sich in einer, in jüngster Vergangenheit noch nie da gewesenen Dimension für die Gesellschaft und die Politik auftut. Man könnte etwa die in der Krise stark gewachsene Bereitschaft unserer Gesellschaft zur Veränderung und zur Reform in hohem Maße auch dafür nutzen, sie in eine Art von „Bündnis für die Zukunft" einzubringen. Damit ließen sich dann zukunftszugewandte, von der bisherigen Politik eher zurückgedrängte Problem- und Aufgabenbereiche angehen, wie etwa der Klimaschutz, die Techniken der alternativen Energiegewinnung, die Neugestaltung des Generationenvertrages im Gesundheits- und Sozialsystem oder die nachhaltige Förderung von Bildung, Wissenschaft und Forschung. Eine so verstandene und strukturierte Krisenpolitik würde nicht nur die ökonomischen Gefahrenherde, die sich gegenwärtig auftun, beseitigen und lindern helfen. Sie würde zugleich neue Möglichkeiten und Aussichten, also notwendige Potentiale für die Zukunft schaffen und damit helfen, eine erfolgreiche Vernetzung von Gegenwart und Zukunft im Allgemeinen, von Statik und Evolutorik im methodischen, von Keynes und Schumpeter im wirtschaftstheoretischen und politischen Bereich auf den Weg zu bringen.

Literatur

Barroso, J. M. (2008), *A European Economic Recovery Plan*, European Commission, 26. November 2008, http://europa.eu/rapid/pressReleasesAction.do?reference=SPEECH/08/654 (Zugriff am 11. Dezember 2008).

Case, K. E. und Shiller, R. J. (2003), Is There a Bubble in the Housing Market? *Brookings Papers on Economic Activity* No. 2.

Georgescu-Roegen, N. (1981), *The Entropy Law and the Economic Process.* Cambridge, MA: Harvard University Press.

Haken, H. (2005), Synergetics: From Physics to Economics. In: Dopfer, K. (Hrsg.), *The Evolutionary Foundations of Economics*, Cambridge, S. 70–88.

Hanusch, H. und Pyka, A. (2007a), A Roadmap to Comprehensive Neo-Schumpeterian Economics. In: Hanusch, H. und Pyka, A. (Hrsg.), *Elgar Companion to Neo-Schumpeterian Economics,* Cheltenham, UK: Edward Elgar, 1160–1170.

Hanusch, H. und Pyka, A. (2007b), Manifesto for Comprehensive Neo-Schumpeterian Economics. *History of Economic Ideas* 15 (1), 23–42.

Hanusch, H. und Pyka, A. (2007c), Principles of Neo-Schumpeterian Economics. *Cambridge Journal of Economics* 31, 275–289.

Hanusch, H. und Pyka, A. (Hrsg.) (2007d), *Elgar Companion to Neo-Schumpeterian Economics*, Cheltenham, UK: Edward Elgar.

Hanusch, H. und Wackermann, F. (2009), Global Financial Crisis: Causes and Lessons – A Neo-Schumpeterian Perspective. *Volkswirtschaftliche Diskussionsreihe Universität Augsburg* No. 303.

Kahneman, D. und Tversky, A. (1979), Prospect Theory: An Analysis of Decision under Risk. *Econometrica* 47, 263–291.

Kirzner, I. M. (1997), *How Markets Work: Disequilibrium, Entrepreneurship and Discovery.* London: Institute of Economic Affairs.

Minsky, H. P. (1990), Schumpeter: Finance and Evolution, In: Heertje, A. und Perlman, M. (Hrsg.), *Evolving Technology and Market Structure: Studies in Schumpeterian Economics,* Ann Arbor: University of Michigan Press, 51–74.

Nelson, R. R. und Winter, S. G. (1982), *An Evolutionary Theory of Economic Change.* Cheltenham, UK: Edward Elgar.

Prigogine, I. (2005), The Rediscovery of Value and the Opening of Economics. In: Dopfer, K. (Hrsg.), *The Evolutionary Foundations of Economics,* Cambridge: Cambridge University Press, 61–69.

Saviotti, P. P. und Pyka, A. (2008), Product Variety, Competition and Economic Growth. *Journal of Evolutionary Economics* 18(3–4), 323–347.

Schumpeter, J. A. (1975), *Capitalism, socialism and democracy.* New York et al.: Harper & Row.

Sen, A. (1985), *Commodities and Capabilities.* Amsterdam: North-Holland.

Sloterdijk, P. (2009), Die Revolution der gebenden Hand. *Frankfurter Allgemeine Zeitung* 10.06.2009, 29–31.

Trichet, J.-C. (2009), Lehren aus der Finanzkrise, Rede auf dem „Wirtschaftstag 2009" der Volksbanken und Raiffeisenbanken, Frankfurt am Main, 15. Oktober 2009, http://www.ecb.int/press/key/date/2009/html/sp091015.de.html

Wegner, G. (2004), Akkommodierende Wirtschaftspolitik und evolutorische Ökonomik. In: Dopfer, K. (Hrsg.), *Studien zur Evolutorischen Ökonomik VIII,* Berlin: Duncker & Humblot, 17–40.

Welfens, P. (2008), Banking Crisis and Prudential Supervision. *International Economics and Economic Policy* 4, 347–356.

Witt, U. (1992), Überlegungen zum gegenwärtigen Stand der evolutorischen Ökonomik. In: Biervert, B. und Held, M., *Evolutorische Ökonomik: Neuerungen, Normen, Institutionen,* Frankfurt: Campus, 23–55.

Kapitel 12

Alles Leben ist Wissen und Wollen – Karl Poppers Evolutionsbiologie

Hans-Joachim Niemann

12.1 Die Karl-Popper-Sammlung und Poppers Welt 3

Zu Karl Poppers 20. Todestag in der Universitätsbibliothek Klagenfurt, direkt neben der Karl-Popper-Sammlung (KPS), sprechen zu dürfen, ist mir ein ganz besonderes Vergnügen[1]. Für mich, der ich dort seit Jahren immer wieder arbeite, ist dieses kleine Schatzkästlein der Inbegriff von dem geworden, was Popper die „Welt 3" nannte: die Welt des Geistes, die Welt der Ideen, der Theorien, der Probleme und der Argumente. Bevor ich den Plan für meinen Beitrag vorlege, möchte ich sozusagen mit der Tür ins Haus fallen und zuerst etwas über Poppers Lieblingsidee, die Welt 3, sagen[2].

In Poppers Nachlass, der Welt 3 im Kleinen, findet sich alles, was Popper an dieser unendlich großen Welt der Bücher, der Bibliotheken, der Wissenschaft, der Mathematik und der Logik so faszinierend fand: Obgleich sie menschengemacht ist, existiert diese geistige Welt auf eine von Menschen unabhängige Weise. Wenn beispielsweise dort ein bislang unentdeckter und noch nicht ganz klar formulierter Gedanke Poppers liegen sollte, dann kann er, weil er „naheliegend" ist, von mir oder auch von jemand ganz anderem entdeckt werden. Zum Beispiel die Antwort auf zwei Fragen, die Popper sehr interessiert haben: „Kann man sagen, dass Pflanzen Wissen haben?" und „Haben Pflanzen einen Willen?". Hilfreiche Argumente liegen möglicherweise ungelesen oder unverstanden in einer der Boxen. Sind diese Argumente richtig oder wenigstens auf der Hand liegend, können sie nicht nur dort, sondern überall in der Welt gefunden werden, wo Biologen oder Philosophen über diese Fragen nachdenken. Wo liegen sie also?

Wenn wir Popper Glauben schenken, existieren zutreffende oder weiterführende Argumente in einer geistigen Welt, die sich jedem auftut, der an den gleichen

---

[1] Vortrag anlässlich des 20. Todestages von Karl Popper am 24. September 2014 in der Universitätsbibliothek Klagenfurt. Für die Einladung danke ich Bibliotheksdirektorin Mag. Lydia Zellacher sowie Professor Reinhard Neck.

[2] Die „Welt 3" der Theorien, Probleme und Argumente ist für Popper genauso real wie die „Welt 2" der Gefühle, Gedanken und Erinnerungen und wie unsere gewöhnliche „Welt 1", die aus Materie, Energie und Licht besteht. Die drei Welten werden ausführlich behandelt in Popper (2012a).

Problemen arbeitet. Nehmen wir an, dass Sie in der Karl Popper Sammlung ein handgeschriebenes Blatt finden, auf dem steht, dass man sich Darwins Evolution auch ohne die natürliche Auswahl vorstellen kann. Keine Art wäre dann ausgestorben, und alle würden heute noch existieren[3]. Ihnen könnte ein nun naheliegender Gedanke kommen, nämlich der, dass die Kreativität der Evolution, Darwin nennt sie die „Wunder des Lebens", gar nicht von der natürlichen Selektion herrührt, wie man bisher dachte, sondern von den Lebewesen selbst. Naheliegende Gedanken existieren in der geistigen Welt 3 schon, bevor wir sie denken. Um sie zu entdecken, müssen wir nur ein paar Gedanken produzieren, die in die gewünschte Richtung führen. Und dann finden wir, was jeder andere auch hätte finden können[4]. Das ist kein subjektives Wissen, das Popper, Sie oder ich produziert haben. Das ist objektives Wissen, auf das jeder stößt, der die Fühler in die richtige Richtung ausstreckt. In dem Beispiel von eben stoßen Sie auf eine völlig neue Idee über die Evolution des Lebens. Ob sie richtig oder falsch ist, ist eine andere Frage.

Popper hat diese Fühler wirklich biologisch gemeint: Unsere subjektiven Gedanken, Argumente, Theorien und Ansichten über uns und die Welt sind gedankliche Fühler, die wir in die Welt des Geistes strecken, um dort Dinge zu entdecken, die ganz neu sind, die wir nicht *er*-funden, sondern *ge*-funden haben. Wie Tiere sich mit ihren Fühlern in neuen Welten vortasten, so tun wir es mit Gedanken. Aus wenigen selbstgemachten subjektiven Gedanken werden schnell viele objektive Gedanken, die jeder andere nachvollziehen kann.

Erst nachdem Popper sich den biologischen Charakter der „Welt 3" klar gemacht hatte, erst als er in dieser Gedankenwelt ein Überlebensinstrument für uns Menschen erkannt hatte (ganz so wie für die Spinne ihr Netz ein Überlebensinstrument ist), erst da wagte er es, nach Jahrzehnten des Zögerns, über diese Welt 3 zu sprechen. Und in seinen Vorträgen behauptete er nun, dass sie genauso real sei wie die physikalisch-materielle Welt, in der wir leben; denn schließlich hat sie eine Wirkung auf uns, genauso wie physikalische Kräfte eine Wirkung auf uns haben: Etwas Gelesenes kann unser ganzes Leben verändern. Und er behauptete, dass die großen Geistesleistungen nur zu einem kleinen Teil *individuelle* Leistungen sind; zu einem größeren Teil aber Entdeckungen in der Welt 3, die fast jeder machen kann, wenn er oder sie nur wagt, sich genügend weit vorzutasten.

---

[3] Das undatierte Blatt liegt in der Karl Popper Sammlung, Klagenfurt, in Box 16, Folder 33. Es ist veröffentlicht in Niemann (2014), Anhang C.

[4] Tatsächlich ist die Nichtkreativität der Darwin'schen Selektion Jahrzehnte später auch von Andreas Wagner (2014) entdeckt worden. Nicht wirklich *jeder* konnte die Nichtkreativität der Darwin'schen Selektion finden, sondern, wie im Text oben angedeutet, die Voraussetzung dafür, gleiche Entdeckungen in Welt 3 zu machen, ist, dass man intensiv an gleichen oder sehr ähnlichen Problemen arbeitet.

Das ist eine völlig neue Theorie der Kreativität. Sie besagt: Der größte Teil der menschlichen Schöpfungen sind keine Schöpfungen, sondern Entdeckungen in Welt 3. Es ist nicht allein die Inspiration oder die Fähigkeit, sein Inneres auszudrücken, was die großen Werke schafft, als vielmehr das Wagnis, sich immer tiefer in die Welt 3 vorzutasten; weniges hineinzugeben, um vieles herauszuholen; das dann durchdacht und wieder hineingesteckt wird, so dass die Welt 3 wächst, und dadurch wachsen erneut unsere Entdeckungsmöglichkeiten. Das ist der Grund, warum die Matthäuspassion nicht vor der Zeit, nicht hundert Jahre früher geschrieben werden konnte: Erst mussten sich die musikalischen Gedanken in Welt 3 weiterentwickelt haben. Die beste Inspiration hilft da nichts[5]. Auch im gewöhnlichen Leben ist das so: Wir sollten nicht auf die Inspiration warten, wenn wir zum Beispiel einen Brief schreiben, sondern einfach mit irgendwelchen Gedanken anfangen, diese auf uns wirken lassen, und schon bald melden sich, sozusagen aus Welt 3, alle naheliegenden Gedanken, darunter auch die besser geeigneten.

Ich habe diesen Beitrag deshalb mit Karl Poppers „Welt 3" begonnen, weil ich etwas über seine viel zu wenig bekannte Evolutionsbiologie sagen möchte. Karl Popper hat drei Bücher darüber geschrieben, die neben seiner *Logik der Forschung* und seiner *Offenen Gesellschaft* durchaus als *Drittes Hauptwerk* gewürdigt werden dürfen.[6] Neben seiner biologischen Theorie des *aktiven Darwinismus*, auf die ich noch zu sprechen kommen werde, ist die *Welt 3* Poppers größter und originellster Beitrag zur Evolutionsbiologie. Denn nicht nur in Poppers Philosophie ist die Welt der Sprache und Gedanken ein Höhepunkt, sie ist es auch in der menschlichen Evolution und in der biologischen Evolution.

Das war mein Punkt „Poppers Welt 3". Mein folgender Abschnitt ist ein kurzer, ein sehr kurzer Blick auf die missglückte Rezeption dieser Idee, die vielfach als eine Art Alterserscheinung interpretiert worden ist. Im dritten Abschnitt zeige ich dann, dass Popper auf diese Idee schon mit 17 Jahren gestoßen ist, auch wenn er erst viele Jahre später ihre volle Tragweite erkannt hat. Dann möchte ich im vierten Abschnitt auf weitere frühe Arbeiten hinweisen, die sich später als große Beiträge zur Biologie

---

[5] Nicht alles verdanken die großen Genies ihrer Inspiration. Vieles verdanken sie dem, was andere vor ihnen erarbeitet und in Welt 3 gespeichert haben. Deswegen sind beispielsweise reich und berühmt gewordene Finanzgenies oder Informatikingenieure denen verpflichtet, die ihnen via Welt 3 zu ihren Glanzleistungen verholfen haben.

[6] Die drei Werke sind: (I) *Knowledge and the Body Mind Problem* (Vorlesungen in Atlanta 1969), deutsch in Popper (2012a), Teil I. (II) *Objective Knowledge* (1972), deutsch in Popper (1995), mit den Vorträgen über einen neuen aktiven Darwinismus: Oxford 1961 (Kap. 7); über Welt 3: Washington 1965 (Kap. 6), Amsterdam 1967 (Kap. 3) und Wien 1968 (Kap. 4); und mit den beiden Induktionskapiteln 2 und 3, die sich nachträglich als biologisch relevant erwiesen haben, weil es auch in der biologischen Zelle aus logischen Gründen kein induktives Lernen gibt, sondern nur das Lernen nach der Methode von Versuch und Irrtumsbeseitigung. (III): *The Self and Its Brain* (1977), deutsch: *Das Ich und sein Gehirn*, in Popper (2012a), Teil II.

erwiesen haben. Poppers erste biologische Vorlesung erläutere ich im fünften Abschnitt, in dem es um seinen neben Welt 3 wichtigsten biologischen Beitrag geht, nämlich um seinen „aktiven Darwinismus". Aktiver Darwinismus ist die Auffassung, dass die Kreativität der Evolution, was Darwin die „Wunder der Natur" nannte, nicht von der natürlichen Selektion herrühren und auch nicht vom Kampf ums Überleben und auch nicht vom Überleben der Anpassungsfähigsten, sondern von der Tatsache, dass alle Lebewesen Problemlöser sind und ständig nach einer besseren Welt suchen[7]. Zum Schluss werde ich auf zwei von Popper nahegelegte Anwendungen zu sprechen kommen: Im sechsten Abschnitt wird erklärt, warum alle Lebewesen, also auch Pflanzen und Einzeller, so etwas Ähnliches wie einen Willen haben, obgleich dieser unbewusst ist. Und im letzten Abschnitt komme ich schließlich Poppers Aufforderung nach, mit einem neuen und ganz anderen Blick auf Vererbung und den Kern des Lebens zu schauen. Wir erben nicht nur die DNA, also die Gesamtheit unserer Gene, sondern vor allem auch die Zelle, die viele Milliarden mal größer ist als die DNA und die das Wissen hat und die Aktivität, die Informationen zum Leben zu erwecken, die in der DNA stecken.

12.2 Die verhaltene Rezeption der „Welt 3"

Erst nach Jahrzehnten des Nachdenkens, erst als ihm ihre biologische Funktion klar wurde, wagte Popper in seinem Seminar an der LSE, der London School of Economics, über „Welt 3" zu reden, beziehungsweise über die „dritte Welt", wie er sie damals noch nannte. Sie wurde, wie er schreibt, „nicht gerade begeistert aufgenommen".[8] William Bartley, einer seiner besten Schüler, berichtet ausführlich darüber: Es war am 15. November 1960. „An diesem Tag hatten sich alle Seminarteilnehmer wie gewöhnlich an dem langen Tisch im alten Seminarraum der London School of

---

[7] Die experimentelle Evolutionsbiologie ist heute in der Lage, Poppers Theorie zu bestätigen: „Natural selection can preserve innovations, but it cannot create them", schreibt Andreas Wagner in seinem Buch *The Arrival of the Fittest* (Oktober 2014). Daniel Lieberman, der den Lehrstuhl für Human Evolutionary Biology an der Harvard-University innehat, bescheinigt diesem Werk „Brand new scientific insights". Das ist eine schöne Bestätigung von Poppers Ideen, die er vor 53 Jahren zum ersten Mal veröffentlichte (in seiner ersten Spencer-Vorlesung 1961 in: Popper (1995), Kap. 7). Der Priorität von Ideen nachzugehen, ist nicht müßig, denn originelle Ideen sind außerordentlich selten; und deren erste Väter haben oft noch andere fruchtbare Ideen, die man aufgreifen und ausloten sollte. Nach Popper ist die natürliche Selektion nicht kreativ. Sein Gedankenexperiment dazu findet sich erstveröffentlicht in Niemann (2014), Anhang C; die Diskussion dazu in Abschnitt 24, „Natural Selection Creates Nothing". In Abschnitt 11 wird Poppers Medawar-Vorlesung von 1986 diskutiert, wo er sagt „the only creative element in evolution is the activity of the living organisms", s. S. 52. Der Erstabdruck der englischen Medawar-Vorlesung findet sich in Niemann (2014) Anhang A; deutsch in Popper (2013). Ohne die Darwin'sche Evolutionstheorie zu verleugnen (und selbstverständlich ohne jeden Rückgriff auf Kreationismus), hat Popper, soweit ich in Erfahrung bringen konnte, als erster gezeigt, dass die natürliche Selektion nicht das kreative Element der Evolution ist.

[8] Popper (1974), S. 1050.

Economics versammelt. Popper kam herein und verkündete, heute wolle er auf den gewöhnlichen Ablauf verzichten und einen eigenen Aufsatz präsentieren. In seinem Vortrag sprach er über die ‚drei Welten', über Biologie, und machte sich stark für Hegels Theorie des objektiven Geistes. Die Seminarteilnehmer waren darauf in keiner Weise vorbereitet, und es folgte eine mehr verdutzte als erhitzte Diskussion".[9] Bartley erklärt, dass die Seminarteilnehmer offenbar mit Biologie nichts anfangen konnten und deshalb auch nicht bemerkt hatten, dass Karl Popper mit dieser Philosophie der Biologe ein neues Kapitel aufgeschlagen hatte – ein Kapitel, das auch sein ganzes bisheriges Werk unter einen neuen einheitlichen Gesichtspunkt stellen würde.[10]

In den folgenden Jahren baute Popper diese Theorie aus. Er trug sie 1965 in Washington vor, 1967 in Amsterdam und 1968 in Wien. Diese Vorträge sind abgedruckt in seinem Buch *Objektive Erkenntnis*. 1969 hielt er in Atlanta eine sechsteilige Vorlesungsreihe über Welt 3, aus der später (erst 1994) sein zweites Buch über Welt 3 entstand: *Wissen und das Leib-Seele-Problem*. 1977 schrieb er ein drittes Buch über Welt 3: *Das Ich und sein Gehirn*.

Das Erstaunen verwandelte sich in Entsetzen. Von Seiten der Popperianer hat diese Theorie fast nur Kritik und kaum Unterstützung erfahren, und zwar bis heute, bis 20 Jahre nach seinem Tod. Jemand, der Lehrbücher über Popper verfasst hat, ruft ihm nun, Welt 3 wegen, nach, er lasse „die geforderte kritische Einstellung vermissen" und Popper habe „metaphysische Schutzwälle um überkommene Vorstellungen errichtet".[11] Ein anderer, einstmals enger Freund bringt Poppers Welt-3-Lehre nun mit der irrationalen New-Age-Bewegung in Verbindung und mit Esoterikern, die der Seele ewiges Leben versprechen, und mit Lenin, dessen ähnliche Gedanken Popper einfach nur popularisiert habe. Mit beißendem Hohn schreibt er über Poppers Welt-3-Buch *Das Ich und sein Gehirn*: Warum dann nicht auch „Das Gehen und seine Beine", „Die Verdauung und ihre Gedärme?"[12]. Ein dritter Freund und Interpret schließt ihn sogar aus dem Kreis der „Naturalisten" aus, also aus dem

[9] Bartley (1987), S. 18–19, übersetzt vom Autor H.J.N.

[10] Dieser einheitliche Aspekt ist das so genannte „Popperschema" von Versuch und Irrtumsbeseitigung, das, biologisch gesehen, ein Überlebensinstrument ist: Man beginnt mit einem Problem, versucht verschiedene Lösungen, wählt die beste aus und gelangt in eine neue Problemsituation, die insofern objektiv einen „Fortschritt" darstellt, weil in ihr wenigsten eines der vielen Probleme gelöst ist: das Ausgangsproblem. Als Fortschrittsschema ist es die treibende Kraft in Evolution, Wissenschaft, Gesellschaft, Wirtschaft, Kunst und Kultur. Es taucht bei Popper in allen seinen Werken auf. Als „Popperschema" wird es erläutert in Niemann (2012), S. 514–515.

[11] Keuth (2002), S. 46–47.

[12] Bunge (2010). Die Anspielungen auf „Lenin": S. 12 und 126; auf „New Age" und „ewiges Leben": S. 149; auf unerlaubte Hypostasierungen: S. 160. Popper ist auf Bunges Hypostasierungsvorwurf eingegangen in Popper (1978).

Kreis der Leute, für die „die Resultate der Naturwissenschaften für unsere Weltauffassung zentrale Bedeutung haben“[13]. Nichts hätte den Naturwissenschaftler Popper mehr kränken können, dessen Vorlesung in Princeton einst von Albert Einstein und Niels Bohr besucht wurde.[14]

Zu seinem Glück war Popper schon lange tot, als diese Art von Kritik formuliert wurde. Sein eigenes ironisches Wort von seiner „Altersphilosophie“ hatte er mit zirka 65 Jahren in Umlauf gebracht[15]. Es wurde begierig aufgegriffen und mit viel schlechter Luft zu einem Gespenst aufgebläht. Als seine beiden ehemaligen Freunde ihm diese Altersphilosophie so sehr verübelten, waren sie selber 90 und 91 Jahre alt.

Der Eindruck von „Altersphilosophie“ drängt sich leicht auf. Viele haben, wenn sie an Popper denken, einen alten Mann vor Augen. Wenn wir in Zeitungen Bilder von Popper sehen, sind es fast immer mehr oder weniger charmante Altersporträts. Ich denke, das alles ist umso mehr ein Grund, uns eine ungeheure Trivialität ins Gedächtnis zu rufen: Popper war auch einmal ein junger Mann. Und dieser junge Mann hatte viele interessante Ideen, die Ausgangspunkte für viele spätere Arbeiten wurden. Mit einigen trat er erst relativ spät in die Öffentlichkeit. Bei der „Welt 3“ war er bereits in seinen 50ern. Aber die Ideen dazu und die Vorarbeiten muss man viel früher ansetzen.

12.3 Die Geburt von Poppers Philosophie aus dem Geiste der Musik

Popper war 17 Jahre alt[16], als ihm zwei seiner schönsten und fruchtbarsten Ideen einfielen, die er ein Leben lang weiterentwickelte:

Ganz am Anfang seines Denkens steht die Vorstellung von einer Welt der Musik, in die wir ein kleines Quantum Menschengemachtes hineingeben und ein großes Quantum *nicht von Menschen Gemachtes* wieder herausbekommen. Das bedarf freilich einer kurzen Erläuterung. Stellen Sie sich so etwa um 1250 ein paar Sänger in der Kathedrale Notre-Dame in Paris vor, die unisono ein Lied singen. Von der Decke und den Wänden der riesigen, frühgotischen Kirche hallen die Töne und ihre Obertöne zurück, es mischen sich in das Gesungene die Quinten und Terzen. Das

---

[13] Hans Albert: „Popper war kein Vertreter des Naturalismus“ in: Zimmer/Morgenstern (2011), S. 53; ähnlich in Albert (2010), S. 2.

[14] Nach der Vorlesung diskutierten Einstein und Bohr noch stundenlang mit Popper: siehe Hacohen (2000), S. 523.

[15] In seiner Autobiographie, die zwischen 1963 und 1969 geschrieben wurde: Popper (2012b), Kap. 13, erster Absatz.

[16] Siehe Popper (2012b), Kap. 13, letzter Satz.

klingt wunderbar. Irgendwann beginnen die Sänger zwei Melodien im Oktavabstand zu singen, und es klingt noch wunderbarer. Später kommen sie darauf, im Quintabstand zu singen. Das geht nicht immer gut; man muss Ausnahmen deklarieren und Regeln aufschreiben. Man lässt die Melodien nicht mehr parallel laufen, fügt Terzabstände ein. Allmählich lernt man, wie die beiden Melodien mit wenigen Regeln unabhängig voneinander geführt werden können, um in ganz neue musikalische Welten einzudringen, die kein Mensch vor ihnen jemals betreten hatte: Die europäische Musik der Polyphonie war geboren, mit neuen, fast unausschöpfbaren Möglichkeiten. Mit jeder neuen Regel wurden neue Möglichkeitsräume erobert. Die Musik wurde immer komplizierter, und sie diktierte den Sängern und Komponisten, was musikalisch machbar war und was nicht. Die Menschen gaben also etwas hinein in diese Welt und empfingen ein Vielfaches daraus zurück: Motetten wurden möglich, eindrucksvolle Choräle und am Ende Gebilde, die die Größe eines Weltkulturerbes haben wie Bachs Matthäuspassion oder Haydns Schöpfung. Und vieles darin war die Zutat einer eigenartigen, selbsterfundenen und doch mit eigenen Gesetzen ausgestatteten Welt. Joseph Haydn sagte, als er seine „Schöpfung“ zum ersten Mal hörte, mit Tränen in den Augen: „Das habe nicht ich geschrieben“[17]. Seine Schöpfung war in der Auseinandersetzung mit einer anderen, reichen Welt geschaffen worden. Wir stecken etwas Arbeit in eine geistige Welt hinein und bekommen etwas Wunderbares heraus, das kein Mensch sich zuvor hatte vorstellen können.

Nun komme ich auf den jungen Karl Popper zurück, der 1920 im Begriff war, Musik zu studieren, und der sich schon eine Zeitlang damit beschäftigt hatte zu überlegen, warum er die Musik von Bach in einer ganz anderen Weise liebte als die Musik von Beethoven. Für seinen eigenen Sprachgebrauch, so schreibt er in seiner Autobiographie, schöpfte die Musik von Beethoven mehr aus dem Subjektiven, aus dem Innern, während Bachs Musik mehr eine Auseinandersetzung mit den Regeln der Musik war, ein Eindringen in die von Menschen ganz unabhängige Welt der Musik, die auf bestimmte Regeln, die man vorgibt, mit wunderbaren Möglichkeiten reagiert und dem Komponisten eine Welt von sinnvollen Möglichkeiten beschert, aus denen er nur noch die besten auswählen und niederschreiben muss. So ähnlich mag Popper sich das vorgestellt haben, was er von nun an als „*objektiv*“ vom *Subjektiven* trennen wollte.[18]

Nach zwei Jahren bricht Popper sein Musikstudium ab. Davon geblieben sind eine Fuge in fis-Moll und, sehr viel wichtiger, zwei gedankliche Ausgangspunkte, die er bis zu seinem Lebensende weiterverfolgen wird und die sein ganzes Leben

[17] Siehe Niemann (2004), Stichwort „Haydn-Beispiel“.

[18] „Zwei Arten des Komponierens, die ich damals für überaus wichtig hielt und die ich für mich selbst mit den Ausdrücken ‚subjektiv‘ und ‚objektiv‘ bezeichnete“, schreibt Popper in Popper (2012b), Kap. 11, letzter Satz.

verändern. Sie führen ihn weit weg von der Musik. Sie führen ihn in die drei Hauptgebiete, die er im Laufe seines langen Lebens bearbeiten wird: die Logik der Forschung, die Sozialphilosophie und die Evolutionsbiologie.

12.3.1 Erster Ausgangspunkt: Objektives Wissen und die spätere „Welt 3“

Der eine Ausgangspunkt ist der Gedanke: Es gibt nicht nur diese eine physikalische Welt aus Atomen, Energie und Licht. Es gibt andere, genauso objektive Welten, Welten, die von Menschen weitgehend unabhängig sind, Welten, die real sind, weil von ihnen Wirkungen auf uns und unsere Werke ausgehen. Das musikalische Wissen kann man aufschreiben. Von da an ist es der subjektiven Sphäre enthoben und wirkt als ein Objekt auf spätere Musiker zurück, die es übernehmen, kritisieren, verbessern oder in revolutionärer Weise umarbeiten können. Vier Jahrzehnte später wird aus dieser objektiven Welt der Musik Poppers „Welt 3“: die objektive Welt der Theorien, Argumente und Probleme. In dieser objektiven Welt 3 des Wissens und der Sprache können wir genauso wie in der objektiven Welt der Musik Entdeckungen machen, die unser Leben bereichern. Es genügt, wenig hineinzugeben, um im Übermaß daraus bereichert zu werden.[19]

12.3.2 Zweiter Ausgangspunkt: die Suche nach neuen Möglichkeitsräumen

Der zweite musikalische Ausgangspunkt hängt mit dem ersten eng zusammen und ist doch ein ganz anderer: Mit wenigen selbsterfundenen Regeln werden der Musik immer neue *Möglichkeitsräume* eröffnet. Von den Dreiklängen in der gotischen Kathedrale gelangte man über viele Zwischenstationen zur Matthäuspassion.[20] Die Regeln werden willkürlich erfunden, um aus dem Chaos der Möglichkeiten interessante Bereiche herauszuschneiden, und einige davon erweisen sich als so fruchtbar wie die Polyphonie. Wie tief auslotbar diese neu gefundenen Welten sind, das ist unabhängig von uns Menschen. Arnold Schönbergs Zwölftonmusik eröffnet möglicherweise keine so reiche Welt wie die tonale Musik. Wenn man beim Schachspiel zu vielen Figuren die gleichen Züge erlauben würde, dann gäbe es auch dort zu viele Möglichkeiten und keine interessanten Möglichkeitsräume mehr, und das Spiel ist aus.

---

[19] Den Zusammenhang zwischen Musik und den relativ selbstständigen geistigen Welten 2 und 3 stellt Popper her in Popper (2012b), Kap. 13, erster Absatz.

[20] Dazwischen liegen zahllose Eroberungen neuer Klang- und Melodiewelten durch die Einführung von willkürlichen, aber nicht beliebigen Regeln. Einige Regeln sind nicht von Musikern erfunden: Die Überlappung der Obertöne gehorcht der Physik und erzeugt Harmonien und Disharmonien. Auch unser Gehirn, das ständig auf der Suche nach Strukturen ist, zwingt den Komponisten, einem vorgegebenen Spiel zu folgen: Erwartungen wecken, positive Gefühle beim Eintreten der Erwartungen, Erstaunen oder Enttäuschung, wenn die Erwartungen nicht eintreten. Siehe dazu Levitin (2006).

Möglichkeitsräume haben Popper bis an sein Lebensende beschäftigt.[21] Möglichkeitsräume vergrößern, das finden wir auch in der Wissenschaft, vor allem in der angewandten Wissenschaft, der Technik, die unsere Lebensweise ständig verändert hat.

Möglichkeitsräume vergrößern, das finden wir vor allem auch in der biologischen Evolution. Alle Lebewesen arbeiten daran mit. Alle sind auf der Suche nach einer anderen, womöglich besseren Welt. Der Alpenenzian hat einen neuen Möglichkeitsraum in 2800 Meter Höhe besetzt. Leben bedeutet das Ausprobieren und die Eroberung von immer anderen Möglichkeitsräumen, also von Lebensräumen, die es zuvor schon gegeben hat, die aber noch nicht besetzt waren. Das, was der Alpenenzian in 2800 Meter Höhe macht, mit einer großen Blüte, die UV-Licht in blaues Licht umwandelt, damit er kilometerweit die dort seltenen Insekten zur Bestäubung anlocken kann, das ist die Eroberung eines unwahrscheinlichen Möglichkeitsraumes inmitten einer Unzahl von unmöglichen Wirklichkeiten[22].

12.4 Die *Logik der Forschung* und ihre biologischen Folgen

Es dauerte lange, bis Popper seine Gedanken in ein stimmiges Gedankensystem eingebaut hatte, über das er reden und das er veröffentlichen konnte. Seine erste biologisch geprägte öffentliche Vorlesung hielt er tatsächlich erst mit 59 Jahren.[23]

---

[21] Hinweise auf archivierte, kürzlich entdeckte unveröffentlichte Schriften Poppers aus dem Jahr 1986 in: Niemann (2014), hier S. 105.

[22] Die Evolution der Lebewesen, die bisher auf ständige *Anpassung* zurückgeführt wurde, bei der die Unangepassten aus dem Spiel ausscheiden, kann seit Popper (1961) genauso gut oder sogar besser als die Erschließung und Schaffung neuer Lebensräume gesehen werden: der Fisch, der Beine entwickelte und das Land besiedelte; die Saurier, die erst schweben, dann aktiv fliegen lernten; der Mohn, der auf Schutthalden wächst; der Mensch, der mit seiner Sprache sich zahllose neue Lebensräume als Schreiber, Lehrer, Journalist, Romancier, Wissenschaftler usw. erschloss.

[23] Die erste Spencer-Vorlesung „Die Evolution und der Baum der Erkenntnis" hielt Popper in Oxford 1961; sie ist abgedruckt in Popper (1995), Kap 7. Schon eine Zeitlang vor dieser Vorlesung erzählte Popper bei einem Spaziergang seinem Freund William Bartley, dass ihn die Evolutionsbiologie schon seit frühester Jugend interessiert habe: Bartley (1987), S. 18. Popper war in seinen späten 40er Jahren, als ihn zunehmend das biologische Leib-Seele-Problem beschäftigte, also die Frage, wie seelische Dinge, Gefühle und Gedanken physikalische Wirkungen entfalten können. Er diskutierte mit Erwin Schrödinger dessen Buch *Was ist Leben?* (1944), das schon eine molekulare Theorie der Gene enthielt (siehe dazu Popper 2012b, Kap. 30), und seit 1951 mit dem Neuro-Wissenschaftler und späteren Nobelpreisträger John Eccles, der nach einer biologischen Lösung des Leib-Seele-Problems suchte (Eccles 1982, S. 226). Später, seit den 1960er Jahren, zeigte Popper, dass das Leib-Seele-Problem nicht ohne Rückgriff auf Welt 3 möglich ist. Er schreibt in Popper (2012b), Teil I, „Vorbemerkung 1993", eckige Klammer vom Autor H.J.N.: „Um die Beziehung zwischen Körper und Geist zu verstehen, müssen wir zuerst die Existenz des objektiven Wissens als objektives und autonomes Produkt des menschlichen Geistes begreifen [also als Welt 3] und insbesondere die Art und Weise, wie wir solches Wissen als Kontrollsystem beim kritischen Problemlösen verwenden".

Aber es war keine Altersphilosophie. Er war noch kein Greis. Er hatte noch 33 Jahre vor sich.

Abgesehen von dieser objektiven, später „Welt 3“ genannten Welt und dem Denken in Möglichkeitsräumen hat Popper in seinen frühen Jahren noch viele weitere wichtige Entdeckungen gemacht, von denen erst viel später klar wurde, dass sie Beiträge zur Evolutionsbiologie waren.

An erster Stelle ist da Poppers *Logik der Forschung* zu nennen, sein erstes Hauptwerk, an dem er – unter anderem Titel – bereits als 27-Jähriger zu schreiben begann.[24] Damals entdeckte er die Logik von Versuch und Irrtumsbeseitigung in der wissenschaftlichen Forschung. Popper wurde schon damals klar, dass man *aus rein logischen Gründen* auf keine andere Weise neues Wissen über die Welt gewinnen kann. Dass diese Einsicht auch in der Biologie gültig ist, darüber hat er erst später nachgedacht: Auch da, wo Tiere, Pflanzen oder Einzeller etwas über ihre Umwelt lernen, also neues Wissen erwerben, ist seine Logik von Versuch und Irrtumsbeseitigung gültiges Gesetz[25]. Man kann auf keine andere Weise Wissen erlangen.

Da Darwin viel früher das Gleiche in der Evolutionsbiologie entdeckt hatte, wurden diese Zusammenhänge von Biophilosophen unter dem Titel „Evolutionäre Erkenntnistheorie“ neu und falsch interpretiert. Es wurde so getan, als habe Popper seine Erkenntnistheorie der Evolution abgeschaut oder als hätte er sie sich dort abschauen müssen, weil ein Affe, der dieser Logik nicht folgt, bald ein toter Affe sein würde. In Wirklichkeit hatte Popper gezeigt, dass für den Erwerb von neuem Wissen über die Welt oder die Umwelt *nur* die Methode von Versuch und Irrtum in Frage kommt, nicht aus *Überlebensgründen*, sondern aus *logischen* Gründen[26]. Die Logik ermöglicht, sozusagen vom Lehnstuhl aus biologische Beiträge zu leisten: Auch der klügste Affe kann nichts tun, was unlogisch ist.

Das hat große Konsequenzen für die Biologie, die noch nicht ganz ausgelotet sind[27].

---

[24] Zunächst trug das Buch den Titel „Die beiden Grundprobleme der Erkenntnistheorie“.

[25] Popper (1934) und Popper (1995), Kap. 1 und 2.

[26] Karl Popper in einem Brief vom 18. Okt. 1987 an Hans Albert: „Es ist die *Logik*, die Anwendung der Logik auf die Erkenntnissituation (Situationslogik), die uns lehrt, dass die Erkenntnis *nur* mit der Methode von *Versuch und Irrtum* arbeiten kann. Also ist die so genannte ‚Evolutionäre Erkenntnistheorie‘ *nur* eine Anwendung der Logik. Anders gesagt, die Evolution könnte anders gar nicht vorgehen“. In Morgenstern und Zimmer (2005), Brief Nr. 177, Seite 261. Albert widerspricht dem: „[...] dann müsste doch eine Negation der Evolution einen Widerspruch involvieren“ (*ibid.* Nr. 178). Popper antwortet darauf nicht; es ist allzu klar, dass dieses Gegenargument ungültig ist.

[27] Wie in Niemann (2014), Kap. III, gezeigt, spielt diese Tatsache eine große Rolle in der Zell- und Evolutionsbiologie; zum Beispiel bei der Diskussion des so genannten „central dogma of molecular biology“.

Anpassung ist Wissenserwerb. Anpassung ist, gemäß Poppers Logik des Wissenserwerbs, nicht mehr das letzte Erklärungsprinzip der Biologie, mit dem man alle Lebensformen erklären kann. Sondern man kann jetzt tiefer fragen: Wie können Pflanzen, Tiere und alle anderen Lebewesen lebensnotwendiges Wissen erwerben? Wissen über ihre Umwelt und vor allem Wissen über ihre eigenen Lebensprozesse in der Zelle? Objektives Wissen natürlich, nicht subjektives Wissen. Aus logischen Gründen ist das *nur* mit Hilfe des Frage-und-Antwort-Spiels möglich: durch Versuch und Irrtumsbeseitigung. Wer das Leben erklären will, kommt an dieser Aktivität des Wissenserwerbs nicht vorbei, aus logischen Gründen nicht[28].

Vor allem bei der Frage, wie erstes Leben entstanden ist, wird Poppers Logik interessant: Wie konnte Materie erstmals Wissen über sich selbst gewinnen?

Und eine zweite Frage wird buchstäblich zur Lebensfrage. Wenn die Logik der Forschung für den Erwerb neuen Wissens nur den einen Weg zulässt, alternative Vorstellungen über die Wirklichkeit auszuprobieren, dann kommt dabei ein anderes Element zum Vorschein, das ebenfalls neues Licht auf die Evolution und den Ursprung des Lebens wirft: *Aktivität.* Aktivität ist nötig, um möglichst viele Alternativen zu produzieren, von denen eine eventuell auf die Wirklichkeit zutrifft.

Das alles steht in Einklang mit den bekannten Vorstellungen des Darwinismus von Variation und Selektion. Neu sind die Interpretationen von Darwins Theorie im Sinne einer neuen, prüfbaren evolutionsbiologischen Theorie:

- Was Darwin *Anpassung* nennt, ist jetzt kein *letztes* biologisches Erklärungsprinzip mehr, auch wenn es bis heute noch so verwendet wird. Zumindest teilweise kann Anpassung nun ihrerseits erklärt werden als Wissenserwerb[29].
- Wenn Anpassung bedeutet, immer mehr überlebenswichtiges, zutreffendes Wissen über die Chemie in der Zelle und über die Umwelt des Lebewesens zu gewinnen, dann sind Darwins *Variation* und *Selektion* keine typisch *biologischen* Besonderheiten mehr. Dieses Wissen kann aus rein logischen Gründen

[28] Dabei ist der Erwerb von *neuem* Wissen gemeint, nicht die Weitergabe von bekanntem Wissen in Form von digitalisiertem Wissen in der RNA und DNA („horizontal gene transfer", siehe beispielsweise Noble (2013)). Bei jedem Wissenserwerb ist streng zwischen dem *Erwerb neuen Wissens* und der Weitergabe von *Information* zu unterscheiden: Niemann (2014), Abschnitt 20. Die Evolution des Lebens war immer mit beidem verbunden, mit Poppers Lernen aus dem Irrtum und mit dem Austausch von Informationen, die andere Organismen via Versuch und Irrtumsbeseitigung bereits früher gewonnen und gespeichert haben.

[29] Popper (1995), Kap 7, Abschnitt 2, gegen Ende. In Poppers Medawar-Vorlesung von 1986 (abgedruckt in Niemann (2014), Anhang A) heißt es: „Ich behaupte, dass Anpassung im Wesentlichen ein Lernprozess durch Versuch und Irrtum ist, der sich über mehrere Generationen hinzieht".

nur auf dem Wege von Versuch und Irrtumsbeseitigung, also durch Variation und Selektion, gewonnen werden.

- Darwins *Variation*, einst als blinde Mutation verstanden, bedeutet jetzt das Ausprobieren von Alternativen bei der Suche nach zutreffendem Wissen über die Umwelt und die Chemie in der Zelle.

- Darwins tödliche *Selektion* bedeutet jetzt, dass falsches Wissen über die Umwelt mit Nachteilen und weniger Nachkommen verbunden ist. Tiere, deren Augen schlechte Kameras sind, kommen mit ihrer Umwelt schlechter zurecht. Der Mangel an Wissen ist der *eigentliche* Grund dafür, dass sie, evolutionär gesehen, Nachteile haben und dass sie deshalb aus einer Umweltnische, in der es auf genaues Sehen ankommt, verdrängt werden.

Soweit zu Poppers *Logik der Forschung*, die sich nachträglich als ein wichtiger Beitrag zur Biologie erwiesen hat[30].

12.5 Alle Lebewesen steuern ihre eigene Evolution

Erst in seinen 50er Jahren arbeitete Popper bewusst an biologischen Problemen, und mit 59 Jahren publizierte er den ersten großen Beitrag zur Evolutionsbiologie: seine erste Spencer-Vorlesung in Oxford unter dem Titel „Die Evolution und der Baum der Erkenntnis" (1961)[31]. Popper sieht in den Präferenzen der Lebewesen, der Pflanzen, der Tiere und sogar der Bakterien den Hauptgestaltungsfaktor der Evolution. Alle Lebewesen suchen nach einer besseren Welt, alle stoßen auf Probleme, alle sind mehr oder weniger gute Problemlöser. Popper nennt diese Neuinterpretation des Darwinismus den *aktiven Darwinismus*. Darwins Theorie einer Evolution aufgrund von Variation und Selektion wird dabei nicht angetastet.

Popper stützt sich auf eine Erkenntnis des amerikanischen Psychologen James Mark Baldwin aus dem Jahr 1896. Der so genannte Baldwin-Effekt[32] steht ganz zentral in Poppers biologischem Denken. Kurz gesagt, und in heutiger Sprache gesagt, beruht er darauf, dass jedes Lebewesen der gleichen Art seine eigene Mischung von Erbanlagen besitzt. Je nach Umwelt kommt das eine oder andere Individuum mit seinem speziellen Erbgut besser zum Zuge. Wenn zum Beispiel der

[30] Wäre der Zusammenhang früher bekannt gewesen, hätte man z. B. die Frage, ob Antikörper von der Umwelt *instruiert* werden, auf Angreifer zu reagieren, oder ob sie aus einem vorbereiteten Repertoire von Reaktionen stammen, seinerzeit viel schneller beantworten können. Dasselbe gilt heute für alle Fragen der molekularen Biologie, bei denen der Unterschied von Informationsübertragung und Erwerb neuen Wissens eine Rolle spielt. Siehe dazu Niemann (2014), Kap. III, insbesondere Abschnitt 20.

[31] Jetzt abgedruckt in Popper (1995), Kap. 7.

[32] Baldwin (1896).

Anführer eines Gazellenrudels die Angewohnheit hat, sein Rudel vom Gras weg zum Waldrand zu führen, um dort von hochhängenden Blättern zu naschen, dann sind die Gazellen mit Genen für einen langen Hals für die neue Lebensart besonders gut geeignet. Sie werden schneller satt als die Kurzhälse, die sich weiter mit dem dort nur spärlich wachsenden Gras begnügen müssen. Wer schneller satt ist, hat mehr Zeit, sich anderen Freuden des Lebens hinzugeben. Die Langhälse werden also mehr Nachkommen zeugen als die Kurzhälse, und nach wenigen Generationen gibt es mehr Lang- als Kurzhälse, und die Gene für kurze Hälse verschwinden.

Diese grobe Beschreibung des Baldwin-Effekts genügt bereits, einiges Wichtige zu zeigen. Dabei handelt es sich um Folgendes:

Neue Gewohnheiten können auf diese Weise leicht erblich werden, wenn das Genmaterial im Genpool eine gewissen Bandbreite hat, also dem Verhalten und der Anatomie genügend Spielraum lässt.

Es handelt sich dabei nicht, wie bei Lamarck, um die direkte Vererbung erworbener Eigenschaften, sondern der Effekt beruht ganz auf Darwins Mechanismus von Variation und Selektion[33].

Der Baldwin-Effekt ist mehrmals unabhängig entdeckt worden. Poppers Zutat ist, dass es bei ihm *in erster Linie* die Präferenzen der Lebewesen sind, die die Richtung der Evolution bestimmen. Die Präferenzen, die Ziele, die sie haben, lassen sich *nicht* auf Zufall und Selektion reduzieren. Nur der Mechanismus, der benutzt wird, *dem Ziel näher zu kommen*, lässt sich auf den Mechanismus von Zufall und Selektion reduzieren. Also die Vorliebe mancher Gazellen für das schmackhafte Laub der Bäume ist das Primäre. Dass die Langhälse sich dabei langfristig durchsetzen, beruht darauf, dass es im Genpool Gene für längere Hälse gibt.

Sind diese Langhals-Gene zufällig im Genpool oder nicht? Das ist eine andere Frage. Ich glaube nicht an den Zufall, denn dann könnten auch zufällig Gene für Gazellen mit fünf oder sechs Beinen auftauchen. Die wären nicht lebensfähig. Aber die Natur müsste alles durchprobieren, was an Zufällen möglich ist. 5, 6, 10, 100 Beine und Arme wären möglich usw. Der Zufall kennt keine Grenzen. Zufällige Variation ist absurd; sie würde sich im Unendlichen verlieren[34]. Ich komme darauf später noch einmal zurück.

---

[33] Direkte Vererbung würde Poppers aktiven Darwinismus, bei dem die Lebensweisen der Lebewesen die Evolution beeinflussen, noch mehr entgegenkommen. Direkte Vererbung ist kein Tabu mehr. Sie wird seit einigen Jahrzehnten unter dem Titel „Epigenetik" weltweit erforscht, z. B. von Eva Jablonka und Marion J. Lamb (1995). Popper hatte den Vater der Epigenetik, Conrad Waddington, bereits 1936 kennengelernt: Niemann (2014), S. 33.

[34] Evolutions- und Molekularbiologen verlieren zunehmend den Glauben an zufällige Mutationen und finden den Grund für die Variation des Genoms in der Zelle: „The speed and the location of

Früher dachte man, die langen Hälse seien zuerst dagewesen, erzeugt durch eine zufällige Mutation. Danach hätten sich die zufälligen Langhälse eine andere Umgebung gesucht und mit Freude das Laub der Bäume gefressen.

Was war zuerst da, die Gene oder der Wunsch? – der Wunsch, in einer besseren Welt zu leben, in der lange Hälse dann ein Vorteil wären? Das sieht aus wie ein Henne-Ei-Problem. Aber es ist keines, sagt Popper. Gazellen, die zuerst Giraffenhälse bekämen, wüssten nicht, wohin damit. Der Hals wäre sehr störend.

Der Wunsch war zuerst da. Denn wenn die Evolution diejenigen begünstigt, die die meisten Nachkommen haben, dann liegt es auf der Hand, nach neuen Lebensräumen oder Lebensweisen zu suchen, *in denen man sich gegenseitig nicht stört*. Dort kann man dann für einige Zeit ungestört Nachkommen in die Welt setzen. Die Suche nach immer neuen Lebensräumen oder Lebensweisen wird so zum Selbstzweck. Der Klatschmohn im Tal, der Enzian im Gebirge, sie stören einander nicht. Aber auch, wer in der gleichen Wiese lebt, Margeriten, Löwenzahn, Hahnenklee und Dutzende andere Blumen und Gräser, stören einander nicht, wenn ihre Lebensweise, also etwa ihr Stoffwechsel, verschieden ist und in dieser Hinsicht jeder eine unbesetzte Nische gefunden hat. Das gleiche gilt für Tiere und alle anderen Lebewesen: Neue Lebensräume oder Lebensweisen zu finden, ermöglicht es immer zahlreicheren Arten, ungestört nebeneinander zu leben.

Man kann daher diese Suche nach neuen Lebensräumen oder Lebensweisen das Ziel der Evolution nennen. Die Differenzierung der Lebewesen, ihre auffallende Unterschiedlichkeit, ist eine Folge davon. Und diese Suche nach neuen Lebensräumen oder Nischen gelingt einem Lebewesen, das Tastsinn, Augen und Ohren hat, viel besser als einem Organismus, der nur mit blindem Zufall Baupläne für beliebige Körper ausprobiert und es darauf ankommen lässt, wie gut oder schlecht diese zufällig erzeugten Körper in einer zufälligen Umgebung zurechtkommen.

Poppers aktiver Darwinismus liefert ein neues Weltbild, das bedenkenswert ist. Die Biologie hat zu allen Zeiten unser Weltbild geprägt. Lange Zeit war es die Bibel, die den biologischen Wissensbedarf deckte; nicht immer ganz stimmig. Heute fällt uns mehr denn je auf, dass Adam und Eva auf den alten Gemälden einen Bauchnabel haben, der die Schöpfungsgeschichte Lügen straft. Ein kleiner Fehler, noch nicht einmal ein Schönheitsfehler! In Darwins noch immer einflussreichem Weltbild stecken viel schlimmere Fehler! Einer seiner eifrigsten Interpreten, Ernst

genome change can be influenced functionally", siehe Denis Noble (2013), S. 1236, mit Hinweisen auf die vielen experimentellen Nachweise von nicht-zufälligen Mutationen in Shapiro (2011). Auch Wagner (2014) erklärt, dass nicht nur zufällige Variationen, sondern gezielte Regulationen [der Einfluss der Zelle auf die Funktion der Gene] die Evolution lenken: „Regulation formt die Gestalt der Körper aller Lebewesen auf diesem Planeten. Und [evolutionäre] Neuerungen zu verstehen, geht nicht ohne Verständnis dafür, wie neue Regelmechanismen auftauchen", s. Wagner (2014), Kap. 5, vierter Absatz, Übersetzung und eckige Klammern vom Autor H.J.N.

Haeckel, schrieb: „Die Selektionstheorie lehrt uns, dass im menschlichen Leben, wie bei den Pflanzen und Tieren, an jedem Ort und zu jeder Zeit nur eine kleine privilegierte Minorität leben und gedeihen kann. Die große Masse muss hungern und mehr oder weniger schnell elendig untergehen".[35] Quasi mit zusammengebissenen Zähnen haben auch die gutmütigsten Intellektuellen die Lehre akzeptiert, dass alles Leben auf zufälligen Mutationen und einer mehr oder weniger tödlichen Selektion beruht oder zumindest auf einem Verdrängungswettbewerb.

Der Erste Weltkrieg, der Zweite Weltkrieg und Hitlers Programm zur Ausrottung der Juden waren direkte Folgen des Darwinismus, der angeblich, als natürlicher Kampf verstanden, wenn nicht das Gute, so doch das Bleibende hervorbringt.

Heute ist der Gedanke von Kampf und Verdrängung im Wirtschaftsleben weiter lebendig, vielleicht in verballhornter Weise, aber gerade deshalb umso wirksamer: Jeder soll an seinen Vorteil denken und versuchen, dem anderen das Fell über die Ohren zu ziehen. Auf eine geheimnisvolle Weise, deren Entdeckung Adam Smith zugeschrieben wird, soll sich dadurch alles von allein zum Guten wenden. Aber es scheint, dass auf diese Weise Haeckel wiederum recht behält und nur „eine kleine privilegierte Minorität leben und gedeihen kann".[36]

Von Darwin zur Eugenik war kein großer Schritt. Es war überhaupt kein Schritt: Darwins Vorbild war die Tierzüchtung. Ob die Natur oder die Züchter die Selektion vornehmen, ist längst kein so großer Unterschied wie der zwischen Popper und Darwin, weil in Poppers Welt die Lebewesen selber ihre Entwicklung beeinflussen und im Laufe der Generationen, fast wie durch ein Wunder, lange Hälse bekommen, wenn sie sie brauchen.

Karl Popper hat uns, wenn wir wollen, von einem düsteren Weltbild befreit, falls wir seinen aktiven Darwinismus und die Suche nach besseren Welten akzeptieren können. Der Darwinismus hatte das Leben wegerklärt, er versuchte, es auf eine tote Substanz zu reduzieren, die durch Höhenstrahlen, Schadchemie und Kopierfehler wahllose Mutationen erfährt. Mit Popper *kommt das Leben zurück in die Biologie* und, wenn wir wollen, in unser Weltbild und in unsere Lebensweise: das Leben als echte, zielgerichtete Aktivität, die Wissen sammelt und neue Lebensräume ausprobiert.

---

[35] Ernst Haeckel (1834–1919), deutscher Zoologe, Darwinist und Philosoph. Das Zitat in: Medawar (1959), S. 128, zurückübersetzt vom Autor H.J.N.

[36] Eine ausführliche Erläuterung zu dieser allzu kurzen Anspielung auf den Aufstieg des Vorteildenkens im Alltagsleben in: Niemann (2011).

12.6 „Wollen" als Netz von Propensitäten

Diese beiden neuen Kennzeichen des Lebens, Wissen und Aktivität, also eingebautes oder kodiertes Wissen und echte zielgerichtete Aktivität, die gibt es im Universum, soweit wir es kennen, nur an zwei Stellen: in der Zelle und im Gehirn.[37]

12.6.1 „Wollen" zu Beginn der Evolution: chemische Reaktionen

Ich will nun den Versuch wagen, mit einigen von Poppers Notizen und letzten Spekulationen den Charakter dieser zielgerichteten biologischen Aktivität zu erklären und zu zeigen, worauf sie beruht.

Dazu betrachten wir Anfang und Ende der Evolution: den frühesten Teil vor der Entstehung von Leben und den spätesten, nämlich den Menschen, der in ständiger Wechselwirkung mit einer geistigen Welt steht.

Der früheste Teil führt uns zurück in die reine Chemie. Denn wenn wir an Evolution glauben und keine Spiritualisten, Vitalisten oder Kreationisten sein wollen, dann muss es vor Beginn des Lebens chemische Reaktionen gegeben haben, die Übergänge zum Leben waren. In der Chemie gibt es tatsächlich einiges, was an „Leben" erinnert – jedenfalls mehr als in der Physik. Zum Beispiel spricht man gern von *Affinitäten* zwischen Substanzen: Das heißt, bestimmte Substanzen haben eine *Neigung* zueinander, sie „*wollen*" sich verbinden. Eisen „*will*" sich gewissermaßen mit Luft und Wasser verbinden. Es entsteht Rost. Rost ist eine Art Verdauungsprozess: Stoffe aus der Umgebung werden ihm einverleibt und umgewandelt. Rost frisst sich an Oberflächen entlang. Er führt zweifellos eine Art Eigenleben.

Wenn man etwas genauer hinschaut, stellt man fest, dass solche chemischen Reaktionen nie völlig gleich ablaufen, dass es immer viele Nebenprodukte in verschieden großem Ausmaß gibt. Jedes Produkt und jedes Nebenprodukt entsteht mit einer gewissen Wahrscheinlichkeit. Und diese Wahrscheinlichkeit hängt von den Reaktionsbedingungen ab. Solche Wahrscheinlichkeiten haben nichts mit dem absoluten Zufall zu tun, wie wir ihn vom Lotto oder Roulette kennen. Solche Wahrscheinlichkeiten hängen ganz stark von der jeweiligen Situation ab. Einstein hat sie 1916 in der Physik entdeckt[38], und Popper hat 1957 erstmals gezeigt, warum sie etwas anderes sind als die Wahrscheinlichkeiten beim Lotto oder Roulette[39]. Er hat ihnen deshalb einen besonderen Namen gegeben: „Propensitäten". Eine wackelige Leiter

---

[37] Natürlich gibt es Aktivität auch in der physikalischen Welt: Ozeane und Vulkane sind aktiv. Aber sie wollen keine Ziele erreichen. Sie lösen keine Probleme.

[38] Einstein (1916). Einstein war damals noch Determinist und hatte diese Wahrscheinlichkeiten begrifflich nicht von anderen Wahrscheinlichkeiten (Poppers späteren „Propensitäten") unterschieden.

[39] Popper (1957).

hat eine gewisse Propensität, dass jemand abstürzt, wenn er sie benutzt. Das Besondere an Propensitäten ist, dass sie, ähnlich wie Kräfte, etwas bewirken. Die Wackeligkeit einer Leitersprosse bewirkt, dass Sie von der Leiter fallen, aber eben nur mit einer gewissen Wahrscheinlichkeit, die unter Umständen sehr hoch sein kann. Ob Propensitäten etwas bewirken und in welchem Ausmaß, hängt ganz von der jeweiligen Situation ab, also in unserem Beispiel davon, wie wackelig die Sprossen sind, wie schwer Sie sind oder wie sportlich Sie reagieren, falls unter Ihnen etwas knackt.

Propensitäten treten überall in der Chemie auf. Sie sind *die treibende Kraft* und bestimmen, in welchem Maß ein System sich auf ein bestimmtes Ziel hinbewegt. Noch viel mehr treten solche Propensitäten in komplexen chemischen Gebilden auf, zum Beispiel in einer biologischen Zelle. Dort laufen so viele zielgerichtete Reaktionen ab, dass man ohne Bedenken von Propensitäten-gesteuerter Aktivität reden darf. Das Verfolgen bestimmter Ziele wie Energiegewinnung aus Nahrung, die Zellteilung, die embryonale Entwicklung, all das sind echte Aktivitäten, bei denen viele vernetzte Reaktionen ganz konkrete Ziele ansteuern. Und jede dieser Reaktionen läuft mit einer Wahrscheinlichkeit ab, die nur von der jeweiligen Situation abhängt: Das Erreichen bestimmter Ziele, darf man also behaupten, beruht auf einem Netzwerk von Propensitäten.

Und wenn wir in solchen Aktivitäten den Anfang von dem sehen, was wir „Wille" nennen, dann ist „Wollen" ein Netzwerk von Propensitäten. Ein bekannter Biochemiker und Publizist unser Zeit, Nick Lane, bedauert heute immer noch, was Popper schon Jahrzehnte früher bedauert hatte, nämlich, dass viele Biochemiker noch immer Hemmungen haben, von *Zielen* zu reden oder gar davon, dass Zellen und Organe oder Organelle etwas *wollen* oder einen *Willen* haben. Aber Biochemiker kommen nicht umhin, ständig in einer solchen Sprache zu sprechen. Und warum sollten sie nicht sagen, die Zelle *will* mit den und den Maßnahmen Energie sparen? Wenn wir nach biologischen Vorstufen von „Wollen" suchen, ist es sicher gerechtfertigt, das Wort „Wollen" im Sinne von „ein Ziel ansteuern" zu verwenden.

12.6.2 Wollen am Ende der Evolution: menschliches Wollen

Bis hierhin mag es etwas gewagt klingen, dieses Zusammenspiel chemischer Propensitäten „Wille" oder „Wollen" zu nennen. Aber wenn wir uns jetzt dem vorläufigen Ende der Evolution zuwenden, dem Menschen und seinem hochentwickelten Gehirn, dann wird es vielleicht etwas klarer, dass menschliches „Wollen", oder das, was Philosophen den „freien Willen" nennen, tatsächlich als Zusammenspiel vieler vernetzter Propensitäten erklärt werden kann.

Das will ich nun anhand eines einfachen Falles demonstrieren. In meinem Beispiel ist es der Wille, der zur Unterschrift unter einen Kaufvertrag führt, ein Wille, der sich aus vielen Überlegungen zusammensetzt, die alle von situationsbedingten

Wahrscheinlichkeiten gesteuert werden. Diese Wahrscheinlichkeiten oder Propensitäten machen, dass unsere letzten Entscheidungen nicht vorhersagbar sind, obgleich alle beteiligten Prozesse rational verstanden werden können.

Stellen wir uns einen Autokauf vor. Zuerst werden Sie sich überlegen, ob Sie einen Neuwagen oder einen Gebrauchtwagen kaufen. Die Wahrscheinlichkeit, sich für einen Neuwagen zu entscheiden, hängt von Ihrer finanziellen Situation ab, aber nicht ganz exakt, sondern mit einer gewissen Wahrscheinlichkeit. Sie hängt von Ihren eventuellen Erfahrungen mit Gebrauchtwagen ab, von augenblicklichen Sonderangeboten an Neuwagen und von vielem anderen. Nichts legt Sie absolut fest; alles hängt von der jeweiligen Situation ab und von Ihrem Vorwissen, das Ihnen mit einer gewissen Wahrscheinlichkeit in den Sinn kommt. Das Gleiche gilt, wenn Sie sich für einen Neuwagen entschieden haben. Es wird Ihnen eine bestimmte Marke vorschweben, und zwar mit einer Wahrscheinlichkeit, die davon abhängt, ob sie bestimmte Testberichte gelesen und etwas davon behalten haben. Oder sie googlen im Internet, und die Wahrscheinlichkeit Ihrer Entscheidung wird jetzt davon gesteuert, wie gezielt die Firma Google Sie ausspioniert hat und Ihnen unterschwellig eine bestimmte Marke schmackhaft gemacht hat. Alle Informationen und alle Erinnerungen daran kommen nur mit einer gewissen Wahrscheinlichkeit ins Bewusstsein.

Man könnte die Analyse des Entscheidungsprozesses noch lange fortsetzen und Dutzende von Instanzen aufzählen, die mit einer gewissen Wahrscheinlichkeit den Kauf beeinflussen. Viele wichtige, die Entscheidung beeinflussende Faktoren sehen wie reiner Zufall aus. Aber reine Zufälle sind kaum beteiligt, außer Sie entschließen sich am Schluss, eine Münze zu werfen. Genau besehen, kommt jeder an der Entscheidung beteiligte Faktor mit einer gewissen Wahrscheinlichkeit ins Spiel, deren Größe von der jeweiligen Situation abhängt. Die genauen Werte wird wohl kaum jemand in Erfahrung bringen können. Trotzdem haben diese Propensitäten bestimmte Werte, auch wenn wir sie nicht berechnen können; und sie sind ein Teil der Wirklichkeit, sie sind *reale physikalische Größen*, die am Ende etwas bewirken: in diesem Fall, dass ein Auto den Besitzer wechselt.

Also: Das, was wir zielgerichtete Aktivität oder „Freien Wille" oder kurz „Wollen" nennen, ist das Ergebnis der intuitiven Berechnung vieler solcher Propensitäten. Oder anders ausgedrückt: „Wollen" oder „Freier Wille" ist ein Netzwerk von Propensitäten. Im Prinzip ist alles genauso wie bei der Aktivität in einer Zelle: Auch sie wird von einem Netzwerk von Propensitäten gesteuert. Bei uns Menschen spielt das *Wissen* eine große Rolle, der ständige Rückgriff auf eine Welt 3. Aber auch bei der Zelle ist das so: Auch sie greift bei allen Prozessen auf das in den Genen gespeicherte Wissen zurück.

Das Netzwerk solcher Propensitäten ist beim Menschen so komplex, dass unser Wille oder der „freie Wille“ nicht im Voraus berechnet werden kann, – auch wenn die Fernsehphilosophen immer wieder das Gegenteil behaupten.[40]

Das bedeutet aber nicht, dass wir irrational wären. Wir sind unberechenbar, aber nicht irrational. Wir sind unberechenbar, weil man die Werte der vielen beteiligten Wahrscheinlichkeiten nicht kennt. Wir sind trotzdem rational, denn in unserem Autokaufbeispiel könnten wir durchaus den ganzen Entscheidungsprozess rational nachvollziehen, wenn wir wüssten, welche Informationen eine Rolle gespielt haben und mit welcher Wahrscheinlichkeit sie uns in den Sinn kamen. Aber selbst, wenn eine solche Analyse praktisch möglich wäre, würde man nur die beteiligten Wahrscheinlichkeiten kennen und nicht wissen, welches Ergebnis sie bewirkt haben. Ein halbvergessener Testbericht kommt nicht halb, sondern eventuell gar nicht zum Zuge. Das können wir nicht im Voraus wissen; und deshalb ist die letzte Entscheidung nicht vorhersagbar. Nochmals: *Wir sind unberechenbar, aber nicht irrational.*

12.7 Ein neuer Blick auf die Gene und die Zelle

Nur an zwei Stellen im Universum gibt es diese echte, Ziele verfolgende Aktivität, die ständig auf gespeichertes Wissen zurückgreift: im Gehirn und in der Zelle. Nur an diesen beiden Orten im Universum gibt es das Phänomen, dass die Materie über sich selbst Wissen sammelt, aktiv davon Gebrauch macht und dadurch immer wieder über sich hinauswächst.

Gesammelt wird dieses Wissen in der „DANN“ genannten Zeichenkette, die ein in chemischen Buchstaben niedergeschriebenes Wissen darstellt. Gesammelt wird es auch als eingebautes Wissen, als in die biologische Zelle eingebautes Wissen. Nur die Zelle ist aktiv und weiß, was man mit dem digital in den Genen gespeicherten Wissen macht.

Wir schauen mit dem falschen Blick einerseits auf die Gene und andererseits auf die Zelle, sagt Popper: Denn wir erben nicht nur die Gene. Es ist auch die Zelle, die wir erben. Wenn man den Gedanken ein wenig weiterdenkt, ist sofort ganz klar: Die Zelle erben wir nur von unserer Mutter, denn alle unsere Körperzellen stammen aus der befruchteten Eizelle. Und unsere Mütter haben diese jeweils auch nur von ihrer Mutter geerbt. Das eigentliche Leben, das aus Wissen und Aktivität besteht

---

[40] Die entsprechenden Begründungen liefert ihnen z. B. der Neurophysiologe Wolf Joachim Singer. Siehe sein „Keiner kann anders als er ist. All unser Tun ist mit dem Ablauf neuronaler Prozesse zu erklären“, in *Frankfurter Allgemeine Zeitung*, 8. Jan. 2004. Singer führt sich selbst und seine Leser mit einer seit Popper (1934) veralteten Wissenschaftsauffassung in die Irre, die das „Zurückführen auf bestimmte Prozesse“ mit einer wissenschaftlichen Erklärung verwechselt. Zum Unterschied zwischen den beiden Erklärungsweisen „beruht auf“ und „erklärt durch“ siehe Niemann (2014), Abschnitt 14.

und daher mit der DNA etwas anfangen kann, wird nur über die maternale Linie weitervererbt. Jeder Mensch ist also mit seinen beiden Großmüttern auf ganz unterschiedliche Weise verwandt. Von beiden erben wir jeweils ein Viertel unsere Gene. Aber nur von der Großmutter mütterlicherseits erben wir außerdem alle Zellen unseres Körpers. Denn nur die Großmutter mütterlicherseits vererbt mit der Eizelle, aus der ihre Tochter wird, ihre Zellen an die nachfolgenden Enkel. Von der väterlichen Seite werden mit dem Spermium nur die Gene weitergegeben. Das heißt: Nur von der Großmutter mütterlicherseits können wir sagen, dass wir dieselben Körperzellen haben wie sie[41]. Nur von ihr erben wir die ganze Maschinerie des Lebens, die Aktivität der Zelle und das Wissen der Zelle darüber, wie die Informationen der DNA zum Leben erweckt werden.

Der Anteil der Großväter und Väter besteht nur darin, ihren Teil der Gene beizusteuern, so dass das gesamte Erbgut für alle Fälle immer zwei alternative Baupläne enthält. Diese insgesamt 46 DNA-Moleküle, die alle unsere Gene enthalten, sind nichts anderes als 46 tote Moleküle: Gerüste aus Zucker und Phosphat, gespickt mit Milliarden von stickstoffhaltigen Basen und entsprechend vielen Informationen. Sie warten nun in der befruchteten Eizelle darauf, dass die Zelle mit ihrem Wissen und ihrer Aktivität mit ihnen etwas anfängt.

Popper hat Recht: Wir haben bisher mit dem falschen Blick auf die Gene und die Zelle geschaut. Das eigentliche Leben erben wir über die Zelle.[42]

Für uns Männer ist das etwas peinlich. So wenig Aktivität, so wenig Beitrag zum Leben? Liefern wir nur 23 tote Moleküle zu dem Ganzen? – So ist es leider, und daran ist nichts mehr zu ändern.

Bevor ich zum Schluss komme, möchte ich aber doch noch etwas Tröstendes über den Beitrag der Männer hinzufügen. 50% zum Bauplan beizutragen, das ist ja nicht nichts. Es ist zwar nicht das Leben, aber es ist auch nicht einfach nur der halbe DNA-Beitrag, sondern dieser Beitrag ist ganz entscheidend für die Vielfalt des Lebens. Gäbe es ihn nicht, wären wir alle Klone, Kopien vom gleichen Original wie die Drohnen bei den Bienenvölkern. Gäbe es nicht diese ständige Mischung der

---

[41] Bei der Gleichheit der Zellen wird hier von Unterschieden wie der unterschiedlichen Immunreaktion abgesehen, die bei dieser Überlegung nicht wichtig sind.

[42] Neben anderen biologisch relevanten Ideen Poppers wird der Vorrang der Zelle vor den Genen detailliert diskutiert in Niemann (2014), Kap. III, Abschnitt 25 und Appendix D. – Jahrzehnte nach Poppers neuem Blick auf das Verhältnis von Genen und Zelle ist diese Ansicht immer noch neu und aufsehenerregend. Sie wird aber inzwischen von einer überwältigenden Menge experimentellen Materials gestützt; vieles davon stammt aus jüngster Zeit, aus den Jahren 2008 bis heute. Eine Übersicht gibt Denis Noble (2013). Er schreibt: „Das Genom ist ein Organ der Zelle; es ist nicht ihr Diktator“, Noble (2013), S. 1240. Auch sein Buch *The Music of Life* (Oxford 2006) bestätigt, völlig unabhängig von Popper, viele von dessen evolutionsbiologischen Ideen, die in Niemann (2014) diskutiert werden.

Gene[43], dann gäbe es auch nicht die ungeheure Diversifizierung des Genpools. Und dann wären der Baldwin-Effekt und Poppers aktiver Darwinismus unmöglich. Die Aktivität der Lebewesen, ihre Suche nach einer besseren Welt, funktionieren nur, wenn im Genpool genügend viele Gene sind, die in der neugewählten oder in der selbst veränderten Umwelt vorteilhafter sind als der Rest im Genpool. Deren Träger werden dann mehr Nachkommen haben.

Und vielleicht noch ein zweiter Trost. Das Spermium trägt nicht nur brav seine Bauplanhälfte in die Eizelle, sondern auch noch ein so genanntes Zentrosom[44]. Und erst dieses Zentrosom – wer hätte es *nicht* gedacht! – gibt der sonst ganz passiv bleibenden Eizelle den Anstoß zur ersten Teilung und nachfolgend zu der wundersamen Entwicklung sämtlicher Körperzellen.

12.8 „Die ganze Evolution ist ein Abenteuer des Geistes“

Mit diesem erfreulichen Ausblick bin ich fast am Ende. Ich möchte aber noch einmal ganz kurz auf den Anfang zurückkommen: auf Poppers geniale Idee einer Welt 3, auf die er als 17-jähriger kam. Popper hatte sich Beethoven als den expressionistischen und Bach als den in Gedankenwelten verwurzelten Künstler zurechtgelegt. Später hat er diesen scharfen Gegensatz zurückgenommen, denn dieser hatte ja nur dazu gedient, einen wichtigen Gedanken verständlich zu machen. Und 50 Jahre später kommt Popper auf diesen Gedanken zurück und zeigt uns, wie wir alle, Bach oder Beethoven oder wer immer, mehr oder weniger in Symbiose mit Welt 3 leben. Wir können wenig oder gar nichts in die Welt 3 hineingeben und werden immer sehr viel herausbekommen. „Das Unglaubliche in Bezug auf Leben, Evolution und geistiges Wachstum“, schreibt Popper, „ist genau diese Methode des Gebens und Nehmens, diese Interaktion zwischen unseren Handlungen und deren Ergebnissen, durch die wir ständig über uns selbst, unsere Talente und unsere Begabung hinauswachsen“.[45]

Das heißt, auch lange vor unserer Zeit wuchs alles Leben schon ständig über sich hinaus. Irgendwie hatte die Materie in grauen Urzeiten es geschafft, Wissen über sich selbst zu sammeln und dieses Wissen in Auseinandersetzung mit der Wirklichkeit ständig zu vergrößern und zu verbessern: Zuerst existierte es vermutlich als in die Organe eingebautes Wissen. Später, seit es Bakterien gibt, von denen wir alle abstammen, speicherte die Materie das Wissen über sich selbst in digitaler Form, und es gab einen regen Erfahrungsaustausch zwischen den „DNA“ genannten Bibliotheken dieser Welt. Das Wissen wuchs und wuchs und wurde, außer in der

[43] Gemeint ist die „sexuelle Rekombination“.

[44] Nüsslein-Volhard (2004), S. 32.

[45] Popper (2012a), Teil I, Schluss der 6. Vorlesung.

DNA, später auch im Gehirn festgehalten, dann in der Sprache, dann in der geschriebenen Sprache, in Büchern und Bibliotheken.

In einer der Boxen in der KPS findet sich eine Bemerkung dazu, mit der die mechanistische Interpretation des Darwinismus als bloße „Anpassung“ und diese Anpassung als das Ergebnis von blinden Zufällen geradezu zerschmettert wird, eine Bemerkung, mit der ich meinen Beitrag beenden möchte: „So gesehen“, sagt der große Biophilosoph Karl Popper, „ist die ganze Evolution ein Abenteuer des Geistes“.

12.9 Literatur

Albert, H. (2010), *Kritische Vernunft und menschliche Praxis*. Tübingen: Mohr Siebeck.

Baldwin, J. M. (1896), A New Factor in Evolution. *American Naturalist* 30, 441–451, 536–553.

Bartley, W. W. (1987), Philosophy of Biology versus Philosophy of Physics. In: Radnitzky, G. und Bartley, W.W. (Hrsg.), *Evolutionary Epistemology, Rationality, and the Sociology of Knowledge*, La Salle: Open Court, 7–45.

Bunge, M. (2010), *Matter and Mind*. London: Routledge.

Eccles, J. C. (1982), My Living Dialogue with Popper. In: Levinson, P. (Hrsg.), *In Pursuit of Truth*, New Jersey: Humanities Press, 221–236.

Einstein, A. (1916), Strahlungs-Emission und -Absorption nach der Quantentheorie. *Deutsche Physikalische Gesellschaft, Verhandlungen* 18, 318–323.

Hacohen, M. H. (2000), *Karl Popper – The Formative Years*. Cambridge: Cambridge University Press.

Jablonka, E. und Lamb, M. J. (1995), *Epigenetic Inheritance and Evolution. The Lamarckian Dimension*. Oxford: Oxford University Press.

Keuth, H. (2002), Was bleibt vom kritischen Rationalismus? In: Böhm, J., Holweg, H. und Hoock, C. (Hrsg.), *Karl Poppers kritischer Rationalismus*, Tübingen: Mohr Siebeck, 43–57.

Levitin, D. J. (2006), *This is your Brain on Music. Understanding a Human Obsession*. London: atlantic books.

Medawar, P. (1959), *The Future of Man*, Reith-Vorlesung 1959. London: Methuen 1960.

Morgenstern, M. und Zimmer, R. (2005), *Hans Albert, Karl Popper, Briefwechsel*. Frankfurt/Main: Fischer.

Niemann, H.-J. (2004), *Lexikon des Kritischen Rationalismus*. Tübingen: Mohr Siebeck, Studienausgabe 2006.

Niemann, H.-J. (2011), *Die Nutzenmaximierer. Der aufhaltsame Aufstieg des Vorteilsdenkens.* Tübingen: Mohr Siebeck.

Niemann, H.-J. (2012), Nachwort des Herausgebers. In: Popper (2012a), 510–546.

Niemann, H.-J. (2014), *Karl Popper and the Two New Secrets of Life.* Tübingen: Mohr Siebeck.

Noble, D. (2013), Physiology is rocking the foundations of evolutionary biology. *Experimental Physiology* 98.8, 1235–1243.

Nüsslein-Volhard, Ch. (2004), *Das Werden des Lebens. Wie Gene die Entwicklung steuern.* München: dtv.

Popper, K. R. (1934), *Logik der Forschung;* später: Tübingen: Mohr Siebeck 2005.

Popper, K. R. (1957), The Propensity Interpretation of the Calculus of Probability and of the Quantum Theory. In: Körner, S. und Pryce, M. H. L. (Hrsg.), *Observation and Interpretation*, London: Butterworths, 65–70 und 88–89.

Popper, K. R. (1961), Die Evolution und der Baum der Erkenntnis, erste Spencer-Vorlesung Oxford 1961. In: Popper (1995), Kap 7.

Popper, K. R. (1974), Replies to My Critics. In: Schilpp, P. A. (Hrsg.), *The Philosophy of Karl Popper,* in *The Library of Living Philosophers*, Band II, La Salle: Open Court Publishing Co., 961–1197.

Popper, K. R. (1978), Three Worlds, Tanner Lecture 1978, Michigan, 7. April 1978. *Michigan Quarterly Review* 1979, 1, 1–23.

Popper, K. R. (1995), *Objektive Erkenntnis.* Hamburg: Hoffmann und Campe.

Popper, K. R. (2012a), *Karl R. Popper. Gesammelte Werke in deutscher Sprache*, Bd. 12, *Wissen und das Leib-Seele-Problem*, hrsg. v. Hans-Joachim Niemann. Tübingen: Mohr Siebeck.

Popper, K. R. (2012b), *Karl R. Popper. Gesammelte Werke in deutscher Sprache*, Bd. 15, *Ausgangspunkte*, hrsg. von Manfred Lube. Tübingen: Mohr Siebeck.

Popper, K. R. (2013), Eine Neuinterpretation des Darwinismus, Erstdruck von Karl Poppers Medawar-Vorlesung von 1986, übers. und hrsg. von H.J. Niemann. *Aufklärung und Kritik* 1, 7–20.

Shapiro, J. A. (2011), *Evolution. A View from the 21st Century.* New Jersey: Prentice Hall.

Wagner, A. (2014), *Arrival of the Fittest. Solving Evolution's Greatest Puzzle.* New York: Current, Penguin Group.

Zimmer, R. und Morgenstern, M. (2011), *Gespräche mit Hans Albert.* Münster: LIT.

Autorenverzeichnis

Priv. Doz. Dr. Doris Behrens, School of Mathematics, Cardiff University

Univ.-Prof. Dr. Volker Gadenne, Institut für Philosophie und Wissenschaftstheorie, Johannes-Kepler-Universität Linz

Univ.-Prof. Dr. Horst Hanusch, Institut für Volkswirtschaftslehre, Universität Augsburg

Univ.-Prof. Dr. Ludwig Huber, Abteilung für vergleichende Kognitionsforschung, Messerli Forschungsinstitut, Veterinärmedizinische Universität Wien

Prof. Dr. Thomas Junker, Fachbereich Biologie, Eberhard-Karls-Universität Tübingen

Univ.-Prof. Dr. Bernulf Kanitscheider, Zentrum für Philosophie und Grundlagen der Wissenschaft, Philosophie und Naturwissenschaften, Justus-Liebig-Universität Gießen

Univ.-Prof. Dr. Peter Markl, Institut für Analytische Chemie, Universität Wien

Univ.-Prof. Dr. Reinhard Neck, Institut für Volkswirtschaftslehre, Alpen-Adria-Universität Klagenfurt

Dr. Hans-Joachim Niemann, Gesellschaft für Kritische Philosophie, Nürnberg

Priv.-Doz. Isabella B. R. Scheiber, PhD, MSc, Konrad-Lorenz-Forschungsstelle für Ethologie (KLF), Grünau im Almtal

Univ.-Prof. Dr. Peter Schuster, Institut für Theoretische Chemie, Universität Wien

Univ.-Prof. Dr. h.c. Dr. Oded Stark, Universität Bonn

Prof. Dr. Dr. Gerhard Vollmer, Technische Universität Braunschweig

Schriftenreihe der Karl Popper Foundation Klagenfurt

Herausgegeben von Reinhard Neck

Band 1 Reinhard Neck (Hrsg.): Altern und Alterssicherung aus wissenschaftlicher Sicht. 2003.

Band 2 Reinhard Neck / Kurt Salamun (Hrsg.): Karl R. Popper – Plädoyer für kritisch-rationale Wissenschaft. 2004.

Band 3 Manfred Lube: Karl R. Popper Bibliographie 1925-2004. Wissenschaftstheorie, Sozialphilosophie, Logik, Wahrscheinlichkeitstheorie, Naturwissenschaften. 2005.

Band 4 Reinhard Neck (Hrsg.): Die Österreichische Schule der Nationalökonomie. 2008.

Band 5 Reinhard Neck (Hrsg.): Was bleibt vom Positivismusstreit? 2008.

Band 6 Bernulf Kanitscheider / Reinhard Neck (Hrsg.): Das naturwissenschaftliche Weltbild am Beginn des 21. Jahrhunderts. 2011.

Band 7 Reinhard Neck / Harald Stelzer (Hrsg.): Kritischer Rationalismus heute. Zur Aktualität der Philosophie Karl Poppers. 2013.

Band 8 Reinhard Neck (Hrsg.): Evolution – Natur, Mensch, Gesellschaft. 2016.

www.peterlang.com

www.ingramcontent.com/pod-product-compliance
Ingram Content Group UK Ltd.
Pitfield, Milton Keynes, MK11 3LW, UK
UKHW062147290926
8980IPUK00008B/927

9 783631 610374